AF901102

THEODOR DOLEZOL

Planet des Menschen

Entwicklung und Zukunft der Erde

Ueberreuter

Bildnachweis

Abb. 1, 48 und 49 USIS, Wien
Abb. 2–17, 24–29, 31–34, 36, 41–46, 52, 54 Theodor Dolezol
Abb. 18 Enit, Wien
Abb. 19, 20, 55 V-Dia Verlag, Heidelberg
Abb. 21 Dr. Günther Ketzer, Riemerling
Abb. 22 Stern, Hamburg
Abb. 23 Landesbildstelle Rheinland-Pfalz, Freigabenummer 3720, Bezirksregierung für Rheinhessen
Abb. 30 und 40 NASA (Dr. Lothar Beckel)
Abb. 35 Dr. Walter Weiss, Wien
Abb. 37–39 Dr. Lothar Beckel, Bad Ischl, freigegeben vom BM für Landesverteidigung (Freigabenummer Zl. 7855 R.-Abt. B/73)
Abb. 47 und 50 Votava, Wien
Abb. 51 Johns S. Shelton, Kalifornien
Abb. 53 Albrecht Brugger, Stuttgart
Abb. 56 Alinari, Florenz

ISBN 3 8000 3128 0
J 762/1
Alle Rechte vorbehalten
Umschlag von Herbert Schiefer
Zeichnungen von Georg M. Januszewski
© 1975 by Verlag Carl Ueberreuter, Wien · Heidelberg
Gesamtherstellung: Salzer - Ueberreuter, Wien
Printed in Austria

Meiner Mutter

VORWEG GESAGT

Dieses Buch beschäftigt sich mit Geologie, der Wissenschaft von der Erdgeschichte – aber nicht ausschließlich mit Geologie. Auch von ihrem geistigen Umfeld wird die Rede sein.
Die geologischen Grundbegriffe, mit denen das Buch vertraut macht, versetzen den Leser in die Lage, wesentliche Fragestellungen und Ergebnisse der modernen Erdgeschichtsforschung zu verstehen. Einige ihrer Forschungsgebiete können heute als abgeschlossen gelten, ihre Resultate als gesichert, soweit dies in einer Erfahrungswissenschaft möglich ist. Andere sind vorerst noch wissenschaftliches Neuland.
Sichere Aussagen vermag die Geologie z. B. über die Aufeinanderfolge der einzelnen Erdzeitalter, ihre Dauer, ihr Klima und – mit Einschränkungen – über die Veränderungen zu machen, denen die Erdoberfläche im Laufe der Zeit unterworfen war. Auch die Entwicklung des Lebens in den Erdzeitaltern ist weitgehend geklärt. In wissenschaftliches Neuland gerät man unversehens, wo es darum geht, die Erdgeschichte nicht nur zu beschreiben und durch Funde zu belegen, sondern auch in ihren Ursachen zu erforschen.
Soweit die Ursachen auf dem Festland, im Meer oder in der Atmosphäre liegen, wurde von den Geologen inzwischen eine Vielzahl von Zusammenhängen aufgehellt. So wissen wir heute gut Bescheid über Vorgänge, die das Festland abtragen, über die Hauptursachen von Meeresströmungen, Klima und Wetter sowie über die mannigfaltigen Wechselwirkungen zwischen Ereignissen der Erdgeschichte und der Geschichte des Lebens. Hingegen tappen wir einfach noch im dunkeln, wenn die Ursachen von Vorgängen auf der Erdoberfläche im Erdinneren zu suchen sind. Über die Gebirgsbildung etwa gab es bis vor kurzem mehrere Theorien. Die Entscheidung, welche die richtige sein dürfte, hat sich erst in den letzten Jahren aufgrund von ermutigenden Forschungsergebnissen der Ozeanographie, der Erdbebenkunde und der Hochdruckphysik angedeutet. Als Folge dieser Erkenntnisse mußte auch die statische Vorstellung eines durch alle Phasen der Erdgeschichte unveränderlichen Zwiebelschalenaufbaus des Erdkörpers ersetzt werden durch die dynamische Vorstellung einer Entwicklungsgeschichte des Erdmantels und des Erdkerns. Die Entscheidung, wie wir uns den stofflichen Aufbau des Erdinnern zu denken haben, scheint allerdings immer noch nicht möglich. Das Schlagwort vom unbekannten Planeten, auf dem wir leben, ist für diese Regionen weiterhin gültig.
Darüber hinaus gibt es eine Reihe von Problemen der Geologie, die nicht

vom Forschungsgegenstand aufgeworfen werden. Sie rühren von den Menschen her, die Geologie betreiben, oder von denen, die mit den Ergebnissen der Geologie etwas anfangen sollen. Summarisch ausgedrückt handelt es sich in der Hauptsache um zwei Arten von Problemen: solche, die alle Menschen im Umgang mit ihrem Heimatplaneten haben, und andere, die überwiegend bei Menschen der technischen Zivilisation auftreten. Der Einfluß beider Problemarten auf die Geschichte der Geologie war beträchtlich. Auch für die heutige geologische Forschung sind sie teilweise noch bestimmend.

In diesem Zusammenhang vorerst soviel: Wir wissen aus archäologischen Funden, daß schon die Menschen der Jüngeren Altsteinzeit vor etwa 30 000 Jahren schöne Steine und Versteinerungen von Tieren gesammelt haben. Bereits im alten Ägypten schürfte man nach Erzen und trieb Bergbau. Beschreibungen von Landschaften und Völkern wurden in der Antike gern gelesen. Von vereinzelten Ausnahmen abgesehen, interessierte man sich jedoch in allen früheren Kulturen nie für die Erde als Ganzes und stellte auch nie die Frage, woraus sie besteht, ob sie eine Geschichte hat und wenn ja, welche. Das Interesse richtete sich immer nur auf Landschaften, Klima oder andere Erscheinungen, die man vor Augen hatte. Was unter den Füßen war, lag in einem toten Blickfeld.

Diese von alters her bestehende Interessenlage des Menschen ist selbst noch in modernen geologischen Werken nachzuweisen. So definiert das Lehrbuch *Die Entwicklungsgeschichte der Erde:* »Im Unterschied zur Geographie, die die beschreibende Erklärung der dinglichen Erfüllung der Erdoberfläche und die Erkenntnis ihres gegenwärtigen Zustandes zum Ziel hat, könnte man die Geologie – wörtlich Erdlehre oder Erdwissenschaft – als ›Erdgeschichte‹ bezeichnen: Geologie ist also Erdgeschichtsforschung. Sie geht vom Baumaterial der Erdkruste, den Gesteinen, aus und untersucht auf physikalisch-mechanischer bzw. physikalisch-chemischer, zum Teil auch biologischer Grundlage die Vorgänge und Erscheinungen im Raum als Ergebnis des Wirkens natürlicher Kräfte und Kräftezusammenspiele (S. 11). Der eigentlichen Erdgeschichte, wie sie von der Geologie erforscht wird, geht jene Zeit voraus, in der sich die Erde erst bildete und als Einzelkörper enstand. Diese älteste Vergangenheit der Erde zu untersuchen gehört zu den Aufgaben der Astrophysik. Während sich die Geologie nur mit der Erdkruste und deren Entwicklung beschäftigt, also mit einem Zeitabschnitt, dessen Beginn etwa mit der Bildung einer festen Erdoberfläche zusammenfällt, betrachten Astronomie und Astrophysik die Erde als Ganzes, als Himmelskörper, suchen u. a. ihren Zustand in der den geologischen Perioden und der vorgeologischen Frühzeit vorangehenden Urzeit und damit ihre Entstehung zu erschließen (S. 39).«

Aber keine Sorge! Ungeachtet der Aussage, Geologie sei »nur Erdkrustenforschung«, betrachtet das Buch dann doch die Erde als Ganzes, erörtert es die Forschungsergebnisse und die Theorien über das Erdinnere und kann gar nicht anders, als in der Erde einen Himmelskörper zu sehen. Allein das Ritual der Definitionsformel beschränkt das Forschungsgebiet noch auf die Erdkruste – für das menschliche Empfinden auf eine etwas dicker gedachte Erdoberfläche.

Die Geschichte der Geologie ist in ihren Anfängen von einem merkwürdigen Umstand bestimmt. Andere moderne Naturwissenschaften – die Astronomie, die Physik, die Chemie und die Biologie – wurden zu Beginn der Neuzeit überwiegend von Fachleuten, also von Astronomen, Physikern, Chemikern und Biologen begründet oder doch zumindest von Leuten, die ihre Materie lange studiert hatten und die Entwicklung durch spezifische Fragen des betreffenden Sachgebietes in Gang brachten. Am Anfang der naturwissenschaftlichen Geologie standen ausschließlich Ärzte, also, soweit es die Beschäftigung mit der Erde betrifft, Laien. Sie fragten auch nicht nach der Erde und ihrer Geschichte, sondern z. B. nach der Natur der Mineralien, die man in der Medizin als Medikamente benutzte, oder nach der anatomischen Übereinstimmung zwischen heutigen Lebewesen und Versteinerungen. Die geologischen Entdeckungen, die ihnen gelangen, waren Nebenprodukte, nicht Ziele ihrer Forschungen.

Das meiste, was uns hier beim ersten Hinsehen als Anhäufung seltsamer Zufälle erscheinen mag, ordnet sich in einen verständlichen Zusammenhang, wenn wir von der Vermutung ausgehen, daß der Mensch aufgrund seiner Erbstruktur bis vor kurzem offenbar überhaupt nicht und dann eine Zeitlang recht mühsam die Erde unter demselben Blickwinkel zu sehen vermochte wie andere Forschungsgegenstände, nämlich vor Augen. Sie lag, seinem geistigen Interesse verborgen, unter den Füßen.

Es waren die Fortschritte der Astronomie, aus denen sich die Neuorientierung ergab. Sie zwangen den Menschen, die Erde als einen Himmelskörper zu verstehen, der um die Sonne kreist. Bildlich vorstellen konnte man sich das nur von einem Ort draußen im Weltraum aus. Dabei mußte man sich zwangsläufig die Erde aus dem toten Blickfeld unter den Füßen weggerückt denken. Sie kam – wenigstens in der Vorstellung – dem Menschen vor Augen. Erst im Zeitalter der Raumfahrt hat er die Erde tatsächlich in dieser Position gesehen (Abb. 1). Damit mußte sich sein Verhältnis zu ihr von Grund auf ändern. Mond und Mars, bevor die Raumfahrt verwirklicht wurde, die erklärten Lieblingsziele im Weltall, verloren plötzlich an Anziehungskraft. Das sinnlich wahrnehmbare Auftauchen der Erde vor Augen, im Brennpunkt des Interesses, geriet zu einem so überwältigenden Erlebnis, daß der Aufbruch zu den Sternen in einen Aufbruch zur Erde umschlug. Der Mensch erkannte die Erde als sein Raumschiff. Erst seitdem ist er leidenschaftlich interessiert an der Herkunft, der Funktionsweise und dem künftigen Schicksal dieses Planeten. Auch die naturwissenschaftlichen Perspektiven der Geologie haben sich durch die Raumfahrt verändert.

Das Verhältnis des Menschen zur Erde war seit je und ist auch heute noch außer durch bewußte Einsichten und Absichten in erheblichem Maße von unbewußten Bereitschaften geprägt, bestimmte Sehweisen und Verhaltensmuster zu praktizieren, die in seiner Stammesgeschichte wurzeln. Das wäre vielleicht nur ein interessanter Aspekt der Kultur- und Wissenschaftsgeschichte. Die Sache hat aber einen Haken.

Schon vor Jahrtausenden lassen sich Eingriffe des Menschen in das Spiel der Kräfte nachweisen, die das Antlitz der Erde formen, zu einer Zeit, als er noch nichts von solchen Kräften wußte. Heute sind seine Einwirkungen auf die Erde um viele Größenordnungen stärker. In absehbarer Zeit werden sie nochmals um mehrere Größenordnungen steigen. Das ergibt sich einerseits aus der rapide wachsenden Anzahl der Menschen, andrerseits aus der Tatsache, daß Wissenschaft und Technik ein immer reicheres Instrumentarium liefern, mit der Erde nahezu nach Belieben zu verfahren. Der Mensch scheint auf dem Wege zu sein, nicht mehr nur für begrenzte Landstriche, sondern für die Erde als Ganzes zum geologischen Faktor zu werden.

Die Frage nach der Zukunft der Erde ist deshalb, vor allem was die geologisch nahe Zukunft der kommenden Jahrtausende und Jahrzehntausende betrifft, teilweise identisch mit der Frage, was der Mensch mit seinen technischen Hilfsmitteln aus der Erde machen wird. Wie nun, wenn er vielleicht gar nicht imstande wäre, seinen Umgang mit der Erde vernünftig zu gestalten? So hat er, seit es Hochkulturen gibt, immer wieder blühende Landschaften in Wüsten verwandelt. Die Prognose für die Zukunft muß anders lauten, je nachdem ob der Mensch aufgrund von erlernten oder aufgrund von angeborenen Verhaltensweisen so handelt.

Anders verhält es sich mit der Vergangenheit der Erde. Fast die ganze bisherige Erdgeschichte hat sich ereignet, bevor es den Menschen gab. Wenn wir sie mit einem Theaterstück von fünfeinhalb Stunden Dauer vergleichen, so tritt das Leben nach etwa zwei Stunden am Anfang des dritten Aktes auf. Der Mensch spielt in den letzten 40 Sekunden seine Rolle. Allem Anschein nach hat mit ihm der vierte Akt begonnen. Den Inhalt dieses neuen Aktes der Erdgeschichte können wir in Umrissen ahnen, wenn wir untersuchen, welche geologischen Ereignisse der ersten beiden Akte die Weichen in Richtung auf das Entstehen des Lebens und im dritten Akt in Richtung auf das Entstehen des Menschen gestellt haben.

In diesen Zusammenhang gehört auch eine Besonderheit, die gleich auf den ersten Blick auffällt: Die Verteilung von Wasser und Land weist die Erde eindeutig als Wasserplaneten aus. Aber nur auf dem Land hat die Erdgeschichte ein Wesen hervorgebracht, das seinen Planeten willkürlich verändern kann und so dessen Zukunft entscheidend mitbestimmen wird. Warum nicht im Wasser? Ohne hier schon auf Einzelheiten wie Klima und Sauerstoffgehalt der Atmosphäre während der dafür entscheidenden Phasen der Erdgeschichte einzugehen: einer der Gründe liegt darin, daß das Land eine wechselhaftere Geschichte hat als das Meer. Während die Bedingungen im Meer über lange Zeiträume hin verhältnismäßig geringfügige

Änderungen zeigten, war von den Katastrophen der Erdgeschichte, an deren Folgen sich das Leben immer wieder anpassen mußte, vor allem das Land betroffen.
Daß es auch in Zukunft zu katastrophalen Entwicklungen kommen wird, steht außer Frage. Die nächste dürfte bereits begonnen haben: Das Großklima steht augenblicklich auf der Kippe zwischen Eiszeit und Warmzeit. Wir können bloß noch nicht herausfinden, in welche Richtung es umschlagen wird. Nach allem, was man heute darüber weiß, stehen die Chancen des Menschen nicht schlecht, diese und andere künftige Katastrophen der Erdgeschichte zu überleben. Wenn man weder Einzelschicksalen noch dem Fortbestand der derzeit lebenden Menschenart eine allzu große Wichtigkeit beimißt, berechtigt der Ausblick auf die Zukunft des Menschen zu einem vorsichtigen Optimismus. Denn seine Zukunft könnte bei einer neuen höher entwickelten Menschenart liegen, die als Folge einer weltweiten Katastrophe entsteht und die heutige Menschenart, den Homo sapiens, ablöst.

Teil I

ERDE IM TOTEN BLICKFELD

1. WARUM GROSSSTÄDTER INS GRÜNE WOLLEN

In allen Bereichen der Naturwissenschaft, die zur Makrophysik zählen, so in der Astronomie, der klassischen Physik, der Chemie und der Biologie, wird meist außer acht gelassen, daß es der Mensch ist, der Fragen an die Natur stellt und sie sich anhand von Erfahrungen beantwortet. Nur in der Mikrophysik, wo es um Atome und Elementarteilchen geht, ist man gezwungen, die Wechselwirkungen zwischen Beobachter, Experiment und Beobachtetem zu berücksichtigen, weil sich z. B. ein unbeobachtetes Elektron anders verhält als ein Elektron, das zum Zwecke der Beobachtung durch ein Lichtquant angeregt wurde.
Gewöhnlich fragt man auch in der Geologie nur sehr selten nach der Art und Weise, wie ihre Erkenntnisse zustande kommen. Denn zweifellos ist es richtig, daß sich weder am Erddurchmesser noch an der chemischen Zusammensetzung des Erdkörpers, noch an der Erdvergangenheit irgend etwas dadurch ändert, daß der Mensch darüber Erkenntnisse gewinnt. Solange der Mensch keine solchen Erkenntnisse hat, existiert jedoch der betreffende Gegenstand für ihn entweder überhaupt nicht, oder er wird in andere Zusammenhänge eingeordnet. Elektrizität etwa hat es »objektiv« immer gegeben, für den Menschen aber erst, nachdem er sie als Elektrizität erkennen konnte. Der Blitz gehörte vorher anderswohin. So glaubten die Indianer, die Götter schlügen Feuer, um sich ihre Friedenspfeifen anzuzünden.
Auf unseren Heimatplaneten übertragen: Zwar gab es die Erde Jahrmilliarden vor dem Menschen; ihr Wandel in der Zeit wurde aber erst zur Geschichte, als der Mensch lernte, in der Erde etwas Ganzes zu sehen, nach der Vergangenheit dieses Ganzen und seiner Teile zu fragen und heutige Erscheinungen als Dokumente der Erdgeschichte zu deuten. Anders gesagt: Geschichte ist nicht der objektive Ablauf von etwas in der Vergangenheit ohne Rücksicht darauf, ob ihn jemand erkennt oder nicht. Geschichte ist die Ordnung, die der Mensch in die Zeugnisse der Vergangenheit bringt. Er mag sich dabei noch so sehr um Objektivität bemühen, um die Erkenntnis, wie es »wirklich« war – seine Art und Weise, Erkenntnisse zu machen und Dokumente zu deuten, bleiben wesentliche Bestandteile jeder Geschichte.
In der Regel wird Geologie heute nur naturwissenschaftlich dargestellt. Das hat seine Berechtigung, wo es allein um physikalische, chemische oder biologische Zusammenhänge geht: welche Veränderungen der Wind oder das Wasser in einer Landschaft bewirken, wie Festland gehoben wird und ab-

sinkt oder wie Korallenriffe zu Gebirgen werden. Sobald man aber nicht nur einzelne Ursachenketten oder ihre Vernetzungen darstellen will, sondern darangeht, eine Vielzahl solcher geophysikalischer Ergebnisse zum Bild einer erdgeschichtlichen Epoche oder der Erdgeschichte insgesamt zusammenzufügen, kann nicht unerörtert bleiben, warum in dieser Geschichte etwas so und nicht anders dargestellt ist (wo z. B. das Material mehrere Deutungen zuläßt), warum manche Fragen bisher wenig oder gar nicht untersucht wurden oder andere Fragen noch niemand gestellt hat. Man wird dabei häufig auf Erkenntnisstrukturen, zuweilen auch nur auf Denkgewohnheiten des Menschen stoßen.

Insofern werden wir dem Menschen auch in dem Bild begegnen, das wir uns von der Erdvergangenheit machen, in der es ihn noch nicht gab. Was die Gegenwart und die Zukunft der Erde angeht, so ist der Mensch heute einer der handelnden Akteure und deshalb auch »objektiv« Bestandteil der gegenwärtigen und wenigstens eines Teils der künftigen Erdgeschichte.

Der deutsche Physiker und Nobelpreisträger Werner Heisenberg sagte 1953 in einem Vortrag vor der Bayerischen Akademie der Schönen Künste: »In früheren Epochen sah sich der Mensch der Natur gegenüber; die von Lebewesen aller Art bewohnte Natur war ein Reich, das nach seinen eigenen Gesetzen lebte und in das er sich mit seinem Leben irgendwie einzuordnen hatte. In unserer Zeit aber leben wir in einer vom Menschen so völlig verwandelten Welt, daß wir überall, ob wir nun mit den Apparaten des täglichen Lebens umgehen, ob wir eine mit Maschinen zubereitete Nahrung zu uns nehmen oder die vom Menschen verwandelte Landschaft durchschreiten, immer wieder auf die vom Menschen hervorgerufenen Strukturen stoßen, daß wir gewissermaßen immer nur uns selbst begegnen. Sicher gibt es Teile der Erde, wo dieser Prozeß noch lange nicht zum Abschluß gekommen ist, aber früher oder später dürfte in dieser Hinsicht die Herrschaft des Menschen vollständig sein.«

Die Geschichte der Geologie, der heutige Umgang des Menschen mit der Erde und die Zukunft unseres Planeten, soweit sie davon bestimmt ist, daß der Mensch seine Herrschaft über ihn ausübt, können also nicht ohne Einsicht in das Verhältnis verstanden werden, das der Mensch zur Erde hat. Dieses Verhältnis beruht auf geistigen Strukturen und Verhaltensweisen, die der Mensch in seiner Stammesgeschichte erworben hat, auf Traditionen, die ihm durch Erziehung vermittelt werden, und auf Erfahrungen und Erkenntnissen, die er im Laufe seines Lebens gewinnt.

Eine besondere, weil vielfach unerkannte Rolle für sein Verhältnis zur Erde spielen einige Eigenarten des Menschen, die Ergebnis seiner Stammesgeschichte sind. Ich möchte deshalb versuchen, hier zunächst einmal diesen Dingen etwas auf die Spur zu kommen.

Manche Leute, vor allem manche Pädagogen und Soziologen, bestreiten auch heute noch, daß der Mensch irgend etwas fertig auf die Welt mitbringt. Sie sehen im neugeborenen Kind lieber ein unbeschriebenes Blatt, das alles lernen muß, wozu es im Leben wird. Diese Auffassung, die häufig ideologische Gründe hat, ist insofern richtig, als der Mensch sehr viel lernen kann, und insofern falsch, als er eben doch nicht alles lernen muß. Weinen und Lachen, Droh- und Demutsgebärden z. B. sind, wie an taubblind geborenen Kindern nachgewiesen wurde, fertig angeborene Verhaltensweisen. Wahrscheinlich trifft dies auf alles zu, was man etwas vage als Körpersprache bezeichnet, wozu Mimik und Gestik, u. a. aber auch bestimmte Verhaltensweisen beim Flirten und Tanzen gehören. Die Vermutung, diese Verhaltensweisen seien angeboren, gründet sich auf die Tatsache, daß sie allen Menschen gemeinsam sind und von den unterschiedlichen Erziehungsgewohnheiten der einzelnen Völker kaum beeinflußt werden. Deshalb kann man sich auch überall, ohne fremde Sprachen zu sprechen, »mit Händen und Füßen« verständigen.

Der Mensch bringt neben solchen fertig angeborenen Verhaltensweisen noch eine Vielzahl von Dispositionen mit auf die Welt. Eine Disposition ist die Fähigkeit, als Antwort auf bestimmte Einwirkungen der Umwelt bestimmte Verhaltensweisen oder Skalen von Verhaltensweisen zu entwikkeln. Die bekannteste Disposition des Menschen ist sein Sprachvermögen. Ein Kind lernt nicht durch Wärme, Gerüche oder andere beliebige Umweltreize sprechen, sondern einzig und allein dadurch, daß es in ausreichendem Maße Sprache hört und genügend angesprochen wird. Dabei ist es gleichgültig, um welche Sprache es sich handelt. Um aus einer Disposition ein Verhalten zu entwickeln, sind spezifische Reize erforderlich. In den meisten Fällen muß der Mensch ihnen überdies noch zu einer Zeit ausgesetzt sein, in der er für prägende Reize der betreffenden Art besonders empfänglich ist. Solche Zeiten liegen ausnahmslos in der Jugend.

Es gibt angeborene Verhaltensweisen, wie Mimik und Gestik, und angeborene Dispositionen, wie Sprachvermögen und Musikalität, die in erster Linie auf den Mitmenschen, d. h. auf die soziale Umwelt gerichtet sind. Andere angeborene Verhaltensweisen und Dispositionen zielen mehr auf die Umwelt schlechthin, auf die Orientierung in der Landschaft, die Reaktion auf Witterung, den Umgang mit Gesteinen, Pflanzen und Tieren.

Zu den angeborenen Verhaltensweisen in diesem Sinne rechne ich die Art und Weise, wie sich der Mensch im Raum orientiert: Vor allem was in der Ebene des Horizonts liegt, erweckt höchste Aufmerksamkeit, wobei man allerdings nicht an eine geometrische Ebene denken darf, sondern an eine Schicht, in deren Zentrum der Mensch steht. Sehr viel weniger orientiert sich der Mensch vertikal. Was oberhalb der horizontalen Orientierungsebene liegt, zieht noch etwas, was unter ihr ist, zieht so gut wie keine Aufmerksamkeit auf sich. Dieser Interessenlage im Raum entspricht das Vermögen, Entfernungen zu schätzen. Horizontale Entfernungen werden normalerweise zuverlässig, vertikale nach oben meist zu gering (zum horizontalen System herabgeholt) und vertikale nach unten fast immer viel zu groß (nicht mehr zum Orientierungssystem gehörig) geschätzt.

Auch wissenschaftliche Forschung ist letzten Endes Orientierung in Raum und Zeit. Sie konnte nur in dem Maße zu nachprüfbaren Ergebnissen kommen, in welchem es gelang, subjektive menschliche Schätzungen durch Messungen zu ersetzen. Was sich durch Meßverfahren nicht ersetzen läßt, ist die Interessenlage des Menschen.
Infolge dieser Interessenlage war die Geologie gegenüber den übrigen Naturwissenschaften lange Zeit im Nachteil. Ihr Forschungsgebiet befand sich unter den Füßen – in der toten Zone der Aufmerksamkeit. Man sollte erwarten, daß dies heute keine Rolle mehr spielt; denn Wissenschaft wird in unserer Zeit angeblich rein rational geplant und betrieben. Seltsamerweise fließt aber der überwiegende Teil der Gelder, die für geologische Projekte zur Verfügung stehen, in die Erforschung der Erdkruste. Hingegen stößt das Finanzieren von Programmen zur Erkundung des Erdinneren immer wieder auf unüberwindliche und vielfach auch auf kaum anders erklärbare Schwierigkeiten, selbst wenn es um so nützliche Ziele wie die Voraussage von Erdbeben oder die Zähmung von Vulkanen geht.
Wahrscheinlich wird das Verhältnis des Menschen zur Erde von einer Vielzahl angeborener Verhaltensweisen und Dispositionen bestimmt. Solche Zusammenhänge lagen bis vor kurzem ebenfalls im toten Blickfeld und sind deshalb kaum wissenschaftlich erforscht worden. Ich muß hier also auf einige Vermutungen zurückgreifen, die ich von Beobachtungen an mir und meiner näheren Umgebung ableite (in der Hoffnung, der Leser vermag sie auch für seinen Lebenskreis zu bestätigen). Wie die meisten Menschen, die in einer Großstadt leben, fahre ich gern in Urlaub. Wenn ich genauer in mich dringe, welche Motive mich zur Wahl eines bestimmten Urlaubszieles bewegen, so steht neben der Möglichkeit zu sportlicher Betätigung (z. B. Schwimmen oder Bergwandern) und der Suche nach kulturellen Erlebnissen (z. B. Besichtigung alter Bauwerke, guter Museen oder interessanter Ausgrabungen) mit an vorderster Stelle das Bedürfnis, meine freie Zeit in einer schönen Landschaft zu verbringen, d. h. in einer Landschaft, deren einzelne Elemente ich in ihrem Zusammenklang lustvoll erlebe.
Aus zahlreichen Gesprächen weiß ich, daß sich nahezu alle meine Freunde und Bekannten ebenfalls zu einer schönen Landschaft hingezogen fühlen. Auch die Werbeprospekte der Reiseunternehmen sprechen, was landschaftliche Reize betrifft, eine beredte Sprache. (Dahingestellt bleiben soll hier freilich, was eigentlich an einer Landschaft als schön empfunden wird.)
Meine Vorliebe gilt zwei grundverschiedenen Landschaftstypen: dem Hochgebirgstal und der Meeresküste. Warum, weiß ich jedoch nicht genau. Beim Hochgebirgstal ließe sich vermuten: weil mich als Vierzehnjährigen die erste Ferienreise meines Lebens in ein Hochgebirgstal geführt hat und ich dadurch in gewisser Weise für Hochgebirgstäler geprägt wurde. Doch warum hat mir damals das Stubaital, um dieses handelt es sich, »auf Anhieb« gefallen? Darauf muß ich die Antwort schuldig bleiben. Ein Psychologe

würde jetzt vielleicht noch sagen: weil ich für eine Prägung dieser Art disponiert, also von meiner Veranlagung her empfänglich war. Aber was hat mich dazu disponiert?

Zum zweiten Landschaftstyp, in dem ich mich besonders wohl fühle, der Meeresküste, fallen mir nicht einmal solche halben Erklärungen ein. Sonderbarerweise schätze ich vor allem Badeorte, die sowohl Steilküste als auch Sandstrände bieten. Der Versuch, dies von einem frühen prägenden Erlebnis abzuleiten, versagt hier völlig. Denn meine erste Reise ans Meer ging an einen extrem flachen Sandstrand nördlich von Ravenna. Ich hatte schon die Dreißig überschritten und war in einem Alter, bei dem man nicht mehr annimmt, daß der Mensch noch für prägende Einflüsse offen ist.

Eine gute Freundin, die wie ich teils in Großstädten aufgewachsen ist, teils in deren unmittelbarer Umgebung, erzählte mir, sie habe »eigentlich« seit je das Bedürfns verspürt, irgendwo im Süden direkt am Meer zu wohnen, schon als Kind und lange bevor sie überhaupt das Meer gesehen hatte. Auch heute sei ihr »völlig klar«, daß sie wenigstens ihren Lebensabend dort verbringen möchte.

Derartige Beispiele ließen sich in beliebiger Zahl anführen. Aus ihnen ist zu entnehmen: Es gibt Vorlieben des Menschen für bestimmte Landschaftstypen, die aus seiner Lebensgeschichte heraus unverständlich bleiben. Dabei handelt es sich, das sei besonders hervorgehoben, nicht um Landschaften, in denen der Betreffende aufgewachsen ist. Oftmals hat er schon für einen bestimmten Landschaftstyp Vorliebe empfunden, bevor er ihn überhaupt zu sehen bekam. Diese unerklärliche Vorliebe für eine fremde Landschaft nannte man früher Fernweh.

Fernweh kanalisiert Wochenende für Wochenende die Ströme der Städter in die umliegenden Naherholungsgebiete und Jahr für Jahr die Ströme der Urlauber rund um den Globus. Natürlich werden solche Ströme nicht allein vom Fernweh gelenkt. Es wirkt in Verbindung mit anderen Motivationen wie Qualität und Unterkünften, Bequemlichkeit von Transportmitteln und -wegen, finanziellen Erwägungen und nicht zuletzt mit dem Hang vieler Menschen, dorthin zurückzukehren, wo es ihnen einmal gefallen hat. Aber da beißt sich die Katze schon in den Schwanz; denn warum hat es ihnen »auf Anhieb« gefallen?

Ich spreche hier vom Urlaubs- und Freizeitverhalten, weil die Künstlichkeit unserer Arbeitswelt u. a. zur Folge hat, daß immer weniger Menschen wohnen, wo sie eigentlich wohnen möchten. Aus diesem Grund wird die Tendenz von Menschen zu bestimmten Landschaftstypen heute am ehesten im Freizeitverhalten deutlich.

Aber nicht nur die Tendenz zu bestimmten Landschaftstypen. Ob Groß- oder Kleinstädter, die meisten Menschen, die nicht auf dem Land im unmittelbarer und dauernder Berührung mit der Natur leben, zeigen schlechthin einen Hang zum »Grünen«, der in gewissen Abständen befriedigt werden muß. Sie gehen dazu mit Vorliebe am Flußufer, in Parks oder am Stadtrand spazieren, wo sie Wiesen und Wälder sehen. Ein nahezu ebenso beliebtes Ausflugsziel ist der zoologische Garten. Deshalb darf man schließen: Die meisten (oder wahrscheinlich alle) Menschen haben ein mehr oder weniger stark ausgeprägtes Grundbedürfnis nach Naturerleben, dem nicht nur durch unberührte, sondern auch durch künstliche Natur, wie Parks, Uferpromenaden oder zoologische Gärten, genügt werden kann. Auch die Blumen vor dem Fenster, der Vogel im Bauer und das Landschaftsbild an der Wand gehören in diesen Zusammenhang.

Menschen, die ihrem Grundbedürfnis nach Naturerleben längere Zeit nicht oder nicht ausreichend genügen, werden unzufrieden, mit einem Modewort: frustriert. Orte, die dem Grundbedürfnis nach Naturerleben zuwenig oder gar keine Anreize bieten, werden meist gemieden, es sei denn, der Mensch hat andere, stärkere Motive, sich dort aufzuhalten (etwa aus der Berufssphäre). Die Betonwüste des Münchner Olympiadorfes, von dessen Wohnungen zwei Drittel weder zu verkaufen noch zu vermieten waren, zeigt deutlich, was geschehen kann, wenn Architekten zu teuer bauen und sich dabei auch allzu forsch über das Grundbedürfnis nach Naturerleben hinwegsetzen (nicht einmal mehr Platz für dahinkümmernde Hinterhofbäume lassen). Es gibt zwar auch in anderen Luxusobjekten leerstehende Wohnungen, aber nicht in einer so eklatant hohen Zahl.

Der dänische Biologe Anders Munk, dessen diesbezügliche Gedanken ich mir im folgenden zu eigen mache, hat untersucht, was im einzelnen nötig ist, um das Grundbedürfnis des Menschen nach Naturerleben zu befriedigen: der Kontakt mit Gestein, Erdboden und Wasser, der Kontakt mit Pflanzen und Tieren sowie das Wahrnehmen von Witterung und Klimaerscheinungen. Kontakt meint dabei die ganze Spannweite zwischen heftigen Sinneserlebnissen und kaum bewußtem Sehen, Hören, Riechen, Schmecken oder Tasten. Es handelt sich ferner stets um Erscheinungen der Erdoberfläche oder um Dinge über ihr, die das Bedürfnis befriedigen, niemals um etwas, was unter der Erdoberfläche liegt. Dem Bedürfnis nach Naturerleben kann demnach nicht genügt werden durch einen Aufenthalt in geschlossenen Höhlen, unterirdischen Stollen oder Bergwerken. (Tropfsteinhöhlen z. B. werden kaum als Natur, eher als skurrile Architektur erlebt und deshalb meist auch noch mit einer dazu passenden Effektbeleuchtung ausgestattet.)

Die Veranlagung des Menschen für ein Naturerleben, das sich auf Erscheinungen der Erdoberfläche und darüber beschränkt, ist aus seiner Entwicklungsgeschichte zu verstehen. Menschen, d. h. Wesen, die sich von höheren Tieren u. a. dadurch unterscheiden, daß sie Werkzeuge zielbewußt anfertigen und sinnvoll gebrauchen, gibt es seit ungefähr zwei Millionen Jahren. Rund 99 Prozent dieser Zeitspanne haben sie als Sammler und Jäger im dauernden Naturkontakt verbracht. Sie fanden ihre Nahrung in einem weiten Gebiet auf dem Erdboden (Samen und Wild), in einiger Höhe darüber (Früchte auf Bäumen, Vogeleier) und in geringer Tiefe darunter (Wur-

zeln und Knollen). Ihre natürlichen Feinde waren Raubtiere, die überwiegend vom Erdboden aus, vereinzelt aus der Höhe der Bäume angriffen. Entsprechend dieser Nahrungs- und Feindlage des Menschen wurde sein Gehirn während 99 Prozent der Stammesgeschichte programmiert.
Erst im letzten Prozent der Stammesgeschichte begannen Menschen seßhaft zu werden, also längere Zeit oder dauernd in einer künstlichen Umgebung, in Hütten, Häusern, Dörfern und schließlich in Städten zu leben. Aus dem Zahlenverhältnis 99 zu 1 ist aber nicht zu schließen, der Mensch hätte sich dann weiter zu 99 Prozent verhalten wie seine nicht seßhaften Vorfahren. Es wird damals nicht anders gewesen sein als heute, d. h., der Mensch hat von Anfang an in sein seßhaftes Leben angeborene fertige Verhaltensweisen mitgebracht, ferner Dispositionen, die er nur durch entsprechende Anreize aus der Umwelt zu fertigen Verhaltensweisen entwikkeln kann, sowie die Fähigkeit, völlig neue Verhaltensweisen zu erlernen und durch Tradition (durch Lehren) weiterzugeben. Mitgebracht in sein seßhaftes Leben hat er auch die Interessenlage seiner Raumorientierung.
Wenn wir dies annehmen, wird verständlich, warum wir manchmal Verhaltensweisen praktizieren wollen, die unter den Verhältnissen, wie wir sie von Geburt an kennen, eigentlich keinen Sinn mehr haben. Munk schreibt in seiner *Biologie des menschlichen Verhaltens:* »Die Menschen haben immer gejagt und gefischt und eßbare Beeren, Wurzeln usw. gesammelt – und wir tun das heute noch gern. Zwar gehen wir nicht alle zur Jagd, aber nur deshalb nicht, weil es zu teuer und überhaupt praktisch ganz unmöglich ist. Manche behaupten, sie verabscheuten den Gedanken ans Jagen. Das braucht nicht der bekannten Sache mit den zu saueren Trauben zuzuschreiben zu sein, sondern kann daran liegen, daß diese Leute über das biologisch normale Anfangsalter für einen Jäger hinaus sind, nach welchem die Aussicht auf Jagdfreude rettungslos vertan ist ... Etwas Entsprechendes gilt wohl auch für das Fischen ... Beerensammeln dagegen ist etwas Elementares und setzt überhaupt nichts voraus. Zwar gibt es sicher nicht viele regelrecht passionierte Beerensammler, was sich damit erklären läßt, daß diese Tätigkeit keine nennenswerte Anforderungen an die Tüchtigkeit dessen stellt, der sie ausübt. Aber wer von uns hat nicht immer wieder einmal die Erfahrung gemacht, daß wir, haben wir uns erst einmal darangemacht, Heidelbeeren oder Preiselbeeren in einen Korb zu pflücken, davon so verhext werden können, daß wir kaum wieder aufzuhören vermögen? Es handelt sich nicht um leidenschaftliche Hingabe; man könnte sagen: ›zart, aber bestimmt‹. Sehr wenige Menschen werden heutzutage mehr Geld an einem Tag durch Beerenpflücken verdienen als durch eine andere Arbeit. Es läßt sich also keine im konventionellen Sinn vernünftige Erklärung für das Phänomen geben. Die hier angedeutete biologische Erklärung ist meines Erachtens die einzige, die Sinn hat: Solange wir Beeren sammeln, bewegen wir uns in einem jahrmillionenalten Verhaltensmuster. Das gibt an sich Befriedigung und Geborgenheit.«

Was mich betrifft, so kann ich die Beobachtungen Munks nicht für das Beerensammeln, wohl aber für das Pilzesuchen bestätigen; auch dieses plötzliche Verhextsein, das mich unvernünftige Mengen von Pilzen heimschleppen läßt, weit über das Bedürfnis einer Mahlzeit hinaus. Ebenso teile ich das geradezu irrationale Interesse fast aller Städter am Wetter, das doch für die städtische Lebensweise so gut wie jede Bedeutung verloren hat.

Aus diesen Beispielen läßt sich ein weiteres Grundbedürfnis des Menschen ableiten, nämlich in der Landschaft in etwa das zu tun und sich in etwa so zu verhalten, was und wie es die Menschen in den 99 Prozent ihrer Entwicklungsgeschichte getan haben, als sie Sammler und Jäger waren. Ich möchte dies das »Grundbedürfnis nach steinzeitlichem Verhalten« nennen.

Aus dem Grundbedürfnis nach Naturleben und dem Grundbedürfnis nach steinzeitlichem Verhalten ergibt sich aber offensichtlich noch nicht, daß bestimmte Menschen eine bestimmte Art von Natur erleben und dort bestimmte steinzeitliche Verhaltensweisen praktizieren müssen. Jedenfalls hat sich eine solche Annahme bisher nicht belegen lassen. Zweifellos hängt die unerklärliche Vorliebe für einen bestimmten Landschaftstyp und das »ursprüngliche« Leben in ihm aber mit diesen Grundbedürfnissen zusammen. Doch in welcher Weise?

Biologisch scheint der Mensch auf keine besondere Landschaftsform und für kein besonderes Klima spezialisiert zu sein. Im Laufe seiner Entwicklungsgeschichte hat er sich, mit Ausnahme der unmittelbaren Polarregionen, über alle Arten von Landschaft und über alle Klimazonen verbreitet. Es ist auch ohne weiteres möglich, ein Eskimokind an der Elfenbeinküste oder ein Kind aus Kenia in Grönland aufzuziehen. Erwachsene haben allerdings erhebliche Schwierigkeiten, dauernd in einem extrem anderen Klima zu leben als dem ihrer Kindheit und Jugend. Der Mensch paßt sich also im Laufe seiner körperlichen Entwicklung an eine bestimmte Klimazone an. Die geographischen Gegebenheiten, mit denen er seine Kindheit und Jugend verbringt, üben zusammen mit dem Klima darüber hinaus auch einen prägenden Einfluß auf seine seelische Beschaffenheit aus. Er wird z. B. Gebirgler oder Flachländer. Körperliche und seelische Angepaßtheit sind mitbestimmend für sein Heimatgefühl. Der typische Gebirgler ist demnach nicht nur jemand, der für das Leben in den Bergen gut trainiert ist, er möchte vielmehr ohne »seine« Berge nicht leben und neigt im Flachland oft zu Heimweh. Umgekehrt fühlt sich der Flachländer, wenn er länger als einen Urlaub im Gebirge leben muß, meist eingeengt und verspürt Sehnsucht nach der Weite des Blickes.

Ich hebe diese allbekannten Tatsachen nur hervor, um sie von der unerklärlichen Vorliebe für eine bestimmte Landschaftsform zu unterscheiden, die sich, wie gesagt, grundsätzlich auf eine Landschaft bezieht, in der man nicht aufgewachsen ist. Wenn ich gerade vom typischen Gebirgler gesprochen habe, wird ferner deutlich, daß wir bei ihm nur selten auf das Phänomen der unerklärlichen Vorliebe für eine bestimmte Landschaft stoßen, eher schon beim Flachländer, selbst wenn er im direkten und dauernden Kontakt mit der Natur aufgewachsen ist. Überwiegend tritt die unerklärliche Vorliebe für einen bestimmten Landschaftstyp jedoch bei Menschen auf, die mit geringen Naturkontakten, d. h. in der Stadt, ihre Kindheits- und Jugendprägungen erfuhren. Also handelt es sich dabei um eine Zivilisationserscheinung?

Eigentlich sollte es keinen Unterschied machen, ob ein Kind im Gebirge, auf dem flachen Land oder in der Stadt aufwächst. Auch die Stadt ist schließlich eine Umgebung und nicht künstlicher als heute die Umgebung eines Dorfes, die nach Besitzverhältnissen und nach Gesichtspunkten der landwirtschaftlichen Nutzung angelegt ist. Der wesentliche Unterschied für das Prägen des Menschen scheint darin zu bestehen, daß in der Umgebung des Dorfes, so künstlich sie sein mag, die landschaftlichen Elemente (Erde, Fels und Wasser) und die lebenden Elemente (Pflanzen und Tiere) bestimmend sind und Witterung ursprünglich erfahren wird. In der Stadt herrschen trotz Parks, Alleebäumen und zoologischem Garten nichtlandschaftliche und nichtlebende Elemente, wie Straßen, Brücken, Gebäude und Verkehrsmittel, vor. Witterung spielt für den Ablauf des Lebens nur noch eine Rolle, wenn sie sich extrem äußert: Regengüsse, die Unterführungen und Keller überfluten; oder Schneemassen, mit denen die Räumkommandos nicht vor Beginn des Berufsverkehrs fertig werden.

Nun lassen sich, wie schon erwähnt, Dispositionen nicht durch beliebige Reize zu Verhaltensweisen entwickeln. Wer sprechen lernen soll, muß angesprochen werden. Die Entwicklung von Musikalität ist nur durch Musik möglich. Ähnlich dürfte es bei jenen Verhaltensweisen sein, durch die wir unser Grundbedürfnis nach Naturerleben befriedigen. Sie können sich nur durch Naturkontakte herausbilden. In der Stadt wird dies meist ungenügend oder gar nicht geschehen.

Munk verweist in diesem Zusammenhang auf die Beobachtung, daß Leute, die in der Biologie hauptberuflich oder als Liebhaber ihr Leben einem Spezialthema widmeten (z. B. Sommervögeln, einer bestimmten Pilz- oder Käferfamilie), nahezu ausschließlich Städter waren und so gut wie nie Landwirte. Landwirte, so erklärt er, hätten genügend Naturkontakte und kämen deshalb nicht auf die Idee, Naturkontakte durch die Beschäftigung mit einem Spezialthema zu suchen, der man teilweise auch fern von der Natur nachgehen kann (Lektüre, Ordnen von Sammlungen, wissenschaftliche Auswertung). Das mag richtig sein. Schwierig wird die Sache erst, wenn wir herausfinden wollen, wodurch der Betreffende auf sein Spezialgebiet gekommen ist. In den meisten Fällen wird es darauf keine vernünftige Antwort geben.

Feststellungen wie »Plötzlich war er faszinierend«, »Es ließ ihn nicht mehr los« oder »Vor seinem geistigen Auge tat sich eine neue Welt auf« weisen auf unerklärliche Vorlieben hin ähnlich der unerklärlichen Vorliebe für einen bestimmten Landschaftstyp. Wahrscheinlich wird hier etwas sichtbar, was bei naturverbunden aufgewachsenen Menschen durch Prägungen in der Jugend überdeckt ist: daß der Mensch auch ein uraltes Repertoire von angeborenen Verhaltensweisen für die Landschaft besitzt. Diese Verhaltensweisen sind bei Landbewohnern oder Gebirglern nicht etwa getilgt, sondern eingeordnet in Prägungen und erlernte Gewohnheiten. In der Sprache ist das ganz ähnlich. Auch hier werden fertig angeborene Verhaltensweisen (z. B. Schmerz- und Freudelaute), die Ergebnisse von Prägungen (z. B. Lautmalereien) eingeordnet in die erlernte Sprachtradition (z. B. Deutsch).

Ein Beleg für die Annahme, daß es fertig angeborene Verhaltensweisen für das Leben in der Landschaft gibt (wie der Schmerzlaut »Au« Beleg für fertig angeborene sprachliche Verhaltensweisen ist), scheint mir die ambivalente Einstellung des zivilisierten Menschen zum Wald zu sein, der auf ihn zugleich anziehend und abschreckend wirkt. Welcher Städter, der in unseren angelegten und gehegten Wäldern voller Lust wandert, wird nicht plötzlich von unvernünftiger Angst ergriffen, wenn die Dämmerung einsetzt oder er sich auch nur kurze Zeit über den Weg im unklaren ist? Selbst Kinder, denen niemand die Angst vor dem Wald eingeredet hat, ängstigen sich dort und können nicht angeben, warum. Ferner spiegeln viele Märchen und Sagen das gleichzeitig Anziehende und Abstoßende des Waldes wider. Warum suchen wir einerseits so gern im Wald Erholung, warum bereitet es uns Lust, dort zu wandern – und warum sagen wir andererseits zu einem, dem wir wegen seiner rückständigen Ansichten unsere Geringschätzung ausdrücken wollen: er möge doch in den Wald gehen?

Sollte dieses Ambivalenz etwa damit zusammenhängen, daß ein noch äffischer Vorfahre des Menschen, der Proconsul, vor rund 15 Millionen Jahren den Wald verließ und zu einem Steppenbewohner wurde? Ihm mußte der Wald unheimlich werden, denn als Steppenbewohner war er mit dessen Gefahren nicht mehr vertraut. Vielleicht zog es ihn aber trotzdem immer noch zum Wald, weil seine Stammesgeschichte bei ihm eine Art Grundbedürfnis nach Wald hinterlassen hatte.

Wie weit reicht der entwicklungsgeschichtliche Einfluß auf uns eigentlich zurück? Bis zu unseren Vorfahren vor 20 000, vor 2 Millionen, vor 15 Millionen oder vor 100 Millionen Jahren? Eine Frage, die keineswegs aus der Luft gegriffen ist.

Schließlich sagen wir »mit den Händen und Füßen reden«, wenn eine Verständigung durch Gesten gemeint ist, können aber seit mindestens zwei Millionen Jahren nicht mehr mit den Füßen gestikulieren, weil wir dafür nur noch die Hände frei haben. Ferner überliefert eine große Zahl alter Sagen die Erinnerung an Wesen, die der Mensch in der Entwicklungsgeschichte seiner Art, den letzten zwei Millionen Jahren, nicht mehr und die er zu der Zeit, da die Sagen aufgeschrieben wurden, durch Ausgrabungen noch nicht wieder kennengelernt haben kann: die Drachen, die eindeutig als Riesenlandsaurier, und die Greife, die eindeutig als große Flugsaurier zu identifizieren sind. (Manchmal reproduziert die nicht mehr benötigte und deshalb unscharfe Erinnerung anstelle der beiden nur ein Wesen: den Drachen, der auch fliegen kann.)

Daß es angeborene Verhaltensweisen und Dispositionen für das Verhalten in der Landschaft oder den Umgang mit Leben gibt, die in noch ferneren Vergangenheiten wurzeln, muß zumindest hinsichtlich des menschlichen Revierverhaltens bejaht werden. Es ist in ähnlicher Form schon bei Fischen zu finden und dürfte etwa 400 Millionen Jahre alt sein.

In welcher Weise Verhaltensmuster aus verschiedenen Zeiten der Geschichte des Lebens (und damit auch der Erdgeschichte) zusammenwirken können, läßt sich wiederum besonders gut an Städtern beobachten.

Offensichtlich haben 10 000 Jahre Seßhaftigkeit nicht gereicht, um fertig angeborene städtische Verhaltensweisen oder besondere Dispositionen für das Leben in Städten zu erzeugen. Wir sind deshalb in unserer seelisch-geistigen Ausstattung immer noch besser an das Leben in der Natur angepaßt als an das Leben in der künstlichen Umgebung, die wir uns geschaffen haben.

Daß dem so ist, beweist u. a. die Zahl der Zweitwohnungen und der festen Wohnwagenstellplätze von Städtern auf dem Land. Die meisten Besitzer von Zweitwohnungen oder von Wohnwagenstellplätzen bejahen im Grunde die Stadt als Lebensform. Nur fordern auch das Grundbedürfnis nach Naturerleben und die unerklärliche Vorliebe für einen bestimmten Landschaftstyp ihre Befriedigung.

Die demonstrative Umzäunung solcher Wohnwagenstellplätze signalisiert uraltes Revierverhalten. Die Blumen und Gartenzwerge innerhalb der Abgrenzung hingegen sind Ausdruck der wahrscheinlich jüngsten angeborenen Verhaltensweise des Menschen: ein Revier durch persönliche, Familien- oder Sippenmerkmale so zu kennzeichnen, daß es sich unverwechselbar von anderen Revieren unterscheidet. Diese Verhaltensweise kann nicht älter sein als die Vorstufen der Seßhaftigkeit.

Das Verhältnis des Menschen zur Erde und der Umgang, den er mit seinem Heimatplaneten pflegt, werden also durch ein kompliziertes Gefüge von angeborenen Verhaltensweisen aus der tierischen und menschlichen Stammesgeschichte, Traditionen der jeweiligen Gesellschaft und individuell erworbenen Verhaltensweisen gesteuert. Anders als Dispositionen, die sich nur in einer entsprechenden Umgebung entwickeln, praktiziert man angeborene Verhaltensweisen gelegentlich auch dort gern, wo sie infolge veränderter Umstände nur noch wenig oder gar keinen Sinn mehr haben. Verhaltensweisen, ob angeboren oder erworben, sind beim Menschen jedoch stets mit Denkprozessen verknüpft. Deshalb werden wir die Erde niemals völlig unbeeinflußt von unserer Entwicklungsgeschichte, gleichsam mit den Augen hypothetischer Marsbewohner, betrachten können, und unser Umgang mit ihr wird niemals ausschließlich rational sein.

2. BEOBACHTUNGEN IM ALTMÜHLTAL

Daß wir an Verhältnisse in der Natur angepaßt sind, die für 99 Prozent unserer Stammesgeschichte bestimmend waren, ist eine wichtige Erkenntnis. Sie darf aber auch nicht überbewertet werden. Denn die Verhältnisse sind nicht mehr so. Seit etwa 10 000 Jahren hat der Mensch für sich den Prozeß der fortwährenden Anpassung an die Natur unterbrochen und statt dessen immer größere Teile der Natur an die künstlichen Bedingungen seiner Seßhaftigkeit angepaßt. In dieser befremdlich neuen Welt funktionieren seine angeborenen Verhaltensweisen oftmals nur noch wie Schatten, über die er springen kann, wie geistige Hürden, die es zu nehmen gilt.

Auf die Anpassung der Natur an den Menschen werden wir unweigerlich stoßen, wenn wir jetzt die geistigen Hürden in einer bestimmten Landschaft aufzuspüren versuchen. Dabei handelt es sich in unserem Beispiel, dem Tal der Altmühl, keineswegs um eine hochindustrialisierte, sondern eher um eine etwas abgelegene und scheinbar weitgehend unberührte Landschaft.

Bei der Deutung von geschichtlichen, vorgeschichtlichen und erdgeschichtlichen Dokumenten ist in der Regel eine abgestufte Folge von geistigem Widerstand zu beobachten. Vorgeschichtliche Überlegungen wirken weniger glaubhaft als geschichtliche, obwohl man sich die Geschichte meist nicht minder zurechtreimen muß als die Vorgeschichte. Bei erdgeschichtlichen Erklärungen können sich die wenigsten anfangs des Gefühls erwehren, daß man sie anflunkert. Geographisches hingegen wirkt unmittelbar glaubhaft. Beginnen wir damit.

Die Altmühl ist ein Fluß in Bayern. Sie mündet in die Donau und hat

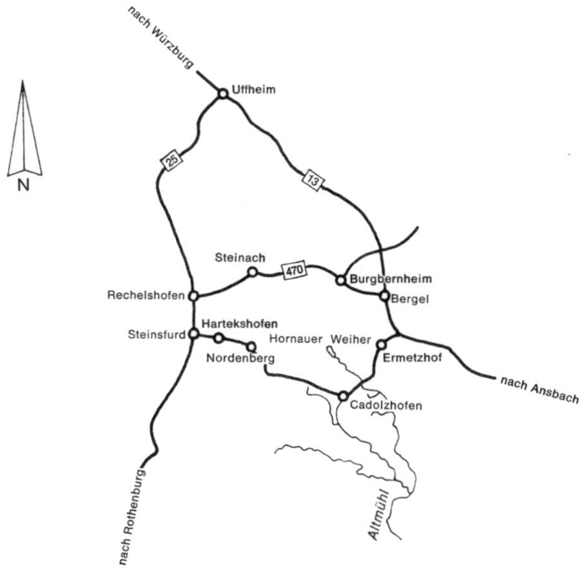

keine Quelle. Als ihr Anfang gilt der Abfluß des vier Hektar großen Hornauer Weihers, der 446 Meter über dem Meer auf der Frankenhöhe liegt, nicht weit entfernt von der kleinen Stadt Burgbernheim (siehe Karte S. 23). Der Autowanderer kommt dem Anfang der Altmühl am nächsten, wenn er zwischen der Bundesstraße 25 und der Bundesstraße 13 die Nebenstraße von Steinsfurd über Nordenberg, Cadolzhofen und Ermetzhof benutzt.

Der Hornauer Weiher ist ein Sammelbecken für das Regenwasser der näheren Umgebung. Geographisch »entspringt« die Altmühl nur, solange Wasser aus dem Weiher abfließt, was manchmal nicht der Fall ist. Freilich scheint das Kuriosum, daß ein Fluß nicht entspringt, eher eine Sache der Benennung zu sein. Man könnte ja jeden beliebigen Bach, der im Bereich ihres Oberlaufs mündet, zur Altmühl ernennen, wodurch sie vielleicht sogar eine richtige Quelle bekäme. Aber die Tradition will nun einmal, daß der Hornauer Weiler als Anfang der Altmühl gilt.

Manche Leute glauben, der Name Altmühl käme von der alten Mühle am Abfluß des Hornauer Weihers. Das trifft aber nicht zu, denn die Altmühl hieß schon »Alt«mühl, als die Mühle dort noch neu war. Von den vielen Deutungsversuchen des Namens führt wohl der zu den verblüffendsten Folgerungen, der das Wort vom keltischen alcmona ableitet (alc = Elch; mona = Fluß), was also Elchfluß hieße.

Für diese Deutung könnte sprechen, daß das Altmühltal, wie eine Vielzahl von Funden belegt, um 500 v. Chr. von Kelten bewohnt war, die dort eine blühende Eisenindustrie betrieben. Andrerseits gibt es seit mehr als 10 000 Jahren keine Elche mehr in dieser Gegend. Der Name Elchfluß hätte sich also durch gut sieben Jahrtausende bei allen uns unbekannten Völkern erhalten, die damals die Gegend bewohnten, und wäre schließlich von den Kelten in ihre Sprache übersetzt worden. Das klingt recht unwahrscheinlich.

Zwar belegt Richard Fester in seinem Buch *Protokolle der Steinzeit*, daß uns ganze Gruppen von Wörtern aus der Sprache der Eiszeitmenschen (etwa zwischen 30 000 und 10 000 vor Christus) überliefert worden sind, aber aufgrund eines entgegengesetzten Vorgangs: Die Wörter wurden weitergegeben, weil man ihre ursprünglichen Sinngehalte nicht mehr kannte und sie nur noch als Namen benutzte. Nach diesem Schema hätte der eiszeitliche Name selbst, nicht seine keltische Übersetzung, überliefert werden müssen.

Viele Sprachforscher sind der Ansicht, die Ableitung des Wortes Altmühl vom keltischen alcmona sei unhaltbar. Sie verweisen auf die erste urkundlich bezeugte Form des Flußnamens aus dem Jahre 792, wo alamona geschrieben steht. Im 9. Jahrhundert wurde statt dessen altmul gebraucht. Da weder die Herkunft des Wortes alamona bekannt ist noch die spätere Form altmul nach den Gesetzen der Sprachentwicklung aus alamona abzuleiten ist, halten diese Forscher die Sprachgeschichte des Wortes Altmühl für ungeklärt.

Nahe der Mündung der Altmühl in die Donau, beim heutigen Kelheim, lagen etwa 500 v. Chr. zwei Keltenstädte, die eine auf dem Michelsberg unmittelbar neben Kelheim, der heute die vom bayerischen König Ludwig I. erbaute Befreiungshalle trägt, die andere etwas donauaufwärts auf dem Frauenberg bei Weltenburg. Der griechische Astronom und Geograph Klaudios Ptolemaios, der zur Zeit des römischen Kaisers Hadrian im ägyptischen Alexandria lebte und in der Mitte des 2. Jahrhunderts nach Christus eine umfassende systematische Beschreibung der damals bekannten Welt *(Geographie)* herausgab, überliefert für die Keltenstadt bei Kelheim den Namen oppidum alcimoennis und für die Stadt etwas oberhalb an der Donau bei Weltenburg den Namen oppidum artobrigae. Für den Frauenberg gibt es noch heute die zweite Bezeichnung Arzberg, was sich unschwer vom keltischen artobrigae herleiten ließe. Damit wird es aber wieder etwas wahrscheinlicher, daß die Altmühl früher keltisch alcmona hieß und von den Römern alcimona genannt wurde. Außerdem gehen auch zahlreiche andere Fluß- und Ortsnamen der weiteren Umgebung auf keltische Wörter zurück.

Ptolemaios gibt für jeden Ort, den er in seinem Werk erwähnt, die geographische Länge und Breite an, so genau er sie mit den Mitteln, die ihm zur Verfügung standen, damals errechnen konnte. Da er auch Berichte von Reisenden und Soldaten dafür auswerten mußte, sind eine Vielzahl von Angaben entsprechend ungenau, meist um so ungenauer, je weiter entfernt die Orte vom Mittelmeerraum lagen. Für alcimoennis und artobrigae verzeichnet Ptolemaios jedoch Werte, die mit den tatsächlichen fast übereinstimmen. Wenn man das nicht für einen Zufall halten will, was bei zwei richtigen Angaben schon etwas ungewöhnlich wäre, bleibt nur der Schluß, es müsse sich um ein besonders bekanntes Gebiet gehandelt haben.

Noch der heilige Willibald, der zur Zeit des Bonifatius um 740 n. Chr. das Kloster und die Diözese Eichstätt gründete, gebrauchte für die Altmühl in einem Brief an den Papst die Bezeichnung »der heilige Fluß«. Das darf man mit Sicherheit nicht so verstehen, als hätte es sich um einen für Christen heiligen Fluß gehandelt. Vielmehr ist damit ein Fluß gemeint, der von alters her heilig war. 1937 wurde im Altmühltal in der Schulerloch genannten Höhle bei Essing (Weiler Oberau), etwa fünf Kilometer vor Kelheim, die Ritzzeichnung eines Steinbocks an der Felswand gefunden. Sie stammt aus einer Kulturepoche, die man als Spät-Magdalénien bezeichnet, also etwa aus der Zeit um 15 000 v. Chr. Seit Herbert Kühn *(Erwachen und Aufstieg der Menschheit)* wissen wir, daß solche Zeichnungen kultischen Zwecken dienten und die betreffenden Höhlen Kultstätten waren, sozusagen die Kirchen und Dome des Eiszeitmenschen. Die Zeichnung im Schulerloch bei Essing ist außerdem die einzige, die bisher auf deutschem Boden entdeckt wurde. Demnach gab es an der Altmühl ein bedeutsames Heiligtum des Eiszeitmenschen.

Nach Richard Fester geht der Ortsname Essing auf ein aus der Steinzeit überliefertes Wort für Höhle zurück. Nun gibt es viele Höhlen in den Kalkgesteinen Mitteldeutschlands, aber bei keiner heißt auch heute noch die Ortschaft »Höhle«. Das Schulerloch könnte also »die« Höhle gewesen sein, das Hauptheiligtum eines größeren Gebietes. Ferner wurden in dieser Gegend nahezu lückenlose Zeugnisse des menschlichen Wirkens seit 120 000 Jahren ausgegraben. Schon der Neandertaler lebte hier. Der Vermutung, es handle sich um ein uraltes heiliges Land, ist hinsichtlich des Altmühltales also schwer zu widersprechen.
Die Namensgeschichte der Altmühl könnte alles in allem vielleicht so gewesen sein: Das Gebiet zeichnete sich, als die ersten Menschen einwanderten, durch besonderen Wildreichtum aus. Als zwischen 20 000 und 15 000 v. Chr. durch jahrtausendlange Raubjagd und durch immer bessere Jagdwaffen das Wild merklich knapper wurde, bekam der Fluß den Beschwörungsnamen Elchfluß (»der uns Elche bescheren möge«). Im Schulerloch entstand ein Heiligtum für Jagdzauber. Der Hinweis auf »die« Höhle blieb im Ortsnamen Essing unübersetzt erhalten, weil die Höhlen etwa um 10 000 v. Chr. ihre religiöse Funktion verloren und die Bedeutung des Wortes in Vergessenheit geriet. Die Beschwörungsformel Elchfluß wurde noch Jahrtausende weiterbenutzt und schließlich in die keltische Sprache übersetzt.
Ein sprachgeschichtliches Märchen? Vielleicht, vielleicht auch nicht. Dem Buch *Protokolle der Steinzeit* von Richard Fester ist zu entnehmen, daß eine Vielzahl von Orts- und Gewässernamen entlang der Altmühl auf sprachliche Archetypen aus den letzten 100 000 Jahren der menschlichen Entwicklung zurückzuführen sind: Kelheim auf kal (Bedeutung: Fluß, Mündung, Weg), Essing auf os (Bedeutung: Mund, Öffnung, Höhle), Dollnstein und Solnhofen auf tal (Bedeutung: Einschnitt, Furche, Tal), um nur einige Beispiele zu nennen. Auch der Name Laaber, den mehrere Bäche in der Gegend tragen, wäre zu erwähnen. Er enthält den ältesten Archetypus ba, der alles bezeichnete, was mit dem Menschen und seinen körperlichen Bedürfnissen zusammenhing, darunter auch die Fruchtbarkeit des Wildes und der Wildpflanzen. Solche Ortsnamen sind demnach Dokumente für das Leben des Menschen im Altmühltal zwischen 120 000 und 10 000 v. Chr.
Zwischen dem Hornauer Weiher und Kelheim legt die Altmühl eine Strecke von etwa 195 km zurück. Dabei hat sie ein Gesamtgefälle von nur 107 Metern. Sie ist der gefälleärmste Fluß Bayerns. Ihr Lauf gliedert sich deutlich in drei Abschnitte, den Oberlauf vom Hornauer Weiher bis Treuchtlingen, den Mittellauf von Treuchtlingen bis Dollnstein und den Unterlauf von Dollnstein bis Kelheim (siehe Karte S. 27).
Daß der Mittellauf vergleichsweise kurz angesetzt werden muß, ist durch die unterschiedliche Gestalt des Flußtales begründet. Im Oberlauf fließt die Altmühl durch flache Wiesen und Äcker, deren Untergrund die geologische Formation Keuper ist, ein Name, der soviel wie bunt bedeutet. Bei Treuchtlingen gelangt sie in den Fränkischen Jura, in dessen Kalkfels

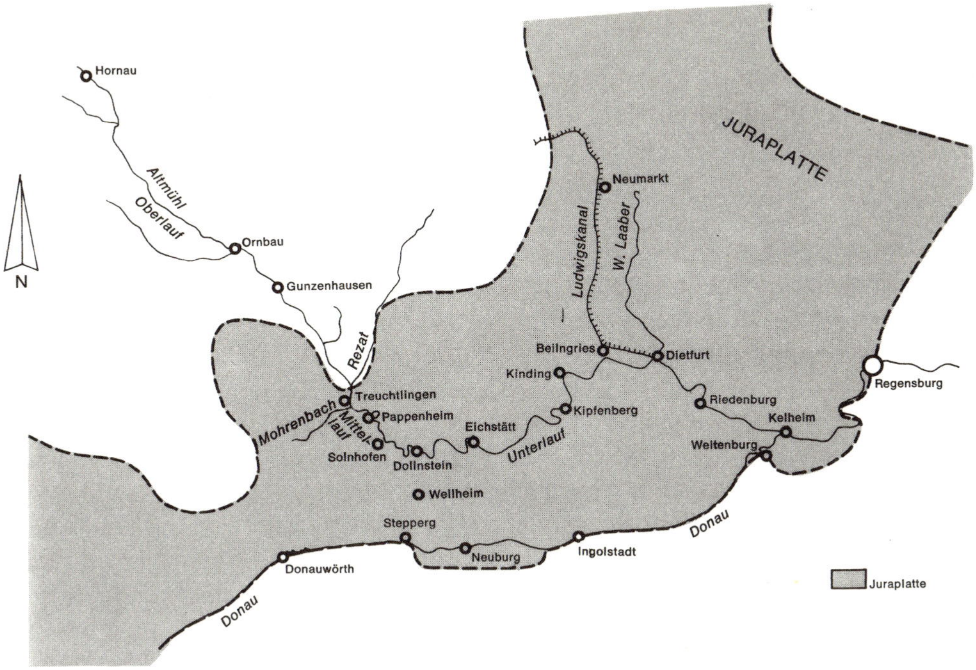

sie ein enges Tal eingeschnitten hat. Ab Dollnstein ist ihr Tal plötzlich sehr viel breiter.

Infolge der Schwerkraft hat jeder Fluß das Bestreben, möglichst tief zu fließen. Er arbeitet sich unaufhörlich in den Untergrund hinein. Die Form seines Flußbettes ergibt sich aus der Kraft, die der Fluß dabei entwickelt, und aus den Widerständen, die das Gelände ihr entgegensetzt. Die Kraft eines Flußes ist von der Wassermenge, vom Gefälle und vom Querschnitt des Flußtales abhängig.

In ihrem Oberlauf führt die Altmühl wenig Wasser, hat ein geringes Gefälle und fließt durch eine flache Wiesenlandschaft. Sie entwickelt dort also eine geringe Kraft. Außer in Zeiten des Hochwassers, vermag die Altmühl am Oberlauf deshalb nur wasserlösliche Bodenbestandteile abzutransportieren und Bodenbestandteile, die so fein zerkleinert sind, daß sie im Wasser schweben. Bei Hochwasser ist sie imstande, auch gröberes Material mit sich zu führen. Sie lädt es aber schon bald wieder in der flachen Landschaft ab. Der Untergrund des Oberlaufs, Keuper, besteht aus Schichten von Sandstein (Quarz), und Mergel (Ton und Kalk). Quarz ist so gut wie wasserunlöslich, Ton ebenfalls, aber er läßt sich aufschwemmen und neigt dann dazu, die Poren eines Flußbettes gegen den Untergrund abzudichten. Wegen dieser Abdichtung des Untergrundes kann das Altmühlwasser am Oberlauf seine Lösungskraft dem Kalk gegenüber kaum entwickeln. Die Folge ist, daß die Altmühl dort den Anblick eines nicht allzu tiefen Baches bietet.

Diese Verhältnisse ändern sich ab Treuchtlingen. Hier beginnt eine andere geologische Formation, der Jura. Mit Jura bezeichnet man in Mittel-

europa eine riesige Platte, die sich von der Schweiz bis zur Fränkischen Alb erstreckt. Ihre Oberschichten bestehen überwiegend aus Kalk. Kalk wird schon vom Regenwasser angegriffen. Dabei gehen manche Kalksorten leichter, andere schwerer in Lösung, so daß bereits durch den Regen ein unebenes und zerklüftetes Gelände entstand mit Engstellen, an denen sich die Fließgeschwindigkeit der Altmühl erhöht hat. Im Laufe der Zeit konnte die Altmühl deshalb hier viel Kalk lösen und darüber hinaus im Weg stehende Felsen auch mechanisch auswaschen. Aus diesen Gründen hat sie ab Treuchtlingen ein tiefes, schmales Tal in den Boden geschnitten, das den natürlichen Schwächezonen des Kalkuntergrundes folgt.
Dem Beobachter fallen an den bizarren Felsgruppen, die von Treuchtlingen bis Kelheim das Altmühltal säumen, etwa zwanzig bis fünfzig Meter über der heutigen Talsohle deutliche kesselförmige Auswaschungen auf (gut zu sehen z. B. über der Ortschaft Essing am linken Hang). Der Wasserspiegel hat also früher in diesen Höhen gelegen. Wenn man aber jetzt folgern wollte: weil die Altmühl damals ein so mächtiger Fluß war, dann ließe sich dies nicht mit dem Bild des wasser- und gefällearmen Oberlaufs in Einklang bringen. Folglich muß sich die Juraplatte in den Jahrmillionen, seit die Altmühl dort fließt, langsam gehoben haben, und zwar auch relativ zur Keuperlandschaft des Oberlaufs. Beim heutigen Treuchtlingen gab es also zur Zeit der Uraltmühl keinen deutlichen Höhenrand, in den der Fluß einbrach. Die Gegenden des Oberlaufs und des Mittellaufs bildeten eine Ebene. Während sich die Altmühl langsam immer tiefer in den Kalkstein der Juraplatte hineinarbeitete, stieß die Juraplatte empor.
Das erklärt aber nicht, warum am Unterlauf der Altmühl zwischen Dollnstein und Kelheim das Tal plötzlich doppelt bis dreimal so breit wird. Die geologische Formation ändert sich hier nicht wie zwischen Oberlauf und Mittellauf. Demnach war ab Dollnstein eine sehr viel größere Wassermenge erforderlich, um das untere Altmühltal aus der Juraplatte herauszuwaschen. Woher kam dieses Wasser?
Die Antwort finden wir im Wellheimer Trockental, das beim Bahnhof Dollnstein vom Altmühltal nach rechts abzweigt und in großen Windungen gen Süden verläuft. Dort beobachtet man wie im Altmühltal kesselförmige Auswaschungen an den Felsgruppen, die rechts und links die Hänge säumen (sehr eindrucksvoll über der Ortschaft Hütting). Überhaupt mutet das Wellheimer Trockental den Besucher an wie das untere Altmühltal, nur daß kein Fluß darin fließt. (Der Bach namens Schutter, der bei dem Dorf Ellenbrunn entspringt und gut zwei Kilometer weiter bei Hütting das Tal wieder verläßt, ist nur ein winziges Rinnsal.) Wenn wir dem Tal bis zu seinem Ende folgen, stehen wir bei der Ortschaft Rennertshofen 18 Meter über dem Donauufer (siehe Karte S. 29).
Auf der Straße von Donauwörth nach Neuburg fährt man jetzt am nördlichen Donautalhang etwa einen Kilometer nach Osten bis zur Ortschaft Stepperg. Dort zweigt eine gesperrte Straße (nur für Anlieger frei) zum

Donauufer ab, die durch ein Kieswerk führt. Bei dem Kieswerk durchbricht die Donau in einer Schleife einen flachen Ausläufer der Juraplatte. Im Flußtal und am Ufer liegen große Massen von rundgeschliffenen Geröllsteinen. Viele davon stammen aus den Alpen und sind hauptsächlich vom Lech hertransportiert worden, der zehn Kilometer donauaufwärts mündet. Das ist durch eine mineralogische Überprüfung der Steine leicht nachzuweisen.

Solche Steine, die aus den Alpen stammen, findet man auch heute noch an verschiedenen Stellen in der Sohle des Wellheimer Trockentales und des unteren Altmühltales zwischen Dollnstein und Kelheim. Am Ober- und Mittellauf fehlen sie ganz. Wer auf die Suche nach derartigen Belegen geht, stößt in den meisten Fällen zunächst einmal auf Exemplare, die genauso aussehen wie die Geröllsteine im Donautal, also weder verfärbt sind noch Unebenheiten durch Verwitterung aufweisen. Diese Steine kann man gleich wieder fortwerfen. Sie sind für den Straßenbau vom Donautal hergeschafft worden. Steine, die durch natürlichen Transport in das Wellheimer Trockental und in das untere Altmühltal gelangten, werden zuweilen an den Rändern der Talsohle aus den Äckern gepflügt oder in Baugruben mit ausgeschachtet. Sie sind oft von Humussäuren braun gefärbt und meist nicht mehr ganz so rund wie frisches Donaugeröll, weil sie mehr als 100 000 Jahre in der Erde gelegen haben und jene Teile der Oberfläche, die durch die Bodenverwitterung angreifbar waren, unregelmäßig abgetragen sind.

Am Innenhang der Mäander im Wellheimer Trockental und im Altmühltal ab Dollnstein gibt es aber auch Aufschüttungen von Donaugeröll, die durch darüber liegende Lehmschichten vor der Verwitterung geschützt wurden. Wo solche Aufschüttungen in Kiesgruben erschlossen sind, z. B. beim Riedenburger Ortsteil Haidhof, sehen diese Steine noch fast genauso aus wie heutiges Donaugeröll.

Das Donaugeröll im Wellheimer Trockental und im Altmühltal ab Dollnstein liefert den Beweis, daß in früheren Zeiten die Donau bei der heutigen Ortschaft Rennertshofen scharf nach Norden abbog, durch das Wellheimer Tal und durch das untere Altmühltal floß und bei Kelheim erst ihr heutiges Bett erreichte. Die Altmühl mündete damals beim heutigen Bahnhof Dollnstein in die Donau. Wellheimer Tal und unteres Altmühltal wurden also von den Wassermassen der Donau, die früher reißender als heute war, in den Kalk des Fränkischen Jura geschnitten. Deshalb fließt die untere Altmühl jetzt in einem Tal, das für sie eigentlich viel zu groß ist (Abb. 2). (Daß die Donau einmal reißender als heute war, ergibt sich u. a. aus der Menge des Gerölls im Flußbett und aus der Größe mancher Geröllsteine.)

Am mittleren Altmühltal haben wir bereits erkannt: Die Juraplatte wurde im Laufe von vielen Millionen Jahren emporgehoben. Sie versperrte eines fern vergangenen Tages schließlich der Donau den Weg durch das Wellheimer Tal. Da die Donau sich daraufhin einen Weg durch den Juraausläufer bei Stepperg bahnen konnte, müssen wir folgern, daß die Juraplatte nicht waagerecht, sondern schräg emporstieg. Der berühmte Donaudurchbruch bei Weltenburg war zu dieser Zeit noch keine enge Schlucht, sondern ein flaches Tal zwischen Hügeln, die sich nur wenig über die Landschaft der Umgebung erhoben. Seit die Donau vor 120 000 Jahren dort hineinbrach und sich dabei ihren derzeitigen Weg über Neuburg und Ingolstadt bahnte, hat der Regen von der Oberfläche des Landes etliches Material abgetragen. Während sich die Donau in die Schwächezonen des Durchbruchs einnagte, ist die Juraplatte noch ein wenig mehr schräg gehoben worden. In dieser Zeit hat der Fluß sein Bett manchmal etwas tiefer ausgebaggert und manchmal wieder etwas mit Geröll aufgeschüttet, je nach der Wassermenge, die durch das neue Tal strömte.

Was wir hier über das Aufsteigen der Juraplatte und ihre Schrägstellung

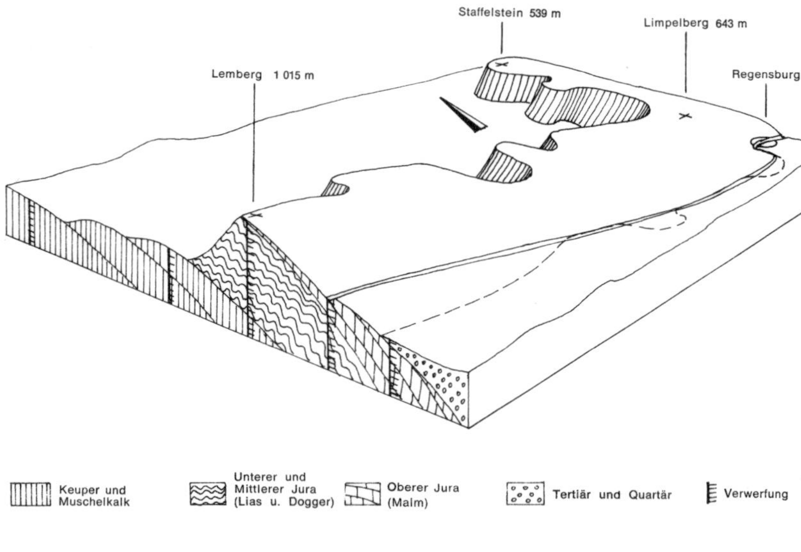

allein aus der Beschaffenheit des unteren Altmühltales und des Wellheimer Trockentales gefolgert haben, bestätigen Befunde in anderen Gegenden des Jura. Die gesamte Juraplatte liegt auf deutschem Boden von Nordwesten nach Südosten schräg geneigt.

Die Donau ist, wie geologische Untersuchungen zeigen, etwas länger als eine Million Jahre durch das Wellheimer Tal und das untere Altmühltal geflossen und hat sich vor rund 120 000 Jahren ihren neuen Weg gebahnt. Wir beobachten also heute an den Felsen im unteren Altmühltal Auswaschungen, die älter als 120 000 Jahre, im Donaudurchbruch bei Weltenburg dagegen nur Auswaschungen, die jünger als 120 000 Jahre sind. Dies erklärt auch, warum die Auswaschungen bei Weltenburg um vieles weniger verwittert erscheinen als die Auswaschungen an den Felsen im Altmühltal und im Wellheimer Trockental.

Als die Donau ihren Lauf änderte, war das heutige Altmühltal schon von Neandertalern bewohnt. Die Vermutung, daß die damaligen Menschen in einem Tal, aus dem die Wasser verschwanden bis auf einen kleinen Fluß, wo Höhlen zugänglich wurden, Wiesen und Jagdgründe entstanden, etwas Besonderes sehen mußten, liegt auf der Hand. Die Altmühl war möglicherweise schon seit 120 000 Jahren ein heiliger Fluß.

Nebenbei bemerkt: Wenn jemand jetzt Lust bekommen sollte, sich im Altmühltal als Amateurgeologe zu betätigen, so ist dieser Plan nicht schwer zu verwirklichen. Die Deutsche Ferienstraße Alpen–Ostsee führt von Pappenheim bis Kelheim durch das Altmühltal. Dieser Umweg parallel zur Autobahn Nürnberg–München ist für jeden Touristen lohnend, der unterwegs nicht nur sein Grundbedürfnis nach Naturerleben befriedigen möchte, sondern auch interessiert ist zu erfahren, wie es früher auf der Erde ausgesehen hat, selbst in Epochen, als es noch keine Menschen gab.

So weit in die Vergangenheit der Erde dringen wir bei einer Untersuchung der Talwände vor. Wir können dies in jedem Steinbruch beginnen. Die Talwände bestehen aus zwei Arten von Kalk, die sich schon auf den ersten Blick leicht unterscheiden lassen. Die eine Art ist der Plattenkalk, der in verschieden dicken Lagen nahezu waagerecht angeordnet ist. Dazwischen befinden sich Regionen von ungegliedertem Kalk, der Dolomit genannt wird. Manchmal sieht man beide Kalkarten in einem einzigen Steinbruch nebeneinander (siehe Skizze S. 32 oben).

Wer den Plattenkalk vorsichtig mit einem Hammer zerklopft, braucht an vielen Stellen nicht lange, bis er auf Versteinerungen längst ausgestorbener Lebewesen stößt oder auf Teile von Versteinerungen, die durch Verwitterung oder beim Herausklopfen zerstört wurden. Die häufigste Versteinerung im Altmühltal ist das Gehäuse eines ausgestorbenen Verwandten der heutigen Tintenfische: des Ammoniten oder Ammonshorns (siehe Skizze S. 32).

Es gab eine große Zahl von Ammonitenarten. Manche wurden nur wenige Millimeter groß, andere bis zu zwei Meter. Am häufigsten findet man

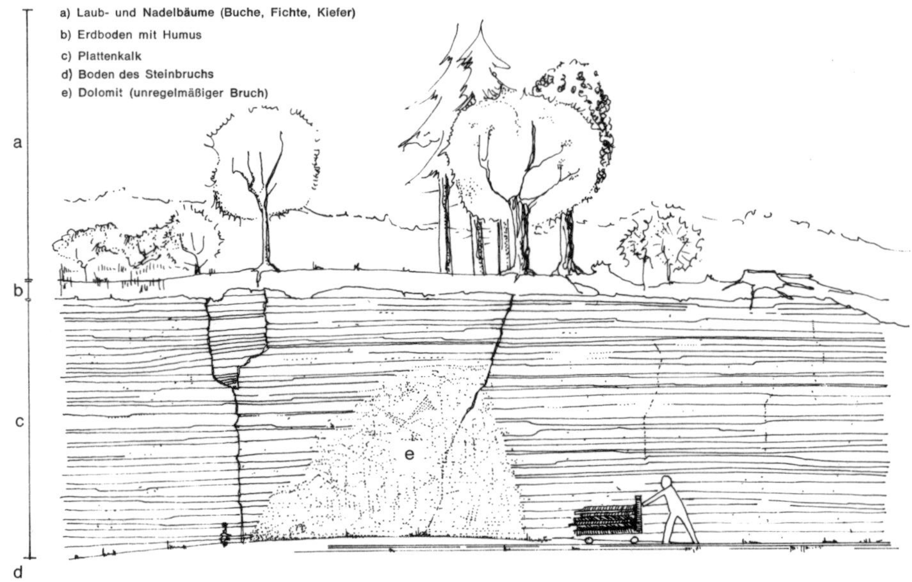

kleine Ammoniten, von den großen bringt der Laie meist nur Bruchstücke aus dem Fels. Einen großen, kostbaren Ammoniten herauszuklopfen ist nur mit viel Geduld, fachmännischem Werkzeug und Können möglich. Versteinerte Ammoniten sind hier so häufig, daß man im Altmühltal oft auch an den Rändern von neu erbauten Straßen oder im Schutt von Baugruben Teile von ihnen entdeckt.

Die Ammoniten waren Meerestiere, und die Schichten des Plattenkalks, in die sie eingebettet sind, enthüllen sich als Ablagerungen (Sedimente) eines vorzeitlichen Meeres, das vor 160 Millionen Jahren weite Teile Europas bedeckte. In diese Sedimente sanken die Leichen größerer Tiere und wurden wie Gipsmasken bewahrt als Hohlausgüsse ihrer Kalkpanzer. Ausfällungen aus dem durchsickernden Wasser ersetzten in der Hohlform nach und nach das Material der verwesenden Weichteile.

AMMONIT

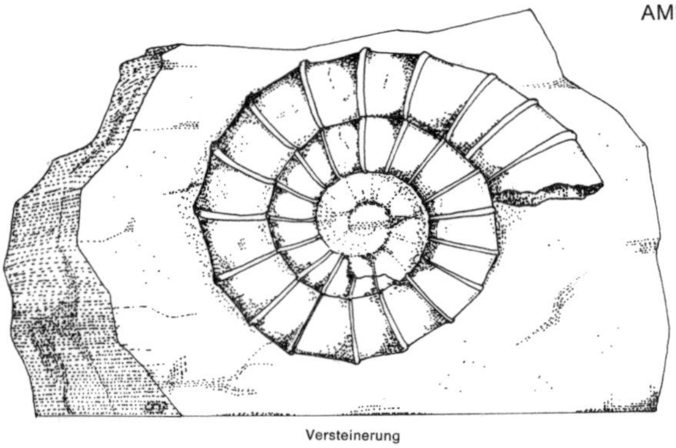

Versteinerung

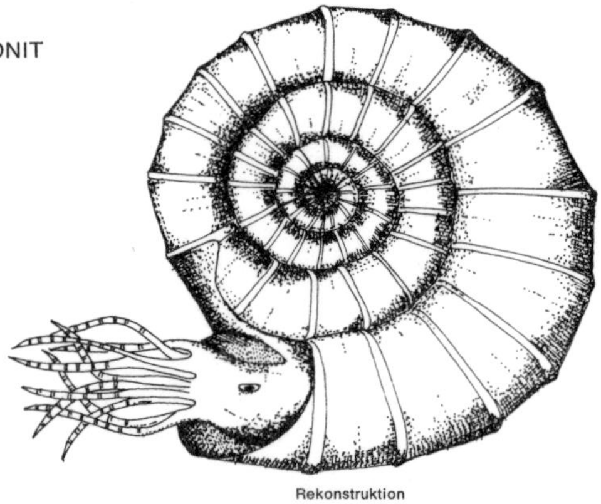

Rekonstruktion

Besonders reiche Fundstätten für Versteinerungen aus dem Jura sind die Gebiete um Solnhofen im Altmühltal und um Holzmaden in der Schwäbischen Alb. Allein in der Gegend von Solnhofen wurden im Laufe der Zeit rund 600 versteinerte Tierarten wissenschaftlich erfaßt: neben den schon erwähnten Ammoniten auch Belemniten, Korallen, Muscheln, Schnecken, Krebse, Seelilien und Kugelzahnfische, ferner an Landbewohnern Käfer, Netzflügler und zahlreiche andere Insekten, nicht zuletzt aber Reptilien (Saurier). Berühmt sind die drei Exemplare des Urvogels Archaeopterix, die bei Solnhofen gefunden wurden, das erste im Jahre 1861 leider ohne Kopf. Es ging damals für 12 000 Goldmark an das Britische Museum in London. Ein zweites, das wertvollste und am besten erhaltene Exemplar mit Kopf, das 1877 ans Tageslicht kam, kaufte der Großindustrielle Werner von Siemens um 20 000 Goldmark für das Museum für Naturkunde in Berlin. Das dritte, etwas ramponierte Exemplar, das man 1956 ausgegraben hat, erwarb das Geologisch-Paläontologische Institut der Berliner Humboldt-Universität.

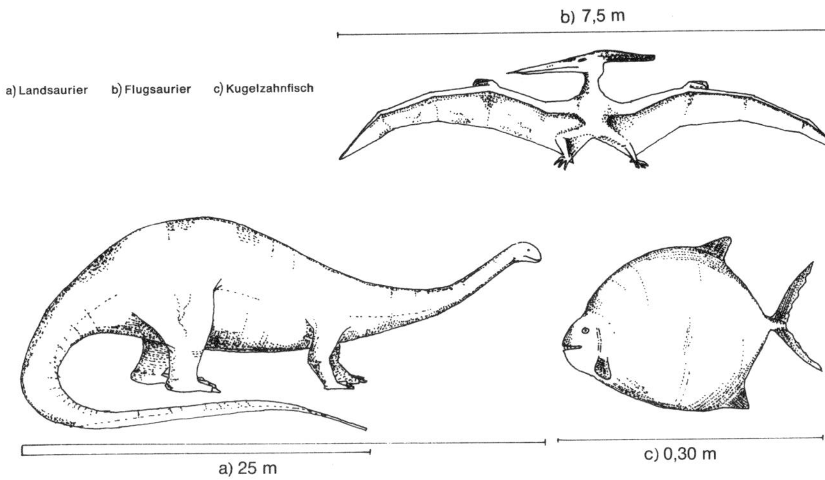

Der Urvogel ist das einzige bekannte Zwischenglied zwischen Reptilien und Vögeln; er zeigt in seinem Körperbau noch viele Züge einer Echse, trägt aber schon Federn.
Anhand des heutigen geologischen Befundes läßt sich auch abschätzen, wie tief das Jurameer in der Gegend des Altmühltales gewesen ist. Erinnern wir uns an den ungeschichteten Dolomitkegel im Steinbruch (Skizze S. 32 oben).
Er ist ein versteinertes Korallenriff. Auch versteinerte Schwammriffe kommen im Jura häufig vor. Korallen sind je nach Art nur bis zu einer Meerestiefe von etwa 25 bis 50 Metern lebensfähig. Deshalb können wir, wenn wir im Steinbruch vor einem unverwitterten Dolomitriff stehen, auch sagen, daß der Meeresspiegel zu Lebzeiten der Korallen, niemals höher als maximal 25 Meter über dem damaligen Oberrand des Riffs lag. Schwammriffe

können ebenfalls nur in geringer Tiefe bestehen. Das Jurameer war also im Bereiche des heutigen Altmühltals ein flaches Meer. An manchen Stellen bildete es Lagunen, die zuweilen austrockneten. In den glitschigen Kalksümpfen der Lagunenränder sind viele Tiere elend umgekommen; oftmals haben sich auch die Spuren des Todeskampfes im Kalk erhalten und wurden mit dem Tier konserviert. Durch die Lage am Rand des Meeres ist ferner zu erklären, warum im Bereich des Altmühltals auch Versteinerungen von Landtieren ausgegraben wurden.
Noch etwas anderes läßt sich aus dem Vorhandensein von Korallenriffen schließen. Das Korallenriff ist eine Lebensgemeinschaft von riffbildenden Korallen, Kalkalgen, Schwämmen, Schnecken, Seeigeln, Krebsen, Fischen und manch anderen Tieren. Die Korallen haben an dieser Lebensgemeinschaft nicht notwendigerweise den Hauptanteil. Der Menge nach können die anderen Teilnehmer überwiegen. Das Korallenriff bildet sich aber nicht, wenn die wesentlichen Voraussetzungen für die Existenz der Korallen fehlen: eine durchschnittliche Wassertemperatur von mindestens 18 Grad, eine ausreichende Salzkonzentration, sauerstoffreiches Wasser und genügend Sonneneinstrahlung. Daraus ergibt sich: Das Jurameer ist im Bereich des heutigen Altmühltales ein warmes Tropenmeer gewesen. Und: der Meeresboden hat sich gesenkt, oder der Wasserspiegel ist gestiegen, so daß Korallenriffe von beachtlicher Höhe wachsen konnten. Da anderswo Anzeichen für einen weltweiten Anstieg des Meeresspiegels zu dieser Zeit nicht zu finden sind, bleibt nur die Folgerung, daß der Meeresboden während des Wachstums der Korallenriffe absank.
Durch einen Prozeß, dessen Ursachen noch nicht geklärt sind, die Dolomitisierung, wurde im Kalkstein der abgestorbenen Riffe aus dem Meereswasser Magnesium angelagert. Die Dolomitisierung zerstörte die innere Struktur und verwandelte die Riffe in ungegliederten Massenkalk (Dolomit). Aus diesem Grund sind im Inneren der Dolomitfelsen auch unter dem Mikroskop keine Überreste der riffbildenden Lebewesen zu erkennen. Nur in den Randbereichen und in der Umgebung hat man sie gefunden.
Wenn wir jetzt durch das untere Altmühltal wandern, hat alles ein anderes Aussehen bekommen. Wir nehmen nicht nur ein romantisches Flußtal wahr, wir erkennen auch die Spuren von 160 Millionen Jahren Erdgeschichte, in deren letzten 120 000 Jahren der Mensch das Tal bevölkerte. Die Felsengruppen sind nicht mehr bloß bizarre Naturschönheiten, die zum Photographieren oder Malen auffordern, sondern von der Donau herausgewaschene Überreste von Korallenriffen, die ihre heutige Form der Verwitterung verdanken. Bei einiger Vorstellungskraft können wir uns für die Jurazeit nicht allzu hoch darüber den Meeresspiegel denken und das Meer angefüllt mit Tieren, deren Aussehen uns heute teilweise recht fremd wäre.
Im Altmühltal ist also zu beobachten, daß es einerseits Kräfte gibt, die eine Landschaft aufbauen, in unserem Fall waren es die Ablagerungen im Meer

und das Emporheben der Juraplatte, und andrerseits Kräfte, die eine Landschaft wieder abtragen, wir hatten die mechanische Arbeit des Flusses, die Wirkung von Wasser als Lösungsmittel und die Verwitterung an der Luft registriert.

Abtragung besteht immer aus zwei Vorgängen. Zunächst muß Material an einer Oberfläche zerstört und dann muß das Zerstörte wegtransportiert werden. Die wichtigsten zerstörenden Einflüsse sind die Verwitterung und die Erosion. Mit Erosion (lat. erodere = ausnagen) bezeichnet man in der Geologie die ausfurchende Wirkung des fließenden Wassers. Verwitterung hat etwas mit dem Wetter zu tun. Damit sind die zerstörenden Einflüsse gemeint, denen Gestein unterliegt, das der Luft ausgesetzt ist. Diese Einflüsse können physikalischer Natur sein und nur die Form abtragen oder chemischer Natur, d. h. auch die Zusammensetzung des Materials ändern, oder biologischer Natur, wobei Lebewesen Gestein physikalisch oder chemisch angreifen. Physikalische und chemische Verwitterung lassen sich im Ergebnis nicht immer scharf voneinander trennen. Eine Übersicht über die wichtigsten Ursachen der Verwitterung gibt die folgende Tabelle.

Ursachen der Verwitterung

Physikalische Verwitterung z. B. durch:	Chemische Verwitterung z. B. durch	Biologische Verwitterung chemisch z. B. durch	Biologische Verwitterung physikalisch z. B. durch
Temperaturschwankungen (trocken)	Lösung in Wasser	Aufbereitung von Gestein durch Bakterien, Algen, Flechten	
Frostsprengung (gefrierendes Wasser)	Lösung in kohlensäurehaltigem Wasser		
Salzsprengung (auskristallisierende Salze)	Umwandlung mit Sauerstoff (Oxydation)	Zersetzung von Kalkstein durch Bohrmuscheln	Graben von Gängen in zersetztem Kalkstein durch Bohrmuscheln
staub- und/oder sandhaltigen Wind	Umwandlung mit Wasser (Hydrolyse)		Sprengwirkung von Pflanzenwurzeln
	Rauchgase (z. B. Schwefeldioxyd, Schwefelwasserstoff, Stickoxyde, Fluorwasserstoff, Siliciumtetrafluorid)	Umwandlung durch Ausscheidungsprodukte von Tieren	

Zu der Tabelle sind einige Erklärungen nötig:

Physikalische Verwitterung durch Temperaturschwankungen (Temperaturverwitterung) ist hauptsächlich in trockenen Wüstengebieten mit starken Unterschieden zwischen Tag- und Nachttemperatur zu beobachten. Weil die meisten Gesteine schlechte Wärmeleiter sind, wird nur eine verhältnismäßig dünne Oberflächenschicht des Gesteins erhitzt. Sie dehnt sich durch Erwärmung aus und zieht sich durch Abkühlung zusammen. Dadurch treten Spannungen zwischen der erwärmten Schicht und der nicht erwärmten Masse des Gesteins auf. Außerdem sind Gesteine selten gleichmäßig zusammengesetzt. Meist bestehen sie aus Gemengen mehrerer Mineralien, die sich bei der Erwärmung verschieden stark ausdehnen. Das führt zu Spannungen innerhalb der erwärmten Schicht. Über längere Zeiträume wird die Oberschicht des Gesteins durch Erwärmen und Abkühlen in ihrem Gefüge gelockert und vom nicht erwärmten Untergrund abgelöst. Dieser Prozeß ist von der absoluten Höhe, mehr aber von der Häufigkeit der Temperaturschwankungen abhängig.

Intensiver wirkt die Verwitterung durch den Wechsel von Wärme und Kälte, wenn das Gestein in seinen Poren oder in Rissen und Klüften Wasser enthält (Frostsprengung, siehe Skizze). Wasser hat die einzigartige Eigenschaft, sich beim Gefrieren um ein Neuntel seines Volumens auszudehnen. Solange es durch äußeren Druck daran gehindert ist, kann es auch bei großer Kälte nicht gefrieren und bleibt flüssig. Wenn wasserhaltiges Gestein unter den Gefrierpunkt abgekühlt wird, bildet sich in seinen

FROSTSPRENGUNG

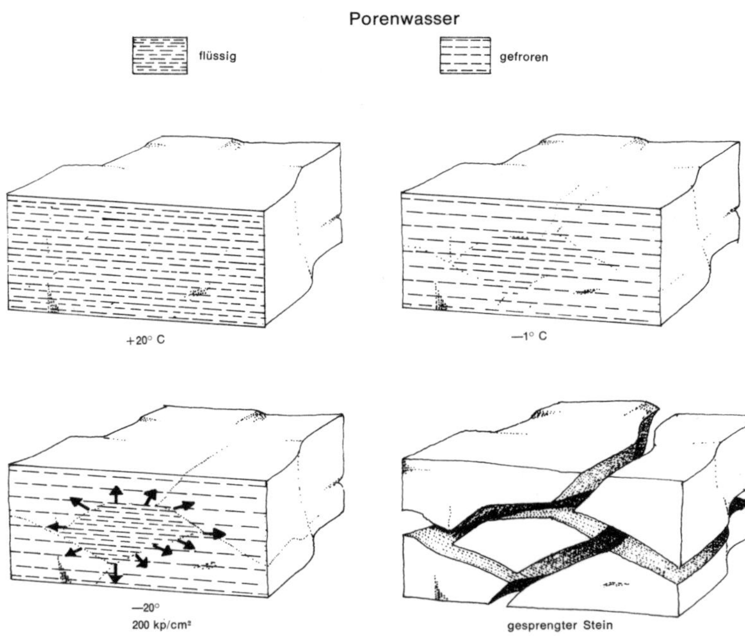

Randzonen ein Eispanzer, der das Wasser im Gesteinsinneren wie in einem Druckgefäß einschließt, so daß es nicht gefrieren kann. Das eingeschlossene Wasser übt einen um so stärkeren Druck auf seine Umgebung aus, je mehr es abgekühlt wird. Übersteigt dieser Druck den Gegendruck des vom Eis abgedichteten Gesteins, dann zerspringt das Gestein, und die Wasserblase gefriert, weil sie nun den Raum einnehmen kann, der ihrer Temperatur entspricht. Die kantigen oder zerklüfteten Berggipfel verdanken ihre Gestalt überwiegend der Frostsprengung (Abb. 3 und 5).

Salzsprengung: Auskristallisierende Salze verschließen die Porenausgänge des Gesteins. Der Druck nachwachsender Kristalle wirkt lockernd und sprengend. Besonders stark ist die Sprengwirkung, wenn die Kristalle aus der Umgebung (z. B. infolge von Niederschlag in einem trockenen Gebiet) Kristallwasser aufnehmen können und dadurch ihr Volumen vergrößern. (Beispiel: Anhydrit wird zu Gips.)

Windverwitterung: Wind, der Staub und Sand mit sich führt, wirkt wie ein Sandstrahlgebläse. Er entfernt alle weicheren Oberflächenteile eines Gesteins und läßt nur die härteren stehen. Ein eindrucksvolles Beispiel für das Zusammenwirken von Frostsprengung und Windverwitterung sind die Kalkfelsen der 860 Meter hohen Sierra del Torcal nördlich von Málaga (Abb. 6). Ähnliche Formationen, bei denen die Spuren der Windverwitterung aber nicht ganz so auffällig sind, findet man in Deutschland u. a. an Granitfelsen zwischen dem Hochstein und dem Dreisesselfels im Bayerischen Wald. (Wegen der Form der aufeinander liegenden Felsblöcke, in die der Stein durch Frostsprengung zerspalten wurde, spricht man dort von Wollsack- oder Matratzenverwitterung.)

Chemische Verwitterung durch Lösung in Wasser bedarf wohl keiner Erläuterung. Großen Einfluß auf die Abtragung von Kalkgebirgen hat die Löslichkeit von Kalkstein in kohlensäurehaltigem Wasser. Auch die Höhlen im Jura und in anderen Kalksteingebieten, z. B. in Jugoslawien, Frankreich und Spanien, wurden von kohlensäurehaltigem Wasser, das durch Poren und Klüfte sickert, in Zeiträumen von Jahrmillionen aus dem Fels herausgelaugt (Abb. 41–44).

Oxydationsverwitterung: Sauerstoff ist eines der aggressivsten chemischen Elemente. Wenn die grünen Pflanzen nicht dauernd neuen Sauerstoff erzeugten, wäre der heute in der Luft vorhandene und der in den Gewässern gelöste Sauerstoff in etwa 6 000 Jahren verschwunden. Die noch oxydationsfähigen Gesteine der Erdoberfläche hätten ihn zum größten Teil aufgenommen, ein kleiner Teil wäre durch die sauerstoffatmenden Tiere verbraucht worden. Sichtbares Zeichen einer Sauerstoffverwitterung ist u. a. die Rotfärbung von Sedimentgesteinen. Hier wurden gelbe zweiwertige Eisenverbindungen zu roten dreiwertigen Eisenverbindungen oxydiert.

Verwitterung durch Hydrolyse beruht auf der Tatsache, daß verunreinigtes Wasser zu einem kleinen Teil elektrisch in positive und negative Ionen gespalten (dissoziiert) ist.

$$2\ H_2O \rightleftarrows H_3O^+ + OH^-$$

Die Reaktion mit dissoziiertem Wasser hat große Bedeutung für die Zersetzung von Silikaten, die zu 95 Prozent am Aufbau der Gesteinssphäre beteiligt sind und von Verwitterungsvorgängen schwerer als andere Bestandteile angegriffen werden. Wasser ist aber nur zu einem sehr geringen Teil dissoziiert. Deshalb benötigt der Abbau von Silikaten durch Hydrolyse lange geologische Zeiträume.

Auf die Verwitterung durch Rauchgase soll hier nicht eingegangen werden. Ihre Auswirkung ist im wesentlichen identisch mit den Auswirkungen von Vulkanausdünstungen.

Daß nacktes Gestein von Flechten angegriffen wird, kann jeder beobachten. Die weißen, gelben oder roten Flecke, die man in den Gebirgen bis in große Höhen auf den Gesteinen findet, bestehen aus Flechten. Flechten sind enge Lebensgemeinschaften (Symbiosen) zwischen einzelligen Grünalgen und einzelligen Pilzen. Die Algen ernähren die Pilze mit dem Zucker, den sie aus dem Kohlendioxyd der Luft gewinnen, und mit aufbereiteten Stoffen aus den Gesteinen, die Pilze liefern den Algen organische Substanzen, die sie durch chemische Umwandlung abgestorbener Organismen (Bakterien usw.) bilden. Flechten sind langlebig. Sie können älter als 800 Jahre werden, wachsen aber sehr langsam, z. B. die Flechte Rhizocarpon geographicum etwa einen Quadratzentimeter in 60 Jahren. Sie wirken dabei chemisch verwitternd auf die Gesteinsoberfläche und tragen mit dazu bei, daß sich im Laufe der Zeit auch anspruchsvollere Pflanzen auf dem Gestein ansiedeln können.

Dagegen ist die Wirkung von Wurzeln höherer Pflanzen, die in Gesteinsrisse oder Spalten eindringen, überwiegend eine physikalische. Sie lockern und zerteilen das Gestein (Abb. 13). Nur sehr selten wird ein Gestein allein von einer Verwitterungsart abgetragen. In der Regel greifen mehrere Verwitterungsvorgänge gleichzeitig oder nacheinander das Gestein an. Ihre Wirkungen sind hinterher nicht immer scharf voneinander zu trennen (Abb. 14).

Im Altmühltal und in vielen anderen Gegenden wurden die Sedimente, die sich am Meeresgrund ablagerten und sich dort nach und nach zu Gestein verfestigten, schon zu der Zeit, als sie noch unter Wasser lagen, für die spätere Verwitterung besonders vorbereitet: Bohrmuscheln gruben unzählige Gänge darin. Als die Juraplatte an die Atmosphäre gehoben wurde, wirkten diese Gänge gleichsam als Sprenglöcher für die Frostsprengung.

Es wird Zeit, eine Zwischenbilanz zu ziehen, denn wir sind nun in der Lage, die wichtigsten Kräfte aufzuzählen, die in der Gegend des Altmühltales das heutige Bild der Landschaft gestaltet haben.

Vor rund 160 Millionen Jahren herrschte hier tropisches Klima. Das Land war Boden des Jurameeres und sank langsam ab. Auf dem Meeresboden lagerten sich, wie dies auch heute noch in allen Meeren geschieht, während

Jahrmillionen dicke Schichten von Sedimenten ab, hier hauptsächlich Kalk, der von Kleinlebewesen stammte. Korallenriffe, die in dem flachen, warmen Jurameer wuchsen, wurden nach und nach von den Schichten eingeschlossen und oft auch ganz bedeckt. Später hob sich der Meeresboden und kam als Festland an die Atmosphäre. Von diesem Augenblick an begannen Verwitterungsprozesse seine Oberfläche abzutragen. Das abgetragene Material wurde teils vom Wind fortgeweht, teils vom Regenwasser in die jetzt entstehenden Flüsse gespült. Die Flüsse gruben sich durch Erosion und chemische Lösung in das Gestein ein und formten Flußtäler. Gleichzeitig lagerten Hochwasser und Wind breitflächig neues Material ab. Aus diesem Material und verwitterten Bestandteilen der Oberfläche bildete sich ein Überzug von Erdboden auf dem Gestein, der als Schutzschicht gegen eine weitere Verwitterung wirkte. Sickerwasser löste in Schwächezonen des Untergrundes das Gestein. So entstanden Höhlen (Abb. 41–44). Während der Erdboden die Verwitterung weiter Flächen minderte, war die Erosion durch die Flüsse unbehindert wirksam. Sie gruben sich um so tiefer in die Kalkplatte ein, je höher der Jura emporstieg, und nagten dabei das weichere und leichter lösliche Gestein um die Dolomitkegel der ehemaligen Korallenriffe fort. So wurden auch die Riffe der Verwitterung zugänglich. Frostsprengungen, Auswaschungen durch Regenwasser und Verwitterung durch Pflanzen erzeugten im Laufe der Zeit die heutigen Felsformen.
Talsohle und Wasserspiegel der Donau-Altmühl und ihrer Zuflüsse waren nicht immer gleich hoch. Einerseits hat ein Fluß die Tendenz, sich immer tiefer einzugraben. Andrerseits schüttet er sein Bett und bei Hochwasser auch weite Gebiete der Talsohle mit Ablagerungen auf. Dadurch vermindert sich das Gefälle, und der Fluß kann noch mehr Material ablagern. So wurde das ursprünglich tiefer eingeschnittene Donau-Altmühltal teilweise wieder aufgefüllt. In niederschlagsreichen Epochen oder in Epochen starker Gletscherschmelzen verschob sich das Gleichgewicht zwischen Erosion und Aufschüttung zugunsten der Erosion. Der Fluß räumte einen Teil der Geröllmassen wieder aus. Auch von den Hängen wurde Material zur Talsohle abtransportiert: Losgelöste Steine rollten hinab. Regenwasser trug Schlamm nach unten. Größere Erdmassen wanderten, wenn sie ihren Halt auf der Schräge verloren, durch Hangrutschen abwärts.
Alle diese Prozesse zusammen haben im Altmühltal dazu geführt, daß die ursprüngliche Sohle mit einem dicken Polster aus Geröll und Lehm bedeckt ist. In seiner obersten Schicht enthält es Humus von verwesten Pflanzen und Tieren.
Vor etwa 120 000 Jahren versperrte das Ansteigen der Juraplatte der Donau ihren bisherigen Weg. Sie grub sich ein neues Tal durch die Enge bei Stepperg und die Weltenburger Enge. Etwas früher wanderten Neandertaler in das Gebiet ein, das von da an ununterbrochen von Menschen bevölkert wird.
Die Kräfte, die seit dem Abfließen des Meeres die Landschaft nach und

nach gestaltet haben, sind auch heute noch wirksam und verändern sie weiter. Als neues Element ist der Mensch hinzugekommen. Für das erste Jahrhunderttausend seiner Anwesenheit gibt es keine Hinweise, daß er in erheblichem Maße verändernd auf seine Umwelt eingewirkt hätte. Vielmehr war er allem Anschein nach selbst so auf seine Umgebung eingestellt, daß er mit verhältnismäßig geringen Hilfsmitteln in ihr überleben konnte.
Vor etwa 30 000 Jahren begann sich dies zu ändern. Immer bessere Waffen gaben dem Menschen die Möglichkeit, den Wildbestand weitgehend zu dezimieren und einzelne Tierarten auszurotten. In der Folgezeit ging er daran, das Land landwirtschaftlich zu nutzen. Er rodete Wälder, legte Felder an, gründete Siedlungen, Dörfer und schließlich Städte. Im 2. Jahrtausend vor Christus war die Gegend des Altmühltales bereits etwa so dicht besiedelt wie heute ohne die Bevölkerung der Städte. Die ersten Städte wurden hier etwa um 500 v. Chr. von Kelten angelegt.
In den letzten zweieinhalb Jahrtausenden hat der Mensch die Landschaft immer stärker verändert und seinen Bedürfnissen angepaßt. Man spricht in diesem Zusammenhang heute oft von einer Erosion durch den Menschen und will damit ausdrücken, die Eingriffe des Menschen in die Natur seien zerstörerisch und deshalb negativ zu bewerten. In Wirklichkeit ist die Einwirkung des Menschen auf die Landschaft nur selten rein abtragend, etwa dort, wo er im Tagebau nach Erzen schürft. In den meisten Fällen handelt es sich um ein Umgestalten, das man nicht schon deshalb verurteilen sollte, weil überhaupt etwas verändert wird.
Was der Mensch in einer Landschaft ändert oder neu schafft, ist den gleichen geophysikalischen Kräften ausgesetzt wie jeder andere Teil der Landschaft. Sandstein verwittert in einer Mauer nicht anders als in einer Felsformation. Manchmal zerstören die natürlichen Kräfte in kurzer Zeit, was der Mensch angelegt hat. So kann das weitflächige Roden von Wäldern bewirken, daß der Boden vom Wasser fortgespült oder vom Wind fortgeweht wird. Daß so etwas verhältnismäßig oft vorkommt, beruht aber nur selten auf einem Willen des Menschen zur Zerstörung.
Vielmehr neigt der Mensch dazu, auch die Folgen seines eigenen Tuns zu bagatellisieren, sofern sie sich unten, zu seinen Füßen, einstellen. Diese Tendenz ist jedoch bald nach dem Beginn des Raumfahrtzeitalters jäh in ihr Gegenteil umgeschlagen. Seitdem gibt es die Umweltschützer. Für ihre Perspektive verändert der Mensch nicht länger etwas, das unten liegt, sondern er wirkt auf einen Planeten ein, den man maximal bildschirmfüllend vor Augen hat. Im Verhältnis zu diesem Format erscheinen Eingriffe von der Größenordnung eines Kraftwerkes oder eines Flughafens als riesenhafte Zerstörungswerke.
Von derart tatsächlich oder nur vermeintlich tiefgreifenden Zerstörungen der Natur durch den Menschen ist in der Gegend des Altmühltales derzeit noch wenig zu sehen, obwohl auch hier die Landschaft nicht mehr natürlich im Sinne von urwüchsig ist. Sie wurde bis in den letzten Winkel vom

Menschen gestaltet. Er hat Wälder und Wiesen angelegt, wo er welche haben wollte. Er bearbeitet Felder, beutet Steinbrüche aus, hat das Land mit einem Netz von Straßen überzogen und Ortschaften gebaut. Nicht einmal die Steilhänge sind, wie der Wanderer glauben mag, unberührte Natur. Die Buchenwälder, die Kiefern, die Wacholderbüsche, ja selbst das Steppengras zwischen den Felsen wurden irgendwann einmal angepflanzt. So manche besonders schöne Felspartie, die sich durch Frostverwitterung zu lösen drohte, ist mit Zement ausgebessert und konserviert worden. Andere, weniger imposante hat man beseitigt, wenn ihr Steinschlag eine Straße gefährdete.

Im vorigen Jahrhundert wurde der Mittellauf der Altmühl begradigt, an ihrem Unterlauf nahm sie ab Dietfurt den Ludwigskanal auf, der Main und Donau verbinden sollte. Die Altmühl fließt also in weiten Strecken nicht mehr in ihrem natürlichen Bett. Dennoch finden wir ihr heutiges Kunstbett schön und romantisch, und die Naturschützer legten sich mit den Behörden an, als der Bau eines Rhein-Main-Donau-Kanals beschlossen wurde, für den im Altmühltal das jetzt etwa 15 bis 25 Meter breite Bett des Ludwigskanals auf 55 Meter erweitert werden soll. Es steht außer Zweifel: Durch den neuen Kanal wird das untere Altmühltal ab Dietfurt ein völlig anderes Gesicht bekommen. Ist dies zu verurteilen? Schließlich wird hier nur eine Kunstlandschaft durch eine andere ersetzt. Vom geologischen Standpunkt ist sicher nichts dagegen einzuwenden, solange man die neue Landschaft »richtig« anlegt, d. h. in einer Weise, daß sie nicht binnen kurzem durch Verwitterung und Erosion zerstört und in eine Wüste verwandelt wird.

Zu befürchten ist etwas anderes: Vielleicht nützt der neue Kanal so wenig wie der alte, von dem man sich vor hundert Jahren einen großen wirtschaftlichen Aufschwung versprochen hatte. Nur wurde damals der Ludwigskanal für die Ziehschiffahrt (mit Pferden) angelegt, und als er fertig war, gab es die Dampfschiffahrt. Für die Dampfschiffe war der Kanal jedoch zu schmal und zu flach. Wenn es in den neunziger Jahren keine Europakähne mehr geben sollte, sondern ein neues Transportmittel, das mehr Platz benötigt, wird auch der neuerliche Umbau des Altmühltales umsonst gewesen sein; man hätte es besser beim Anglerparadies belassen, das es heute ist.

Ich wollte damit deutlich machen: Nicht die Veränderung einer Landschaft schlechthin ist negativ zu bewerten. Das Antlitz der Erde wandelt sich unaufhörlich, auch ohne daß der Mensch eingreift. Geophysikalische Kräfte heben und senken das Land, leiten Flüsse um, tragen Felsen ab und lassen Pflanzenwuchs oder Wüste entstehen. Der Mensch ist nur eine zusätzliche Komponente. Aber im Gegensatz zu den anderen Kräften, die eine Landschaft formen, beabsichtigt er etwas mit seinen Maßnahmen. Deshalb darf man die Einwirkungen des Menschen auf die Erde nicht ausschließlich mit geologischen Maßstäben messen. Sie müssen auch danach beurteilt werden, ob der Mensch mit ihnen sich selbst einen Gefallen erweist.

3. DESINTERESSE AN DER ERDE

Wir haben im vorigen Kapitel Ortsnamen, alte Urkunden und eine Felszeichnung ohne besondere Mühe als Dokumente menschlicher Geschichte akzeptiert. Der Gedanke, daß Familien, Völker, ja die Menschheit als Ganzes Geschichte haben, ist uns aus innerer Anschauung vertraut. Jeder von uns erfährt sein Leben als Geschichte. Und von der eigenen Geschichte zur Geschichte vieler Menschen ist es dann nur noch ein Gedankenschritt.

Anders verhält es sich mit der Erdgeschichte. Obwohl wir in der Schule gelernt haben, daß auch die Erde eine Geschichte hat, sind wir nicht so ohne weiteres bereit, in einer Landschaft die dort offenliegenden Dokumente der Erdgeschichte als geschichtliche Dokumente zu begreifen, von den verborgenen, die wir zu suchen hätten, ganz zu schweigen. Ich meine damit nicht, daß wir etwa außerstande wären, schöne Steine zu finden, eisenhaltige Erdschichten zu erkennen oder uns von Naturschauspielen beeindrucken zu lassen. Was uns schwerfällt, ist, daran das Geschichtliche zu sehen, d. h. die nicht rückgängig zu machenden (irreversiblen) Abläufe, die sie hervorgebracht haben. Für unsere geistige Konstitution stand bis vor kurzem auf der Erde nahezu alles still.

Meines Wissens hat noch niemand untersucht, warum wir den Erdboden (das bezieht sich jetzt nicht auf die Pflanzen und Tiere, sondern auf den Boden selbst) als unbewegt erleben, obwohl er sich doch dauernd verändert und wir von der Veränderung wissen. Bei jeder Wanderung im Gebirge ist zu sehen und zu hören, wie die Felsen zerbröckeln. Und doch spricht man von den »ewigen« Bergen. In der geologischen Literatur, besonders in der populären, wird jeder, dem es Mühe bereitet, sich geologische Abläufe vorzustellen, damit getröstet, diese Abläufe geschähen so unerhört langsam (»in geologischen Zeiträumen«), daß man sie nicht bemerken könne. Tatsächlich gibt es Bewegungen auf der Erdoberfläche, die so verlaufen. Eine große Zahl von Bewegungen läßt sich jedoch durchaus beobachten. In der Regel sind sie so unübersehbar wie Felsstürze, Unterspülungen von Flußufern, Verlandungen von Küsten, Zuwachsen von Seen. Oft haben sie katastrophale Ausmaße wie Vulkanausbrüche, Erdbeben, Flutwellen, Klimastürze. Berge werden abgetragen, Täler aufgefüllt, und wir nehmen das nicht wahr, obwohl wir es sehen.

Wahrscheinlich hängt auch dies mit der Orientierung des Menschen im Raum zusammen. Was unten ist, interessiert nicht. Falls Veränderungen dort unübersehbar werden, tut das menschliche Hirn sie als nicht relevant ab oder ordnet sie in andere Zusammenhänge ein. Das ist nicht, wie F. L. Boschke in *Das Unerforschte* meint, allein mit der Macht der Gewohnheit zu erklären: »Die völlig unerwartete Geburt eines Vulkanes mitzuerleben ist gewiß faszinierend ... Wer so etwas erlebt, wird von Angst erfaßt und flieht. Die Gewohnheit, im Alltag mit den Kräften der Tiefe zusammen-

zuleben, ist aber verhängnisvoll ... die Bewohner vulkanischer Gegenden nehmen oft all das vergleichsweise ruhig und gelassen hin. Sie beobachten das Geschehen, doch kaum einer flieht. Wie unter Hypnose gebannt, warten sie darauf, wie es weitergehen wird. Es ist ein unerklärliches, unverständliches Verhalten, jenseits von Vernunft oder auch nur Vorsicht, das sie zu einem Teil des Naturgeschehens werden läßt.«
Gewohnheit mag hier eine Rolle spielen, aber sicher keine so entscheidende. Denn auch Touristen verhalten sich nicht anders. Sie kommen oft von weit her, um das Naturschauspiel zu sehen, und verharren dann genau wie die Einheimischen vor der Katastrophe, ohne daß ihnen das Ausmaß der gefährlichen Veränderungen bewußt wird. Kaum einer kommt auf den Gedanken, Zeuge von erdgeschichtlichen Vorgängen zu sein. Nicht Gewohnheit läßt uns also in solchen Situationen die wahren Zusammenhänge verkennen, sondern Desinteresse. Helmut Hölder in seinem Buch *Geologie und Paläontologie:* »Insgesamt pflegt das Verhältnis des Menschen zu dem natürlichen Grund, auf dem er steht, von der Antike bis heute keineswegs eng zu sein. Unser Blick geht leichter zu den Sternen und Wolken, unsere Aufmerksamkeit gilt eher dem, was der Boden an Kunst und Natur trägt und hervorbringt, als dem Boden und Gestein selbst, die wir als ein Gegebenes zu nehmen gewohnt sind, das keiner Frage bedarf – wenn wir von der praktisch bestimmten, entsagungsvollen Fühlungnahme des Bergmannes hier absehen, der wir viele Kunde verdanken.«
Jeder Blick in einen beliebigen Reiseführer bestätigt diese Feststellung. Selbst bei Gegenden, wo es geologisch höchst dramatisch zugeht, wie dem Golf von Neapel, wird der Architektur ein unvergleichlich breiterer Raum zugestanden als den Zeugnissen der Erdgeschichte. Und was die Kunde angeht, die wir den Bergleuten verdanken, so hat es länger als zehn Jahrtausende bedurft, bis sich auch andere Menschen für deren Erfahrungswissen zu interessieren begannen.
Bergbau ist bereits für die Mittlere Steinzeit durch Funde belegt. Man schürfte im Tage- wie im Untertagebau nach Feuersteinen und beutete Salzlager aus. Sicher werden den Menschen früherer Kulturen die langsamen und die katastrophalen Veränderungen der Erdoberfläche ebenso bekannt gewesen sein wie uns. Aber sie bezogen – soweit das heute zu beurteilen ist – solche Vorgänge nicht auf die Erde, sondern auf den Menschen. Davon zeugt die älteste überlieferte Dichtung der Menschheit, das Gilgamesch-Epos. Es schildert eine Überschwemmungskatastrophe, die von Göttern geschickt wird, um alles Leben zu vernichten. Wie Noah in der Sintflutsage der Bibel, die wahrscheinlich auf dieselbe Überlieferung zurückgeht, wird Utnapishtim, Gilgameschs Ahne, von einem Gott gewarnt und baut auf dessen Veranlassung ein Schiff, in das er seine Familie sowie von jeder Wild- und Haustierart ein Paar zu bringen hat. Im Gilgamesch-Epos wie in der Bibel ist das überschwemmte Land kaum mehr als Kulisse. Die Katastrophe trifft nur den Menschen.

Sicher kann man davon ausgehen, daß die Völker der alten Hochkulturen im ganzen naturverbundener gelebt haben als die Völker des abendländischen Kulturkreises, deren Tradition zu Beginn der Neuzeit von einer naturfeindlichen Religion geprägt war. Dennoch haben die alten Völker angesichts der stetigen und der katastrophalen Veränderungen in der Landschaft nie den Gedanken gefaßt, daß dies geschichtliche Vorgänge sind. Die Erde galt ungeachtet aller Veränderungen als unwandelbar. Das läßt sich nicht überall durch die Annahme erklären, es hätte den Menschen damals noch an Geschichtsbewußtsein gefehlt.

So beginnen die Aufzeichnungen der alten Ägypter um das Jahr 3000 v. Chr., zumindest soweit sie uns bekannt geworden sind. (Platon berichtet, sie hätten ursprünglich bis 10 000 v. Chr. zurückgereicht.) Mehrere Königslisten überliefern die Namen und die Regierungsdaten aller Pharaonen seit dem sagenhaften Menes, der um die Wende zum vierten vorchristlichen Jahrtausend Unter- und Oberägypten zu einem Reich vereinigte. Ausführliche Grabinschriften halten mit einer geradezu geschwätzigen Akribie die Taten der einzelnen Herrscher oder hoher Beamter fest und schildern in Wort und Bild auch das Alltagsleben des einfachen Volkes. Auf diese Weise sind wir über die Geschichte Ägyptens recht genau informiert. Wir kennen die damaligen Handwerkskünste, wissen, wie man Landwirtschaft betrieben hat, und können uns ungefähr den Gang der täglichen Ereignisse vorstellen. Es sind auch Lehrbücher über Landvermessung, Medizin, Astronomie und manches andere erhalten. Nur über die geologischen Veränderungen während der annähernd vier Jahrtausende ägyptischer Geschichte erfahren wir so gut wie nichts. Aufzeichnungen über Bergbau, Gesteinskunde und Metallurgie fehlen ganz.

Der polnische Ägyptologe Kazimierz Michailowski gibt in seinem Buch *Ägypten — Kunst und Kultur* folgende Zusammenstellung der Bodenschätze, deren Gebrauch im alten Ägypten nachgewiesen ist: »Der Mangel an Holz wurde reichlich ausgeglichen durch den Reichtum an Mineralien und Erzen, die zur Herstellung von Werkzeugen und anderen Gebrauchsgegenständen dienten. Zur Keramikerzeugung eignete sich hervorragend der Nilschlamm, der in Form von in der Sonne getrockneten Lehmziegeln auch beim Hausbau Verwendung fand. Die Steinbrüche von Tura, an der Grenze von Ober- und Unterägypten, etwas südlich von Kairo gelegen, lieferten schon seit ältester Zeit einen vor allem für Monumentalwerke ausgezeichneten Kalkstein. Roter und schwarzer Granit wurden in der Nähe des ersten Kataraktes abgebaut. Längs des ganzen Niltales fand man in der Wüste brauchbare Gesteinsarten für kostbare Gefäße: Alabaster, hauptsächlich in der Nähe von Tel el-Amarna, Basalt und Sandstein in Mittelägypten. Den größten Teil an Mineralien lieferte jedoch die östliche Wüste: Dolerit, Porphyr, Diorit und Serpentin, ebenso Halbedelsteine, die im Kunstgewerbe Verwendung fanden: Amethyst, Chalzedon, Achat, Onyx, Jaspis, Karneol, Türkis und Bergkristall; auch wertvolle Beryllarten, wie etwa Smaragde, die allerdings erst in römischer Zeit gefördert wurden. Schon seit vorgeschichtlicher Zeit verwendete man Steatit, eine Abart des Talkes. Auch schwarzer Obsidian, der vulkanischen Ursprungs ist, war seit ältester Zeit bekannt; so auch Feuerstein, vor allem für Pfeilspitzen und Amulette. An Metallen schmolz man bereits seit den ersten Dynastien Gold in der östlichen Wüste und noch viel früher Kupfer auf der Sinaihalbinsel. Da diese Metallvorkommen nicht ausreichten, importierten die Pharaonen Kupfer aus Zypern und Gold aus dem abhängigen Nubien. Silber war äußerst selten, was auch erklärt, daß zu manchen Zeiten sein Wert größer war als der des Goldes. Zur Bronzegewinnung mußte Zinn aus Kleinasien importiert werden. Eisenerze wurden trotz ihres häufigen Vorkommens in der östlichen Wüste erst spät in vollem Umfang abgebaut.«

Abgesehen von häufig vorkommenden Gesteinsarten wie Granit, Basalt, Kalk, Porphyr oder Sandstein setzen die Suche, der Abbau und die Verarbeitung von Mineralien und Erzen ein bestimmtes Maß an bergmännischem, mineralogischem und metallurgischem Wissen voraus. Dieses Wissen muß im alten Ägypten schon recht solide gewesen sein. Anders lassen sich weder die Mengen der seltenen Mineralien und der Metallgegenstände, die von den Archäologen zutage gefördert wurden, noch die Höhe der Verarbeitungstechnik erklären. Von solchen Kenntnissen wurde aber nichts überliefert. Wahrscheinlich hat sich niemand in Ägypten dafür interessiert.

Die in vieler Hinsicht ganz anders geartete griechische Kultur bietet hierin ein ähnliches Bild. Auch sie kennt keine Aufzeichnungen über das Wissen der Bergleute. Und obwohl über die Jahrhunderte verstreut der eine oder andere griechische Gelehrte die Erfahrung, daß alles Irdische dem Wandel unterworfen und vergänglich ist, auch auf Teile der Erdoberfläche (etwa auf die Flüsse) anwandte, hielt man die Erde als Ganzes doch für unverrückbar und unveränderlich. Deshalb hatten wohl die Hauptrichtungen der Naturwissenschaften, Astronomie, Physik, Chemie und Biologie, ihre ersten Sternstunden in der Antike, aber nicht die Geologie. Dabei gab es durchaus Ansätze, die in Richtung Geologie zu weisen schienen.

Bereits Pythagoras (um 580–500 v. Chr.), der legendäre Begründer des Geheimordens der Pythagoräer, soll gelehrt haben, die Erde sei eine Kugel, die um ein Zentralfeuer kreist. Die Griechen schrieben diese Lehre aber auch dem Dichter Hesiod (um 700 v. Chr.) und dem Philosophen Parmenides (um 540–460 v. Chr.) zu, eine Streuung, die den Gedanken nahelegt, daß die Idee vielleicht nicht ursprünglich griechisch war, sondern zu den Geheimlehren ägyptischer Tempelschulen gehörte und mehrfach übernommen wurde. Der Überlieferung nach sollen ja die frühen griechischen Philosophen die Grundlagen ihres Wissens von ägyptischen Priestern gelernt haben.

Auch Platon (427–347 v. Chr.), der sich gelegentlich noch selbst auf ägyptische Quellen beruft, lehrte, die Erde sei eine Kugel. Anders als Pythagoras stellte er sie jedoch in den Mittelpunkt der Welt, wo sie unbeweglich ruhend von der Sonne, dem Mond, den Planeten und der Fixsternsphäre umkreist wurde. Sein Schüler Aristoteles (384–322 v. Chr.), der bedeutendste Philosoph und Naturforscher der Antike, dessen Lehren bis zum Ende des Mittelalters als unbezweifelbare Wahrheit galten, übernahm dieses Weltmodell und begründete es, wie in der damaligen Astronomie üblich, mit Beweisen des Augenscheins.

Am Augenschein wurde jedoch vereinzelt schon in der Antike gezweifelt, und zwar aufgrund von Meßergebnissen. So bestimmte Aristarch von Samos um 270 v. Chr. den Abstand Erde–Mond ziemlich richtig mit 28 Erddurchmessern (er beträgt im Durchschnitt etwas mehr als 30 Erddurchmesser) und den Abstand Erde–Sonne ziemlich falsch mit 19mal dem Abstand Erde–Mond (richtig etwa 390mal). Das um den Faktor 20 zu kleine Ergebnis für die Entfernung der Sonne ist vielleicht dadurch zu erklären, daß es mit dem bloßen Auge kaum möglich ist, den Zeitpunkt des Halbmondes, auf dem die Messung beruhte, genau genug zu bestimmen. Trotzdem waren es vermutlich die Größenverhältnisse der gemessenen Abstände, die Aristarch auf den Gedanken brachten, nicht die Erde, sondern die Sonne stehe im Mittelpunkt der Welt und werde von den Planeten umkreist, zu denen dann auch die Erde gehört. Mit anderen Worten: Aristarch erfand das Weltsystem, das wir heute das Kopernikanische nennen nach Nikolaus Kopernikus, der es unter Berufung auf antike Autoren wie Aristarch um die Mitte des 16. Jahrhunderts wieder lehrte.

Aristarch konnte seinem Weltmodell nur Verständniszahlen zugrunde legen, denn die absolute Größe des Erddurchmessers war ihm noch nicht bekannt. Diesen Wert ermittelte als erster der griechische Philosoph, Astronom und Geograph Eratosthenes (um 290–215 v. Chr.) aus Alexandria. Eratosthenes beobachtete in der oberägyptischen Stadt Syene (heute Assuan), die etwa 800 Kilometer südlich von Alexandria lag, daß die Sonne am Mittag des 21. Juni, dem Tag der Sommersonnenwende, senkrecht über einem tiefen Brunnen stand und in ihm keinen Schatten warf. In Alexandria jedoch tat die Sonne das am Mittag des 21. Juni durchaus. Eratosthenes maß dort den Schatten eines senkrecht aufgestellten Stabes und ermittelte dadurch, daß die Sonne $^1/_{50}$ des Vollkreises (oder $7^1/_5$ Grad) unter dem Ze-

BESTIMMUNG DES ERDUMFANGS NACH ERATOSTHENES

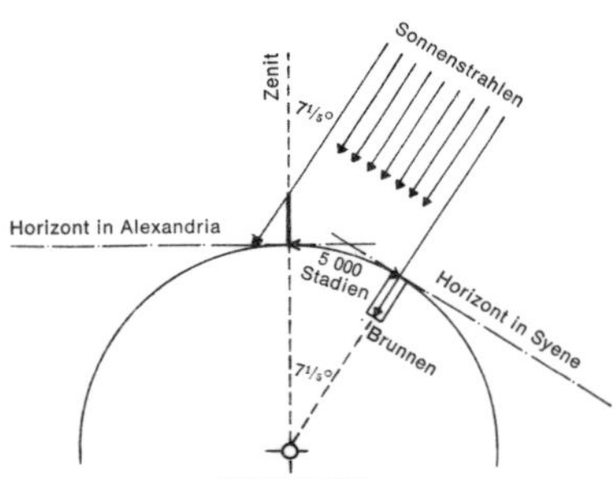

nith stand. Daraus ergab sich für den Erdumfang der Wert 50mal die Entfernung Alexandria–Syene, die im damaligen Längenmaß mit 5 000 Stadien angegeben wurde, also 250 000 Stadien. Für den Erddurchmesser bedeutete das einen Wert von 79 577,47 Stadien.

Nun war das Stadion der Griechen keine standardisierte Längeneinheit wie unser Kilometer. Es hatte regional unterschiedliche Werte zwischen 158,5 und 211,5 Meter. Das olympische Stadion z. B. war 184,97 Meter lang. Der Wert, den Eratosthenes für den Erdumfang herausgefunden hatte, kann demnach in unserem Maßsystem zwischen 39 625 und 52 875 Kilometer gelegen haben, falls er das olympische Stadion benutzt haben sollte, was an sich unwahrscheinlich ist, bei 46 242,5 Kilometer (heutiger Wert des Polumfanges 40 001,152 Kilometer). Als Durchmesser von Pol zu Pol ergäben sich daraus Zahlen zwischen 12 613,03 und 16 830,64 Kilometer. Verglichen mit dem heute bekannten Wert des Poldurchmessers der Erde – 12 713,822 Kilometer –, kann der mögliche Fehler von Eratosthenes' Berechnung zwischen –0,79 und +32,38 Prozent gelegen haben. Setzen wir in der Rechnung die tatsächliche Entfernung der Orte (rund 800 Kilometer) ein, so bekommen wir 40 000 Kilometer für den Polumfang und 12 732,4 Kilometer für den Poldurchmesser. Das entspräche einem Fehler von nur +0,15 Prozent. In diesem Fall hätte Eratosthenes mit einem Stadion von etwa 160 Metern gerechnet.

Vielleicht hat Eratosthenes damals einen so genauen Wert erhalten. Aber das läßt sich nicht beweisen. Das Ergebnis wäre auch nur so genau gewesen, weil sich in der Rechnung drei Fehler gegenseitig aufhoben. Erstens lag Syene nicht genau südlich von Alexandria, sondern knapp 300 Kilometer östlich des Nord-Süd-Kreises durch Alexandria. Zweitens lag es auch nicht genau unter dem Wendekreis des Krebses. Die Sonne hat am Mittag des 21. Juni dort einen winzigen Schatten geworfen, den Eratosthenes im Brunnen wahrscheinlich nicht bemerken konnte. Drittens dürfte die von den königlichen Läufern für die Entfernung Alexandria–Syene angegebene Zahl von 5 000 Stadien sicher auf- oder abgerundet gewesen sein.

Wie dem auch sei, derartige Messungen und Berechnungen wurden in Griechenland nicht aus Interesse an der Erde angestellt. Erde, Mond und Sonne dienten nur als Objekte, an denen man seinen Erfindungsreichtum an geometrischen Methoden dartun konnte. Es ging darum, wie es in den alten Schriften immer wieder heißt, »die Phänomene zu retten«, d. h. am Himmel beobachtete Verhältnisse geometrisch darzustellen. Die Messungen von Eratosthenes sind deshalb in die Astronomie einzuordnen. Auf den Gedanken, Veränderungen der Erde systematisch zu untersuchen und zu beschreiben, ist damals niemand gekommen. Das hätte auch dem antiken Weltbild widersprochen. In ihm wurde die Erde als Inbegriff der schweren Elemente Erde und Wasser angesehen, deren natürliche Bewegungsrichtung nach unten zielt, wo sie zur Ruhe kommen. Einzelne Erkenntnisse, die diesem Weltbild widersprachen, blieben in der Antike ohne Folgen. Was

die Erde betrifft, so galt die Aufmerksamkeit der griechischen Forscher, wie schon einmal vom Menschen allgemein gesagt wurde, »eher dem, was der Boden an Kunst und Natur trägt und hervorbringt, als dem Boden und Gestein selbst« (Hölder). Sie interessierten sich, etwas vereinfacht ausgedrückt, für Land und Leute. Schon Homers Heldenepos *Illias,* das größtenteils auf Dichtungen des 8. Jahrhunderts vor Christus zurückgeht, enthielt so exakte Angaben über die Orte der Handlung, daß Heinrich Schliemann gegen Ende des 19. Jahrhunderts mit dem griechischen Text in der Hand die Städte Troja, Mykene und die Burg Tiryns ausfindig machen und ausgraben konnte. In Homers Odyssee findet man gelegentlich nautische Kursanweisungen. Ein Astronom, der die Stellung der Gestirne um 800 v. Chr. ermittelt, könnte auch die Himmelsrichtung angeben, in die Odysseus mit seinem Schiff gefahren ist. Die Griechen müssen also über die notwendigen technischen Hilfsmittel für die Landvermessung und die Orientierung auf See verfügt haben. Über derartige Hilfsmittel erfahren wir aus der Literatur aber nichts. Sie galten als Handwerkszeug. Der Umgang damit war eines freien Mannes unwürdig. Es wäre also falsch, die ersten kartographischen Versuche der Griechen als Hilfsmittel für den Reisenden zu verstehen. Was sie literaturwürdig machte, war der Umstand, daß sie Beobachtungen und Erfahrungen geometrisch darstellten.
Schon der Philosoph Anaximander (um 610–546 v. Chr.) soll – so erfahren wir – ein Modell der Himmelskugel und eine Karte der damals bekannten Welt angefertigt haben, die aber beide nicht überliefert sind. Die älteste Weltkarte, die wir kennen, stammt von Eratosthenes, der auch das Gradnetz, einen Vorläufer unseres heutigen Systems der Längen- und Breitengrade, erfunden hat.

WELTKARTE NACH ERATOSTHENES

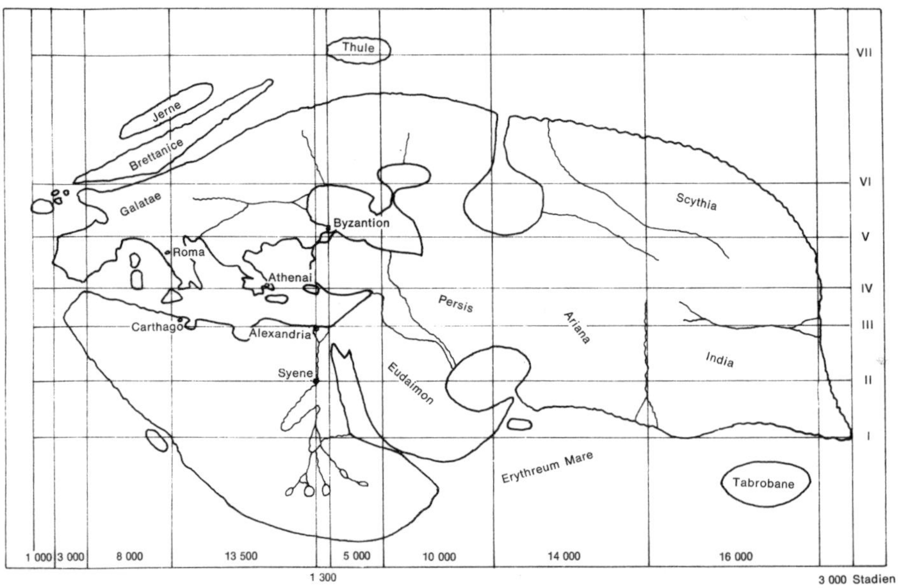

Der aus Mallos stammende griechische Gelehrte Krates fertigte im 2. Jahrhundert vor Christus den ersten Erdglobus an, dessen Verteilung von Land und Wasser uns heute recht eigenartig anmutet. Wir sollten uns aber vergegenwärtigen, daß die Angaben, auf denen eine solche geometrische Darstellung damals beruhte, teilweise von Seeleuten stammten und es für den Gelehrten nicht immer leicht war, zutreffende Berichte von Seemannsgarn zu unterscheiden.

ERDGLOBUS NACH KRATES VON MALLOS

Wahrscheinlich haben die Phönizier mehr fremde Länder gekannt und weitere Seereisen unternommen als die Griechen und waren ihnen sicher an Einzelkenntnissen überlegen. Die Stärke der Griechen hingegen lag eher darin, daß sie glaubten, die Welt sei nach geometrischen und anderen einsehbaren Prinzipien geordnet, mit ihrem Wort: ein »Kosmos«. Daraus ergab sich eine systematisch-wissenschaftliche Betrachtungsweise. Auf die Beschreibung naher und ferner Länder angewandt, führte sie zur Begründung der Geographie.

Etwa um 500 v. Chr. verfaßte Hekataios von Milet eine Schrift über die Länder des damals bekannten Erdkreises, die verlorengegangen ist. Wir kennen von ihr nur einige Bruchstücke aus Zitaten anderer Autoren. Der Weltreisende Herodot (um 484–425 v. Chr.), der zumeist als Vater der Geschichtsschreibung bezeichnet wird, könnte ebensogut auch den Titel eines Vaters der Geographie für sich in Anspruch nehmen. Er beschrieb in seinem umfangreichen Werk *Historien* nicht nur die Völker, die er auf seinen Forschungsreisen rund um das Mittelmeer kennengelernt hatte, ihre Religionen, Sitten und Gebräuche und was er über ihre Geschichte in Erfahrung gebracht hatte, sondern auch Lage, Grenzen, Bodengestalt, Klima und andere Besonderheiten der Länder, in denen sie lebten. Dabei teilte er die Erde in drei Kontinente Asien, Libyen (Afrika) und Europa ein, die er noch mehrfach untergliederte, und zeigte anhand der Größenverhältnisse der bereisten Länder, daß die Erde nicht – wie damals angenommen – eine runde Scheibe sein konnte, die vom Okeanos-Strom umflossen wird. Vereinzelt gelangte er durch die kritische Betrachtung von Landschaftsformen auch zu geologischen Erkenntnissen. So deutete er die Beschaffenheit Ägyptens richtig als ehemaligen Meerbusen, der vom Nil im Laufe von Jahrzehntausenden mit angeschwemmtem Material ausgefüllt worden ist.

Eine andere frühe geologische Erkenntnis gewannen einige griechische Forscher aus der Existenz versteinerter Muscheln im Gebirge. Schon der Philosoph Xenophanes (um 565–480 v. Chr.), der in der süditalienischen Kolonie Elea (heute Velia) die Schule der Eleaten gründete und einen pantheistisch gefärbten Monotheismus lehrte, äußerte die Ansicht, versteinerte Meeresmuscheln (Abb. 32), die man im Gebirge findet, seien Überreste von lebenden Muscheln. Xenophanes, Herodot und Eratosthenes (in seinem dreibändigen Hauptwerk *Geographie)* schlossen aus ihrem Vorhandensein im Gebirge, das Land müsse dort früher vom Meer überspült gewesen sein. Strabo (um 63 v. Chr.–20 n. Chr.), dessen Feder wir das umfangreichste Werk der antiken Geographie, die 17 Bücher der *Geographie,* verdanken, eine länderkundliche Beschreibung der damals bekannten Welt, folgerte daraus, Teile des Landes hätten sich im Laufe der Zeit gesenkt und gehoben. Außerdem erkannte Strabo richtig, daß eine Reihe von Inseln durch vulkanische Aufschüttungen entstanden sind.
Dies sind aber auch die einzigen geologischen Erkenntnisse, die man in der umfangreichen geographischen Literatur der Antike findet. Sie blieben überdies isoliert und ohne Einfluß auf die wissenschaftliche Meinungsbildung. Allgemein philosophische oder naturkundliche Lehren von der Vergänglichkeit der Dinge, wie sie etwa Aristoteles hinsichtlich des Landes, der Flüsse und des Meeres am Ende des ersten Buches der *Meteorologie* äußert, haben nie zu erdgeschichtlichen Begriffen geführt: »Es ist aber nicht so, daß immer dieselben Gegenden der Erde feucht oder trocken wären, sondern dies wechselt mit dem Entstehen und Versiegen der Flüsse. Daher wechseln auch die Stellen von Land und Meer, und nicht immer ist die ganze Zeit hindurch hier Land und dort Meer, sondern es entsteht ein Meer, wo jetzt Festland ist, und wo jetzt Meer ist, ist ein andermal wieder festes Land. Nur muß man sich vorstellen, daß dies in gewisser Ordnung und nach gewissen Zeitspannen geschieht. Ursprung und Grund hierfür ist, daß auch das Erdinnere, wie die Körper der Pflanzen und Tiere, seine Blüte erlebt und sein Greisenalter. Nur daß jene Geschöpfe dies an sich nicht teilweise erleben, sondern nur im ganzen blühen und vergehen müssen, während die Erde dies in Teilen erlebt durch Abkühlung und Erwärmung, und diese wieder schwanken unter dem Einfluß der Sonne und des Himmelsumlaufs. Daher entwickeln die einzelnen Teile der Erde verschiedenartige Kräfte, so daß sie bis zu einer gewissen Zeit überflutet sind, dann abtrocknen und schließlich versteinern, wofür dann andere Teile wieder aufleben und an ihrem Teil überflutet werden ... Aber weil jede natürliche Entwicklung nur ganz allmählich und in langen Zeiträumen sich vollzieht, merken wir davon nichts ... Es ist also klar, da beliebig viel Zeit zur Verfügung steht und das Ganze ewig ist, daß weder der Don noch der Nil immer fließen werden, sondern das Land einst trocken sein wird, wo sie jetzt strömen. Denn ihre Arbeit hat einmal ein Ende, nicht so die Zeit. Dasselbe wird auch von den anderen Flüssen gelten. Wenn aber die Flüsse werden und

vergehen und nicht immer dieselben Landstriche befeuchtet werden, dann muß in gleicher Weise auch das Meer sich wandeln. Und wenn das Meer sich hier zurückzieht, dort ausbreitet und so immerfort, dann sieht man, daß nicht immer von der gesamten Erde dieser Teil Meer und jener Festland ist, sondern daß mit der Zeit sich alles wandelt.«

Ich habe diese Stelle so ausführlich zitiert, weil sie wie kaum eine andere in der antiken Literatur die fundamentale Unfähigkeit verdeutlicht, sich vorzustellen, daß die Erde als Ganzes eine Geschichte hat. Das geht sogar auf Kosten der Logik. Denn wo alle Teile eines Ganzen, also Land, Meer und Flüsse, einem Wandel unterliegen, der »in gewisser Ordnung« geschieht, bedeutet dies zwangsläufig auch einen Wandel des Ganzen, und die Erde wird »nach gewissen Zeitspannen« insgesamt ein anderes Gesicht zeigen. Dies aber leugnet Aristoteles ausdrücklich, obwohl ihm eigentlich hätte klar sein müssen, daß die Ursachen, die er für den Wandel der Teile angibt, der »Einfluß der Sonne und des Himmelsumlaufs«, auf die Erde als Ganzes einwirken.

Die Unfähigkeit, das, was unter den Füßen ist, den Erdkörper als Ganzes, mit Veränderungen in Zusammenhang zu bringen, die man in der Landschaft vor Augen erlebt, läßt sich für die Vergangenheit wohl nicht besser belegen. Sicher ist es auch kein Zufall, daß in diesem Zusammenhang sogar noch Vorgänge, die jeder wahrnimmt und von denen Aristoteles selbst spricht, mit dem Argument wegdiskutiert werden, sie blieben dem Menschen verborgen, weil sie so langsam ablaufen. Damit werden die beobachteten Abläufe und ihre Folgen gleichsam in den Bereich des Märchenhaften gerückt. In Wahrheit ist dieses Argument ein Ausdruck der Tatsache, daß der Mensch Bewegungen unter seinen Füßen schwer wahrzunehmen vermag und dazu neigt, dem, was er dort nicht übersehen kann, wenigstens keine Bedeutung beizumessen.

Klaudios Ptolemaios (um 100–160 n. Chr.) jedenfalls, der letzte große Mathematiker, Astronom und Geograph der Antike, der in seinem dreizehnbändigen *Almagest* das astronomische und in seiner achtbändigen *Geographie* das mathematisch-geographische Wissen der Antike zusammenfaßte, verschwendete keinen Raum mehr mit der Betrachtung von Veränderungen der Erde. In seinem Weltbild ruht sie unbeweglich im Mittelpunkt des Kosmos. Um sie bewegen sich auf unveränderlichen Kreisen ewig die Weltkörper. Die Erdoberfläche interessiert Ptolemaios nur insofern, als die Orte auf ihr nach landschaftlichen und klimatischen Unterschieden zu ordnen sind und ihre Lage sich durch die Angabe der geographischen Länge und Breite mathematisch ausdrücken läßt.

Die Vorstellung einer ewig ruhenden, unbeweglichen und unveränderlichen Erde, in die das antike Forschen schließlich mündete, ist vor allem deshalb so erstaunlich, weil sie in einer sehr bewegten Gegend der Erde gewonnen wurde, wo Erdbeben, Vulkanausbrüche und Veränderungen von Küstenformen an der Tagesordnung sind. Da auch in anderen Kulturkreisen erdgeschichtliche Vorgänge früher nie als solche wahrgenommen wurden, muß es sich dabei um ein allgemein menschliches Phänomen handeln. Ich möchte es das Desinteresse des Menschen an der Erde nennen.

4. DIE SPÄTE ENTWICKLUNG DER ERDGESCHICHTE

Während des Mittelalters waren in Europa auf dem Gebiet der Naturwissenschaften so gut wie keine Fortschritte zu verzeichnen. Was antike Forscher herausgefunden hatten, geriet nahezu vollständig in Vergessenheit. Die islamische Wissenschaft, mit der es in Europa über Jahrhunderte kaum eine Berührung gab, wirkte vielfach nur als Bewahrerin antiker Erkenntnisse. Über die Erde hatte nicht einmal der größte islamische Universalgelehrte, der Arzt Avicenna (= Ibn Sina, 980–1037 n. Chr.) etwas Neues zu sagen, weshalb seine Abhandlung *Über das Gerinnen und Festwerden der Gesteine* lange Zeit Aristoteles zugeschrieben wurde.
Für die Menschen der christlichen Welt fehlte zunächst jeder Anreiz, Fragen nach Herkunft und Beschaffenheit der Erde zu stellen. Die Schöpfungsgeschichte der Bibel und die Lehren der Kirche, damals als absolute und unbezweifelbare Wahrheiten verstanden, gaben endgültige Antworten. Gott hatte die Welt in sechs Tagen erschaffen, am siebenten geruht und gesehen, daß alles gut war. Der Himmel galt als sein und der seligen Geister Aufenthaltsort, in den auch der Mensch gelangen konnte, sofern er nach den Lehren der Kirche lebte. Falls nicht, kam er in die Hölle, die man sich »unten« dachte. Insofern zählte, was unter den Füßen lag, nicht einmal mehr zur Erde. Die Erde war nach damaliger Vorstellung nur eine Scheibe zwischen Himmel und Hölle.
Vom Hochmittelalter an, also etwa ab dem 13. Jahrhundert, wurden von europäischen Gelehrten erstmals wieder antike naturwissenschaftliche Werke, vor allem die des Aristoteles, aus dem Arabischen ins Lateinische übersetzt. Aristoteles erlangte in der zu jener Zeit herrschenden Philosophie, der Scholastik, ein so hohes Ansehen, daß auch seine Lehren für absolute und unbezweifelbare Wahrheiten neben den Lehren der Kirche gehalten wurden. Wenigstens bei den Philosophen setzte sich auf diese Weise der Gedanke von der Kugelgestalt der Erde wieder durch.
Mit dem Zeitalter der Renaissance (etwa ab dem 14. Jahrhundert) begann auf vielen Gebieten des kulturellen Lebens eine Neuorientierung. In Kunst und Wissenschaft versuchte man, sich die Errungenschaften der Antike wieder gänzlich zu eigen zu machen. Zugleich traten aber auch Bestrebungen auf, durch Forschen und Nachdenken die antiken Ergebnisse zu erweitern. Vielfach wird in unseren Geschichtsbüchern gesagt: weil die Zeit für neue Gedanken reif war und Entdeckungen den Boden für einen kulturellen Aufbruch vorbereitet hatten. Das ist zweifellos richtig, wenn auch

manchmal nur in dem Sinne, daß z. B. mechanische oder optische Präzisionsinstrumente ohne den Fortschritt undenkbar gewesen wären, den in der Metallverarbeitung Büchsenmacher durch das immer genauere Drehen von Gewehrläufen erzielt hatten, oder daß Kolumbus sicher nicht ohne die Kenntnis der nach den Angaben von Ptolemaios gezeichneten Erdkarten zu seiner Weltumsegelung nach Westen aufgebrochen wäre.

Die Frage, worin denn der gemeinsame Anstoß auf so vielen Gebieten gelegen haben kann, wird durch die »Reife der Zeit« allein nicht befriedigend beantwortet. Es muß noch ein auslösender Faktor hinzukommen. Er ist geologischer Natur und bei allen großen kulturellen Aufbrüchen in der Menschheitsgeschichte nachzuweisen. Dieser Faktor konnte erst sichtbar werden, als es gelungen war, aus atomphysikalischen Messungen an Bohrlöchern im arktischen und antarktischen Eis die mittlere Meerestemperatur zu errechnen, die zu der Zeit herrschte, als das Wasser zu Eis gefror. Wenn man die Klimakurve, die sich daraus ableiten läßt, nach Bezugspunkten zur kulturellen Entwicklung absucht, fällt auf, daß bei merklichen Klimaverschlechterungen meist irgendwo ein kultureller Neubeginn stattgefunden hat. Ein Phänomen, das bis in die Vorgeschichte zurückzuverfolgen ist.

Zwischen 10 000 und 9000 v. Chr. ging eine längere Epoche zu Ende, während der es auf der Erde erheblich kälter war als heute, die Eiszeit. In ihr hatten die skandinavischen Gletscher Norddeutschland bis zur Breite von Berlin und die Alpengletscher Süddeutschland bis zur Breite von München bedeckt. In den darauffolgenden vier Jahrtausenden war es insgesamt noch nicht ganz so warm wie heute. Immerhin schmolzen die Gletscher ab. Der Meeresspiegel stieg um 80 bis 100 Meter. Schon während dieser frühen Nacheiszeit und im Anschluß daran hat es immer wieder Temperaturstürze gegeben, die zu Klimaverschlechterungen von einigen Jahrzehnten bis einigen Jahrhunderten führten. Im folgenden zähle ich alle größeren Klimaverschlechterungen dieser Art auf mit den dazugehörigen Daten aus der Kulturgeschichte.

Da gab es zunächst den Klimasturz um 8000 v. Chr. Zu dieser Zeit wurden in Anatolien und im Niltal Ackerbau und Nutztierhaltung erfunden. Während der folgenden Jahrtausende stieg die Durchschnittstemperatur mit geringen Schwankungen langsam auf Werte an, die etwa denen der ersten Hälfte des 20. Jahrhunderts glichen. Ein weiteres Temperaturminimum gab es um das Jahr 3000 v. Chr. Das war die Zeit, als sich der Metallgebrauch durchsetzte und das ägyptische Reich gegründet wurde. Ein weiteres Temperaturminimum lag um das Jahr 1700 v. Chr., als die kretisch-minoische Kultur aufblühte. Zur Zeit der Klimaverschlechterung um 800 v. Chr. entstanden im Mittelmeerraum die griechische und in Mitteleuropa die keltische Kultur.

Das erste Jahrtausend unserer Zeitrechnung hatte ein nicht ganz so warmes Klima wie in der ersten Hälfte des 20. Jahrhunderts. Es gab jedoch nur geringe Schwankungen der Durchschnittstemperaturen. Ihr Temperaturmaximum erreichte diese klimatisch ausgeglichene Periode um das Jahr 1100 n. Chr. Ein Jahrhundert später begann mit einem starken Temperatursturz eine Epoche heftiger Klimaschwankungen. Das war, als der Staufenkaiser Friedrich II. von Süditalien aus ein modernes europäisches Reich schuf und in Asien Dschingis-Khan ein Reich, das sich von China bis Polen erstreckte. In Europa wurden Universitäten gegründet, erstmals die naturwissenschaftlichen Schriften des Aristoteles und des Ptolemaios aus dem Arabischen ins Lateinische übersetzt sowie der Gebrauch des Schießpulvers für die Kriegführung mit Kanonen und Raketen entdeckt.

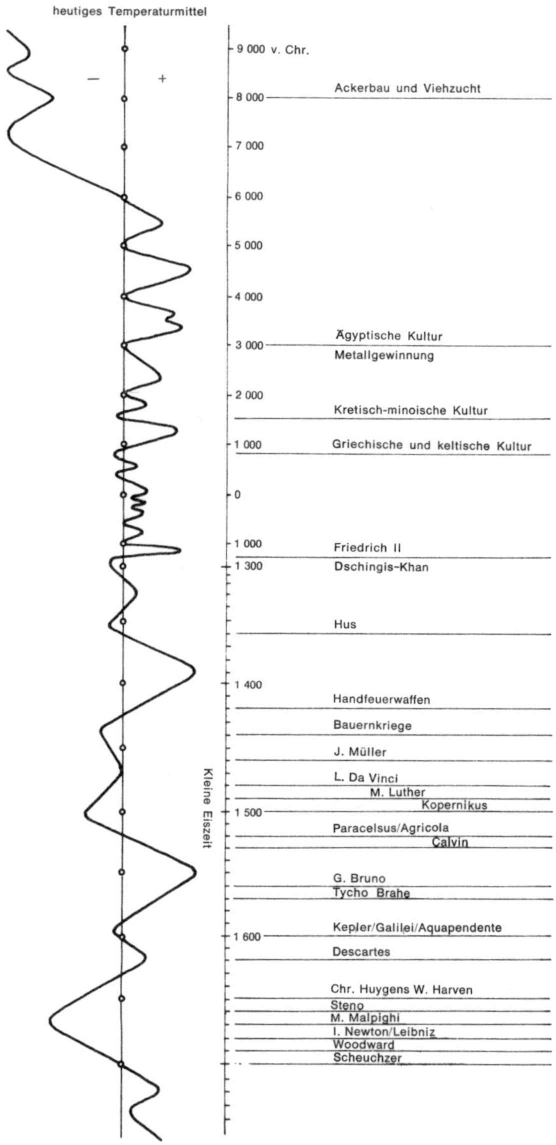

Die Klimaschwankungen führten schließlich zu einer Kälteperiode, die unter dem Namen Kleine Eiszeit in die Geschichte eingegangen ist. Sie begann um 1400 und endete um 1700. Am kältesten war es in den Jahren 1440, 1505 und 1670. Diesen Temperaturminima sind zuzuordnen: Vorreformation (Hus), Reformation (Luther, Calvin), Bauernkriege, der Beginn der Neuzeit; in der Philosophie Humanismus und Aufklärung; in den Naturwissenschaften Neubegründung aller Hauptdisziplinen mit Ausnahme der Geologie. Die Skizze S. 54 soll die Zuordnung veranschaulichen.
Die Parallelität von Klimaschwankungen und kultureller Entwicklung ließe sich noch durch zahlreiche weitere Einzelheiten belegen. Wahrscheinlich müssen auch die Völkerwanderungen hier eingereiht werden, und die Griechen haben sicher nicht zufällig die Zentralheizung erfunden.
Allgemein läßt sich beobachten: In warmen Zeitabschnitten geht die Tendenz der Menschen mehr zum Festhalten an Traditionen und zur Stagnation in Entwicklungen, während kalte Zeitabschnitte meist Zeiten des Aufbruchs und der Suche nach neuen Lösungsmöglichkeiten sind.
Wahrscheinlich würde sich bei genauer Untersuchung herausstellen, daß diese Zusammenhänge in Wirklichkeit komplizierter sind, als sie beim ersten Hinsehen erscheinen. Man darf die Sache also nicht so mißverstehen, als bräuchte es auf der Erde nur etwas kälter zu werden und schon machte sich die ganze Menschheit auf die Socken. Es muß schon irgendwo Aufbruchstimmung herrschen. Der Klimasturz bringt dann nur noch den letzten Anstoß. Daraus erklärt sich, daß immer nur eine begrenzte Zahl von Menschen aus einem nicht zu großen Gebiet aufgebrochen ist.
Über die Ursachen, durch die das Klima auf die kulturelle Stimmung der Menschen einwirkt, gibt es bis heute überhaupt noch keine Forschungen. Neue kulturelle Leistungen werden sich wohl nur ausnahmsweise auf Mangelzustände — Mißernten, Krankheiten usw. — zurückführen lassen. Allenfalls kann man Bauernkriege oder Völkerwanderungen damit in Zusammenhang bringen. Eine Spekulation sei gestattet. Bei Ratten haben Versuche ergeben, daß ein erhöhter Spiegel von ACTH (adrenocorticotropem Hormon, einem der zahlreichen Hormone der Hypophyse) früher Gelerntes fixiert und neues Lernen unmöglich macht. Solche Ratten sind außerstande, sich vom einmal Gelernten zu lösen, und koste es ihr Leben. Nun ist auch das menschliche Denken ein chemischer Vorgang, und man könnte sich vorstellen, in welcher Weise Warmzeiten die Neigung zum Festhalten an Traditionen vergrößern, vielleicht ebenfalls durch einen höheren ACTH-Spiegel. In einer Kaltzeit würde der ACTH-Spiegel etwas unter die Norm sinken. Dadurch käme es zu einer Bereitschaft, umzulernen und dazuzulernen, mit Traditionen zu brechen und neue Traditionen zu schaffen.
Seit der Erfindung von Ackerbau und Viehzucht hatte es auf der Erde noch nie so tiefe Durchschnittstemperaturen über einen Zeitraum von dreihundert Jahren gegeben wie in der Kleinen Eiszeit. Damals froren der

Bodensee und die Ostsee beinahe in jedem Winter zu und konnten mit dem Schlitten befahren werden. Natürlich wäre es zu einfach gedacht, wenn wir sagen würden, eben aus diesem Grund fiel der kulturelle Sprung nach vorn in Mitteleuropa so gewaltig aus. Andrerseits darf man die Auswirkungen des geologischen Faktors Kleine Eiszeit beim Entstehen der wissenschaftlich-technischen Kultur des Abendlandes sicher auch nicht unterschätzen.

Der grundlegende Wandel, der mit dem 15. Jahrhundert einsetzte, äußerte sich zunächst nicht in bedeutenden Entdeckungen oder in einem neuen Weltbild, sondern in einer veränderten Geisteshaltung. Während des ganzen Mittelalters hatte es als Beleg für eine wissenschaftliche oder philosophische Lehrmeinung genügt, eine Autorität zu zitieren, die Heilige Schrift, Aristoteles und später auch andere antike Autoren. Die religiöse Bewegung der Reformation, die Philosophie des Humanismus und die Rückbesinnung auf die Werte der Antike in der Renaissance hatten als gemeinsamen Nenner den wachsenden Zweifel an Autoritäten. In der Naturwissenschaft führte dies zu eigenen Beobachtungen und zu planvollen Versuchen. Damit gewann eine neue Autorität an Ansehen: die Erfahrung.

Die Neubegründung der Naturwissenschaften bahnte sich zuerst auf dem Gebiete der Astronomie an. Johannes Müller (1436–1476), der sich nach seinem Geburtsort Königsberg in Franken Regiomontanus nannte und durch die Übersetzung von Auszügen aus den astronomischen Büchern des Ptolemaios, eine Dreieckslehre und Rechentafeln berühmt geworden war, plante die Neuübersetzung und Herausgabe aller bedeutenden mathematischen und astronomischen Schriften der Antike. Gleichzeitig wollte er durch eigene Beobachtungen ein neues Fundament der Astronomie erarbeiten. Er schaffte sich in Nürnberg für seine Vorhaben eine Druckerei und eine Sternwarte an, konnte aber wegen seines frühen Todes das weitgesteckte Ziel nicht erreichen.

Das neue Fundament der Astronomie legte dann Nikolaus Kopernikus (1473–1543) mit dem an seinem Todestag erschienenen Werk *De revolutionibus orbium coelestium libri VI* (Sechs Bücher über die Umläufe der Himmelskörper), in welchem er statt der Erde die Sonne in den Mittelpunkt der Welt stellte. Genaue astronomische Beobachtungen, die Tycho Brahe (1546–1601) und Johannes Kepler (1571–1630) anstellten, lieferten im nachhinein die Erfahrungsgrundlage für das neue Weltsystem. Darüber hinaus erzwangen sie von der aristotelischen Physik abweichende Bewegungsgesetze, die schließlich zur Begründung der modernen Physik durch Galileo Galilei (1564–1642), Christian Huygens (1629–1695) und Isaac Newton (1643–1727) führten.

Die Chemie begann ihre Entwicklung mit Paracelsus (1493–1541), einem berühmten Arzt und Naturphilosophen, der reine, vielfach auch schon veredelte Naturstoffe als Arzneimittel anwandte. »Dan die natur ist so subtil und scharpf in iren dingen, das sie on große Kunst nicht wil gebraucht werden;

dan sie gibt nichts an tag, das auf sein stat vollendet sei, sondern der mensch muß es vollenden. Dise vollendung heißet alchimia.« In einer Reihe von Schriften stellte Paracelsus die Grundlagen dieser Alchimia und eine Vielzahl von chemischen Verfahren dar.

Mit Veröffentlichungen über die individuelle Entwicklung der Lebewesen (Ontogenese) von G. Fabricius ab Aquapendente (1600), W. Harvey (1651) und M. Malpighi (1672) begann die naturwissenschaftliche Biologie. Die fundamentalen Grundsätze, die von diesen Forschern gefunden wurden, lauteten: »omne vivum ex ovo« — alle Lebewesen gehen aus Eiern hervor — und »omne vivum e vivo« — alles Lebende stammt von Lebendem ab.

Die Kleine Eiszeit läßt sich kulturgeschichtlich demnach etwa so gliedern: Im 15. Jahrhundert entsteht eine Unruhe des Geistes. Sie führt einerseits zu einer intensiven Aneignung der Antike, andrerseits zu einer Abkehr von Autoritäten. Im 16. Jahrhundert herrscht Aufbruchstimmung. Altes wird in Zweifel gezogen und an der Erfahrung überprüft. Erste Formulierungen neuer Standpunkte gelingen in der Astronomie (Kopernikus), in der Chemie und Medizin (Paracelsus). Das Jahrhundert, in welchem der Aufbruch auf breiter Front vollzogen wird, ist das 17. Jahrhundert, das letzte der Kleinen Eiszeit.

Obwohl das Kopernikanische Weltsystem, das Kepler und Galilei weiterentwickelten, anschaulich nur von einem Standpunkt außerhalb der Erde vorstellbar ist und die Planeten — wie ich das in *Aufbruch zu den Sternen* ausführlich dargestellt habe — zunächst als »andere Erden« verstanden wurden, läßt sich nirgendwo in dieser Zeit der Versuch nachweisen, die Erde selbst zum Forschungsgegenstand zu machen. Sie war offenbar das letzte, wofür man sich beim Aufbruch in das wissenschaftliche Zeitalter interessierte. Dabei wissen wir, daß sich damals allein innerhalb der Grenzen des Heiligen Römischen Reiches Deutscher Nation etwa 100 000 Menschen praktisch mit der Erde und ihren Gesteinen beschäftigten: im Bergbau und im Hüttenwesen.

Wie im alten Ägypten und in der Antike, kümmerte sich auch während des Mittelalters niemand um das Wissen der Bergleute. In der Antike hatte lediglich Theophrastos (371—287 v. Chr.), ein Schüler des Aristoteles, eine Abhandlung *Über Steine* verfaßt, die als erstes Mineralienbuch gilt. Ferner enthielt das medizinische Schrifttum immer wieder Ausführungen über die Anwendung der Mineralien als Arzneimittel. Darüber hinaus waren in der ersten Hälfte des 16. Jahrhunderts nur einige dünne und wenig bedeutsame »Büchlein« über Verhüttungstechnik und Bergbaukunst erschienen.

Der erste Wissenschaftler der Neuzeit, der sich dieser in allen Kulturen bisher außer acht gelassenen Materie annahm, war der Arzt Georg Agricola (= Bauer, 1494—1555). Agricola hatte zuerst Theologie, Philosophie und Philologie studiert und unterrichtete als Schullehrer in Zwickau. Dabei gelangte er zu der Überzeugung, die Schule dürfe nicht länger nur die Lehren der Kirche und der Antike ungeprüft weitergeben, sondern müsse auch Kenntnisse von der Natur vermitteln, an denen andere Lehren zu messen seien. Damals war die Medizin die einzige Wissenschaft, die etwas über die Wirkung von Naturstoffen lehrte. Agricola begann ein zweites Studium und hörte an den Universitäten Leipzig, Bologna, Padua und Venedig Medizin. Allerdings wurde ihm schon sehr bald klar, daß er in der Medizin nicht finden konnte, wonach er suchte: eine auf Erfahrung beruhende Lehre von der Beschaffenheit natürlicher Stoffe und ihrer Wirksamkeit als Arzneimittel. In der Medizin beschränkte man sich damals noch darauf, die zum Teil nur lückenhaft überlieferten Lehren antiker Ärzte als unverrückbare Wahrheiten weiterzugeben und fehlendes Wissen durch Spekulationen zu ersetzen. Von der Natur der Mineralstoffe, über deren Wirksamkeit als Arzneimittel die damaligen Ärzte einander in weitschweifige Dispute verwickelten, hatte niemand eine Ahnung. Dies fand Agricola, wie er schrieb, beschämend.

Als er nach seiner Promotion 1527 den Posten eines Stadtarztes in Joachimsthal annahm, dem Mittelpunkt des sächsischen Silberbergbaus, tat er dies, um unter Anleitung von Bergleuten die Mineralien aus eigener Anschauung kennenzulernen. So jedenfalls stellte Agricola selbst seinen Werdegang in der Einleitung des 1530 erschienenen Dialoges *Bermannus oder Gespräche über den Bergbau* dar. Bereits diese Schrift begründete seinen Ruf als Bergbaufachmann.

1530 gab Agricola den Stadtarztposten in Joachimsthal wieder auf und ging auf Studienreisen nach Thüringen, Schlesien, Mähren und in den Harz. 1533 ließ er sich endgültig als Stadtarzt und Landeshistograph in Chemnitz nieder, wo er auch dreimal zum Bürgermeister gewählt wurde.

In zahlreichen Schriften versuchte Agricola eine Synthese zwischen antiken Lehrmeinungen, praktischen Kenntnissen der Bergleute und eigenen Forschungsergebnissen. Er machte sich – wie übrigens auch sein Zeitgenosse Leonardo da Vinci – die schon in der Antike wiederholt geäußerte Meinung zu eigen, bestimmte Fossilien (vom lat. fossilis = ausgegraben, also: Ausgrabungen) seien Versteinerungen einst lebender Organismen und nicht, wie damals geglaubt wurde, »Spiele der Natur«. Agricolas Hauptwerk *De re metallica* (Über den Bergbau) galt drei Jahrhunderte lang als das maßgebliche Handbuch über Bergbau- und Hüttentechnik. Darüber hinaus begründete es die Mineralogie als Erfahrungswissenschaft.

Auch geologische Beobachtungen tauchen in Agricolas Schriften auf. So stellt er Vorgänge wie Erosion, Frostsprengung und Aufschüttung von Lößbergen richtig dar und kommt zu dem Schluß, Wasser könne ganze Gebirge abtragen. »Weil aber die menschliche Erinnerung«, schreibt er, »nicht in jene ferne Vergangenheit zurückreicht, in der diese gewaltigen Veränderungen der Landschaft begannen, meinen die meisten Leute, es gäbe gar keine solche Veränderungen, obgleich sie sich bis heute weiter vollziehen.« *(De ortu et causis subterraneorum.)*

Agricola wurde jedoch trotz derartiger Einsichten nicht der Vater der Geologie. Er dachte zwar über das Werden und Vergehen der Berge nach. Das Ganze aber, die Erde, blieb für ihn nach wie vor unveränderlich. Es veränderte sich nur etwas *auf* der Erde. Aus demselben Grund reichte es auch beim nächsten geologisierenden Arzt, dem Dänen Niels Stensen, noch nicht zur Würde eines Vaters der Geologie.

Niels Stensen (1638–1686), der sich latinisiert Nicolaus Stenonis nannte und in den meisten Lehrbüchern Steno geschrieben wird, war ein Forscher, dessen Lebensweg heute schwer verständlich erscheint. Steno begann sein Medizinstudium 1656 in Kopenhagen und ging 1660 nach Amsterdam, um sich fortzubilden. Dort gelang ihm die Entdeckung des Ganges zwischen Mund und Ohrspeicheldrüse. Noch im gleichen Jahr wechselte er die Universität und studierte in Leiden, das er aber bald wieder verließ, weil in Kopenhagen sein Stiefvater gestorben war. In Leiden hatte er so aufsehenerregende medizinische Entdeckungen gemacht, daß man ihn in Abwesenheit zum Doktor promovierte. Steno wollte bei seiner Mutter in Kopenhagen bleiben und bemühte sich, dort einen Lehrstuhl für Anatomie zu bekommen. Als ihm das nicht gelang und 1664 seine Mutter starb, verließ er Dänemark. Nach mancherlei Reisen nahm er 1666 eine Stelle als Anatom in Florenz an. In der Hauptsache war er dort auf den Gebieten der vergleichenden Anatomie und Embryologie tätig. Gegen Ende des Jahres 1666 sezierte er den Kopf eines großen Haies. Dabei erkannte er, daß die sogenannten Zungensteine (Glossopetren), die in manchen Gesteinsschichten vorkommen, versteinerte Haizähne sind.

Durch diese Entdeckung stand Steno vor der Frage, wie derartige Fossilien in feste Gesteine gelangen konnten. Um dies zu ergründen, durchstreifte er die Toskana und untersuchte die dortigen Gesteinsformationen. Aus seinen Beobachtungen folgerte Steno: Die Toskana ist in früheren Zeiten zweimal vom Meer überspült worden. Dabei wurden Meerestiere in die Ablagerungen am Meeresgrund eingebettet und versteinerten mit ihnen.

Bevor Steno Italien wieder verließ, legte er seine Erkenntnisse 1668 in der eilig angefertigten Schrift *Vorläufer einer Dissertation über feste Körper, die von Natur aus in andere feste Körper eingeschlossen sind* nieder (die Dissertation selbst schrieb er nie). In diesem Werk wurde zum ersten Mal der Versuch unternommen, aus den Gesteinen auf die erdgeschichtliche Entwicklung einer Landschaft zu schließen. Es gebe – so Steno – zweierlei Arten von Gesteinen, solche, die vor der erdgeschichtlichen Entwicklung geschaffen wurden, und andere, die ähnlich entstanden sind, wie sich durch die Schwerkraft aus trübem Wasser ein Satz niederschlägt. »Wenn wir in einer Schicht Anzeichen eines salzigen Meeres beobachten wie Gehäuse von Seetieren, Schiffsbretter und Substanz, die der des Meeresgrundes gleicht, so ist gewiß, daß an dieser Stelle einst ein Meer war, auf welche Weise es auch dorthin gelangt sein möge, entweder durch eigenes Überströmen oder durch Einsturz von Bergen«, schreibt Steno. Ferner: »Wenn an der gleichen Stelle das Material der Schichten verschieden ist, so strömten dort entweder zu verschiedener Zeit aus verschiedenen Orten Flüssigkeiten verschiedener Art zusammen (mag nun die Verschiedenheit der Winde oder ein an gewissen Stellen heftigerer Regenfall als Ursache mitspielen), oder aber befand sich im gleichen Sediment Materie verschiedener Schwere, deren schwerere Bestandteile vor den leichteren zu Boden sanken. Die Verschiedenheit kann aber auch durch die Ablösung der Jahreszeiten veranlaßt sein, besonders an solchen Stellen, wo ein regelmäßiger Wechsel des Bodens festzustellen ist.«

Mit diesen Worten ist zum ersten Mal gesagt, daß Gesteine Merkmale haben, die von ihrer Entstehungsgeschichte herrühren, und unterschiedliche Merkmale von Gesteinen auf eine unterschiedliche Entstehung hindeuten. Steno begründete also das, was man heute Fazieskunde (Lehre von den Merkmalen der Gesteine und Gesteinsschichten) nennt. Ferner formulierte er ein geologisches Grundgesetz, das Lagerungsgesetz. Es besagt, daß in einer ungestörten Schichtfolge die tiefere Schicht älter ist als die darüber liegende. »Als die jeweils nächsthöhere Schicht entstand, muß die vorangehende tiefere bereits feste Konsistenz erreicht haben.« Da geologische Schichten sich in einem flüssigen Medium bilden, lagern sie sich stets horizontal ab. Heute senkrechte oder geneigte Schichten sind ursprünglich horizontal gewesen. »Dem widersprechen nicht eine veränderte Lage und entblößte Seiten von Schichten, wie man sie heutzutage an vielen Stellen sieht, denn es sind sichere Anzeichen für die Einwirkung von Feuer und Wasser in ihrer Nachbarschaft vorhanden.«

Seine Untersuchungen über die toskanische Landschaft faßt Steno so zusammen: »Wir erkennen also sechs deutliche Faziesbildungen (wir würden

ERDGESCHICHTE DER TOSKANA NACH STENO

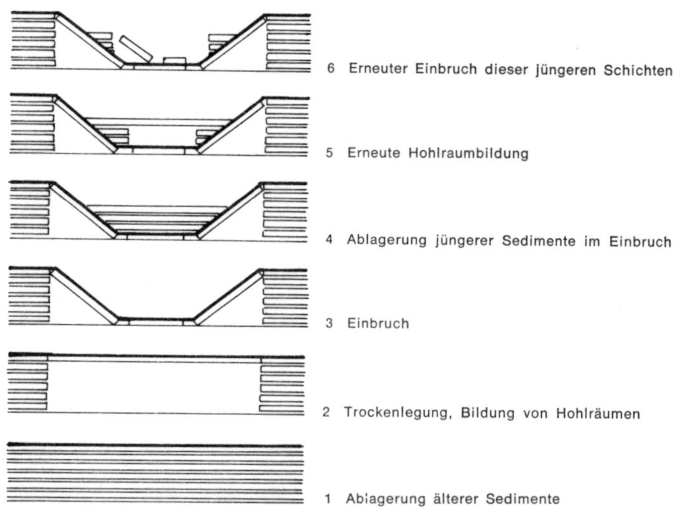

heute sagen: Formationen) in der Toskana, indem das Land zweimal vom Wasser bedeckt, zweimal eben und trocken und zweimal uneben war.« Anhand von Örtlichkeiten, die er besichtigt hat, beschreibt Steno sechs Landschaftsprofile der Toskana und bringt sie mit dem biblischen Schöpfungsbericht in Zusammenhang.

Das Gestein unterhalb der Phase 1 ist »ohne allen Zweifel vom Schöpfer unmittelbar erschaffen«. Die Ablagerung jüngerer Sedimente in Phase 4 geschah während der Sintflut. Steno ist also nicht nur der erste, der ein Landschaftsbild geschichtlich deutet, er spricht auch als erster von einer Erdgeschichte »vor der Sintflut«. Man weiß nicht, ob es die Entdeckung war, die Wahrheit der biblischen Schöpfungsgeschichte sei aus in der Landschaft sichtbaren Dokumenten ablesbar, die Steno veranlaßte, 1679 vom lutherischen zum katholischen Glauben überzutreten. Jedenfalls ließ er sich zum Priester weihen und enthielt sich künftig peinlichst jeglicher Naturforschung. 1679 wurde er Weihbischof von Münster, 1684 Apostolischer Vikar des Nordens mit Sitz in Hamburg. 1686 starb er als Missionar am Hofe von Schwerin.

An Stenos Arbeit über die Toskana wird deutlich, daß er seine Frage, wie Versteinerungen in Gesteine kommen, nicht ohne die Kenntnis der Schwerkraft hätte beantworten können. Darüber hinaus waren auch bestimmte Vorstellungen von chemisch-physikalischen Abläufen nötig, um aus den Erscheinungsformen der Gesteine ihren geschichtlichen Werdegang abzulesen. Denn nach der Erschaffung des Urgesteins lief die weitere Entwicklung streng naturgesetzlich ab.

So bedeutsam uns heute diese frühen geologischen Einsichten erscheinen, auf die Gelehrten der damaligen Zeit blieben sie so gut wie ohne jede Wirkung. Sie brachten die geologische Forschung noch nicht in Gang. Dazu mußte sich erst das neue Kopernikanische Weltbild in der gelehrten Welt allgemein durchsetzen und zur Grundlage des Nachdenkens über die Natur werden. Denn solange die Erde nicht wenigstens für die Vorstellung der Menschen aus der Lage zu ihren Füßen weg und vor das geistige Auge gerückt war, konnte niemand der Entdeckung erdgeschichtlicher Vorgänge irgendwelche Bedeutung beimessen.

Für das philosophisch-spekulative Denken ist diese neue Geisteshaltung erstmals bei dem französischen Mathematiker, Philosophen und Naturforscher Descartes (1596–1650) und dem deutschen Universalgelehrten Gottfried Wilhelm Leibniz (1646–1716) gegeben. Descartes nahm an, die Sonne und die Planeten hätten sich aus heißen Gasmassen zusammengezogen. Durch Abkühlung seien im Erdkörper mehrere Schalen abgeschieden worden: um den feuerflüssigen Kern liege eine Metallschale, über ihr eine Wasserschale, über dieser eine Steinschale und darüber die Lufthülle. Die steinerne Schale sei an mehreren Stellen eingebrochen, wodurch ein Teil von ihr mit Wasser bedeckt wurde, während andere Teile, die Gebirge, sich verklemmten und schräg stellten.

Leibniz entwickelte diese Gedanken in dem 1749, also erst 33 Jahre nach seinem Tode erschienenen Werk *Protogaea* (Urerde) weiter zu einem großangelegten Versuch, die Entstehung der Welt und der Erde zu erklären. Der heutige Zustand der Erde war für Leibniz das Ergebnis von Prozessen, bei denen in der Natur Feuer und Wasser einst ähnliche Wirkungen entfalteten, wie sie der Chemiker im Laboratorium heute noch beobachtet. Die Erdrinde dachte sich Leibniz in ihrer ersten Phase hauptsächlich durch das Feuer, in späteren Phasen hauptsächlich durch das Wasser gestaltet. »So ist das Antlitz der noch weichen Erde oft erneuert worden, bis sich schließlich, da die bewegenden Ursachen sich beruhigten und ins Gleichgewicht kamen, ein beständigerer Zustand der Dinge entwickelt hat.« Leibniz hatte also noch den Eindruck einer ruhig und beständig gewordenen Erde. Das verstellte ihm zwar die Sicht, gegenwärtige Veränderungen der Erdoberfläche als erdgeschichtlich zu erkennen. Der Gedanke aber, daß der Planet Erde heute ein anderes Bild zeigt als zu der Zeit seiner Entstehung und sich also gewandelt haben muß, war nun mit dem Kopernikanischen Weltbild verknüpft und beschäftigte zunächst seltsamerweise eine Reihe von Ärzten. Vielleicht rührte ihre Empfänglichkeit für diesen Gedanken von ihrem Umgang mit dem menschlichen Körper her, dessen Werden und Vergehen sie täglich erlebten.

Eine große Rolle in den Überlegungen, die im 17. und im 18. Jahrhundert über die Vergangenheit der Erde angestellt wurden, spielte der biblische Bericht von der Sintflut (sinvluot, althochdeutsch = große Flut). Er schien auf rationale Weise die heutige Gestalt der Erdoberfläche zu erklären: Das Urgestein (Primärgestein) hatte sich in den Fluten gelöst und dann in Schichten abgelagert (Sekundärgestein). An manchen Stellen wurden die Schichten durch chaotische Verhältnisse beim Ablaufen der Flut durcheinandergebracht. Ebenso hatten die ablaufenden Wassermassen die Täler herausmodelliert und damit den Bergen ihre heutige Gestalt gegeben. Als Beweis für die Sintflutlehre dienten Versteinerungen von Meerestieren, die sich auf dem flachen Land wie im Hochgebirge finden.

Um die Sintflutlehre zu erhärten, wandte der englische Arzt John Woodward (1665–1722) höchst modern anmutende wissenschaftliche Methoden an. Er besuchte alle ihm erreichbaren Aufschlüsse von Erdreich oder Gesteinen und notierte sorgfältig die Aufeinanderfolge der Schichten. An Freunde und Bekannte versandte er Fragebogen, in die sie ihre Beobachtungen über die Aufeinanderfolge von Erdschichten und Gesteinsarten eintragen sollten. Auf dieses Material gestützt, erarbeitete er sein Buch *Essay towards the natural history of the earth* (Versuch einer Naturgeschichte der Erde), das 1695 in London erschien. Darin deutete Woodward die überall auf der Erde vorkommenden Sedimentgesteine als Zeugnisse der Sintflut. Das Buch enthielt ferner die Entdeckung, daß bestimmte Fossilien nur in bestimmten Erdschichten auftreten. Sie mußte aber noch mehrfach gemacht werden, ehe man schließlich ihre Bedeutung erkannte.

In der Wissenschaftsgeschichte allgemein zu beobachten ist die Tendenz, alles aus einem einzigen Prinzip zu erklären, solange nur spärliches Tatsachenmaterial vorliegt. Das war auch in der Vorgeschichte und in der frühen Geschichte der Geologie nicht anders. So erklärte noch der Züricher Stadtarzt Johann Jakob Scheuchzer (1672–1733), sämtliche Gesteine der heutigen Erdoberfläche seien ausnahmslos durch die Sintflut entstanden, weil es keine anderen Katastrophen gegeben hätte, die groß genug waren, um »Erdschichtungen« zu bewirken.
Der deutsche fürstliche Leibarzt Georg Christian Füchsel (1722–1773), der die Gesteinsschichten in Thüringen genauer untersuchte, gelangte schon zu einer differenzierteren Betrachtungsweise. »Bei den Schichtfolgen der Gebirge handelt es sich um mächtige Schichtpakete, die aus einer unendlichen Anzahl dünner Schichtlagen aufgebaut sind.« Füchsel nahm deshalb mehrere gewaltsame Sintfluten an, deren letzte, die Noah-Sintflut, die sanfteste gewesen sei. Wichtiger für den Fortgang der Dinge als seine Sintfluttheorie war folgendes: Füchsel stellte als erster das Prinzip auf, alle erdgeschichtlichen Vorgänge aus den heute geltenden Naturgesetzen abzuleiten (später Aktualitätsprinzip genannt): »Die Art, wie die Natur heutzutage wirkt und Körper hervorbringt, ist als Norm zu setzen; eine andere kennen wir nicht.« Ferner prägte Füchsel den Begriff der Formation (zusammengehörige Gesteinsschichten) und nannte seine Forschungsrichtung Geognosie (griech. = Erderkenntnis).
Neben diesen Versuchen, die Verschiedenartigkeit der Gesteine aus einem Ereignis oder aus einem Prinzip zu erklären, entstanden ab der Mitte des 18. Jahrhunderts eine Vielzahl von Materialsammlungen und Monographien über Fossilien, Mineralien und bestimmte Schichtungen, z. B. der berühmte *Versuch einer Geschichte von Flözgebirgen* (1756) des preußischen Arztes und Bergrates Johann Gottlob Lehmann (1719–1767). Auch Untersuchungen über einzelne Landschaften wurden veröffentlicht. Das empirische Wissen, das auf diese Weise zusammenkam, ermöglichte schließlich sinnvolle Fragestellungen nach der Art und Weise, wie die Gesteine entstanden waren, und nach den Ursachen, die dies bewirkt haben konnten. Aus den Antworten ergab sich am Ende des 18. Jahrhunderts der erste erfahrungswissenschaftlich orientierte Entwurf einer Erdgeschichte.
Als Geburtsdatum der wissenschaftlichen Geologie, oder wie man damals noch sagte: Geognosie, gilt das Jahr 1781, als Geburtsort die Bergakademie zu Freiberg in Sachsen und als ihr Vater der Professor für Mineralogie und Bergbaukunde Abraham Gottlob Werner (1750–1817), der dort 1781 mit seinen Vorlesungen über Geognosie begann.
Während die Vorväter der Geologie: Agricola, Steno, Leibniz, Woodward, Füchsel, sämtlich Ärzte gewesen sind, die sich u. a. auch am Erfahrungswissen der Bergleute orientiert hatten, kamen die meisten Geologen der ersten Generation aus der Schule Werners und waren akademisch ausge-

bildete Bergleute. Abraham Gottlob Werner wird uns als ein begeisternder Lehrer geschildert. Er hat selbst nur wenig veröffentlicht. Das zwischen 1811 und 1818 erschienene vierbändige *Handbuch der Mineralogie,* das seinen Namen trägt, wurde in Wirklichkeit von seinen Schülern zusammengestellt und herausgegeben. Als Forscher gelang ihm eine erste wissenschaftliche Zusammenschau der damals bekannten geologischen Fakten. In der Geognosie, die er zum akademischen Lehrfach machte, ließ Werner keine Lehrmeinung gelten, wenn sie nicht durch Beobachtungen belegt werden konnte. Die Schlüsse aber, die er selbst aus seinen Beobachtungen zog, waren nur zum Teil richtig, weil er die Entstehung aller Gesteine noch auf ein einziges Prinzip zurückführen wollte, auf die Ausscheidung aus dem Wasser. Werner war der erste und entschiedenste Vertreter der geologischen Theorie des Neptunismus (lat. Neptun = Gott des Wassers).

Anders als Kinder haben Wissenschaften und große Entdeckungen oft zwei oder manchmal auch mehrere Väter. Wahrscheinlich hängt das damit zusammen, daß in der Natur die Dinge höchst selten nur auf einem einzigen Prinzip beruhen und man von verschiedenen Standpunkten aus zu derselben Entdeckung kommen kann. Was die Geologie angeht, so müssen wir als ihren anderen Vater den schottischen Arzt James Hutton (1726–1797) ansehen. Hutton veröffentlichte 1785 ein Buch mit dem Titel *Theory of the Earth* (Theorie der Erde). Es war äußerst schwer zu lesen und wurde hauptsächlich erst durch ein anderes Buch bekannt (John Playfair, *Illustrationen der Huttonschen Theorie,* 1802), das die Huttonsche Arbeit popularisierte.

Huttons Theorie beruhte auf einem fundamentalen Grundsatz: Die Vorgänge, die in der Vergangenheit das Entstehen der Gesteine bewirkt und die Landschaften geformt haben, sind dieselben, die wir auch heute noch beobachten können. Insofern war er ein Nachfolger Füchsels. Anders als Füchsel und Werner versuchte Hutton aber nicht, die Vielfalt der Erscheinungen nur aus einem einzigen Prinzip zu erklären.

Hans Joachim Störing schreibt dazu in seiner *Kleinen Weltgeschichte der Wissenschaft:* »Dem Neptunismus wird der Vulkanismus gegenübergestellt, und Hutton gilt als sein Vertreter; doch war er nicht so einseitig, jegliche Veränderung auf vulkanische Ursachen zurückzuführen. Er erkannte eine Mehrheit wirkender Faktoren an. Er sah, daß das Wasser Boden hinwegschwemmt, Küsten abnagt und alles lockere Material ins Meer trägt. Aber er sah auch, daß viele Gesteine keine Fossilien enthalten und offensichtlich früher einmal in einem geschmolzenen Zustande waren, und weiter, daß manche dieser Gesteine anscheinend von unten her durch anderes Gestein hindurch an die Erdoberfläche gedungen sind. Er nahm deshalb an, daß im Innern der Erde Hitze herrsche – die Neptunisten waren entgegengesetzter Ansicht – und daß die unterirdische Glut nicht nur Vulkane hervorgebracht, sondern auch ganze Erdschichten verlagert hat. Es war nicht schwer, dafür übergenug Beweise in der Natur zu finden.«

Abb. 1
Die Erde aus dem Weltall. In den wolkenarmen Gebieten etwas rechts von der Bildmitte Nordamerika.

Abb. 2
Das untere Altmühltal mit der Ortschaft Untereggersberg und dem Ludwigskanal. Hier floß bis vor etwa 120 000 Jahren die Donau.

Abb. 3
Der Habicht (3277 m) in den Stubaier Alpen, Österreich. Seine kantige Form ist hauptsächlich ein Ergebnis von Frostsprengung. Die Schichten wurden hier bei der Auffaltung der Alpen schräggestellt.

Abb. 4 (oben):
Der Pasterzengletscher (s. auch Abb. 33) in den Hohen Tauern, Österreich, gab, als er sich nach der letzten Eiszeit zurückzog, ein typisches U-förmig ausgehobeltes Tal frei. Links und rechts im Talgrund Endmoränen.

Abb. 5
Die Elferspitze (2499 m) im Stubaital, Österreich, ein bereits stark verwitterter Berg, ragt nur noch etwa 400 Meter aus einem riesigen Schuttkegel heraus.

Abb. 6
Sierra del Torcal (860 m), nördlich Málaga, Spanien. Die waagrechten Klüfte sind Frostsprengungen. Ihre Kanten wurden durch sandhaltigen Wind rund geschliffen. Die senkrechten Rillen sind Auswaschungen des Kalksteins durch Regen.

Abb. 7 (links oben):
Geröllhaltiger Schnee kerbt beim Lawinenabgang V-förmige Abflußrinnen in den Fels (Pinistal, Stubai).
Abb. 8 (oben):
Schmelzwasser schneidet eine V-förmige Schlucht in den Hang, die natürlichen Schwächezonen im Fels folgt (Elfer-Hang, Stubai).
Abb. 9 (links):
Größere Alpentäler wurden meist von Gletschern U-förmig vorgeschnitten. Schmelzwasserbäche arbeiten die Sohle V-förmig nach ur schieben das Geröll in Mäandern talabwärts (Oberbergtal, Stubai).
Abb. 10 (rechts oben):
Die V-förmig nachgeschnittenen ehemaligen Gletschertäler werden durch Hangerosion und Hangrutschen weiter abgeflacht (Stubaital bei Neustift).
Abb. 11 (rechts):
Jeder Fluß sortiert das abtransportierte Material. Zuerst werden große Steine, dann die kleineren abgelagert. Am weitesten verfrachtet e Fluß Sand und Schwebestoffe (trockengelegte Isteiner Rheinschwellen).

Abb. 12 (links oben):
Kesselförmige Auswaschung am Isteiner Klotzen bei einem früheren Mäander des Oberrheins.

Abb. 13 (oben):
Biologisch-chemische Verwitterung: Auf einem Stein im Pinistal, Stubai, Pionierbesiedlung durch verschiedene Flechten. Ihnen folgen die etwa anspruchsvolleren Moose. Biologisch-physikalische Verwitterung: Die Wurzel des Löwenzahns übt in der Gesteinsspalte einen Druck aus.

Abb. 14
Bohrmuschellöcher im Kalksandstein des römischen Brunnens in Gallipoli, Süditalien, neben den Spuren von chemischer Verwitterung und Windverwitterung. Der senkrechte Riß ist eine Frostsprengung.

- Wolken, Schnee, Eis
- Frisch bestellte Felder, lebende Vegetation
- Waldgebiete
- Absterbende oder erntereife Vegetation
- Brachland
- Städte, Gebirge oberhalb der Vegetationsgrenze
- Luftverschmutzung (transparent)
- Wasser (Meere, Seen, Flüsse); Veränderungen der Farbe sind auf Verschmutzungen zurückzuführen.

Abb. 15 (oben): Fehlfarbaufnahme: Oberrheingraben. Schwarzwald und Vogesen bewegen sich seit 50 Millionen Jahren auseinander und haben sich in dieser Zeit durchschnittlich 35 Kilometer voneinander entfernt. Der Oberrheingraben ist ca. 3000 Meter hoch mit Ablagerungen aufgefüllt.

Abb. 16 u. 17
Kaiserstuhl (Mitte rechts) ist ein Schichtvulkan, der sich vor etwa 20 Millionen Jahren in den Oberrheingraben ergossen hat. Unter einer Schicht liegen dort abwechselnd Basalte (rechts unten: Steinbruch bei Niederrotweil) und vulkanische Aschen.

Abb. 18, 19, 20
Die drei italienischen Schichtvulkane Ätna (links oben), Vesuv (rechts oben) und Strombol (Mitte links) zeigen durch ihre Tätigkeit an, daß die Erdkruste dort in Bewegung ist: Italien wird von Afrika gegen Europa gerammt.

Abb. 21 (unten):
Der Vogelsberg in Hessen, ein Schildvulkan, de vor 25 Millionen Jahren tätig war. Unter der heute stark abgetragenen flachen Kuppe (774 m verbirgt sich das größte Basaltvorkommen Mitteleuropas.

Den Vulkanisten im Gefolge Huttons ging es also nicht darum, der wissenschaftlichen Extremposition »Alle Steine sind im Wasser entstanden« die andere Extremposition »Alle Steine sind im Glutfluß entstanden« entgegenzusetzen, sondern zu einem »Teils – Teils« zu gelangen, das dem Beobachtungsmaterial gerecht wurde. Das erforderte eine genaue Untersuchung, welche Gesteine aus wässrigem Medium abgelagert und welche aus glutflüssigem Zustand erstarrt sind. Der Streit wurde in Deutschland vor allem am Basalt ausgetragen, einem dunklen, kristallinen Gestein, das manchmal in einer säulenförmigen Struktur auftritt. Die Neptunisten, allen voran Werner, deuteten die Basaltsäulen als Riesenkristalle und sahen in ihnen sowie in der Einbettung mancher Basaltschichten in Meeresablagerungen (z. B. auf einem Hügel bei Scheibenberg im Erzgebirge) Beweise dafür, daß Basalt aus wäßriger Lösung auskristallisiert ist.

BASALTSÄULEN BEI SCHEIBENBERG IM ERZGEBIRGE

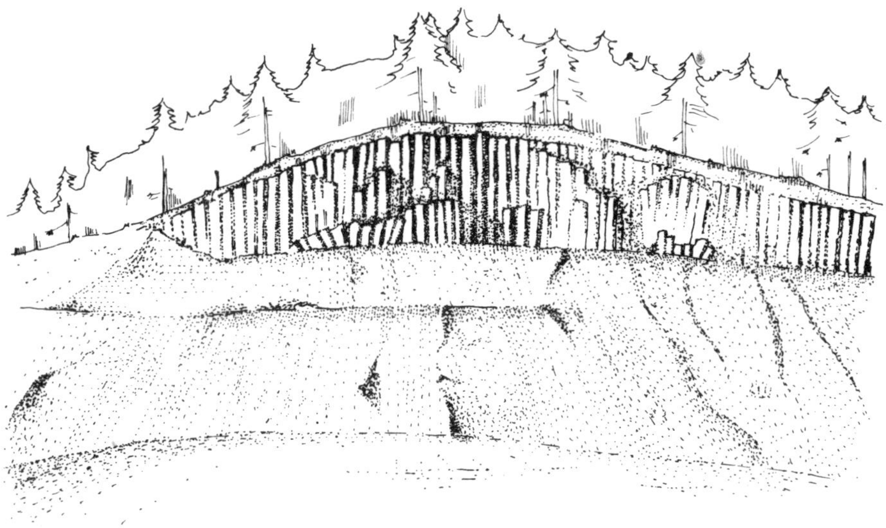

»Ich hatte an eben genanntem Basaltberge«, schrieb Werner 1788, »der eine kleine Viertelstunde von dem Städtchen Scheibenberg ziemlich gegen Mittag liegt, und zwar ganz an der Kuppe desselben, schon ehedem im Vorbeireisen von weitem eine große weiße Halde gesehen, von der man mir ... sagte: es wäre die Halde der Sandgrube ... Doch vermutete ich nur eine um den Fuß des Berges herum gelagerte Sandschicht ... Wie erstaunte ich aber, als ich hinkam, und gleich mit einem Blicke – erst unten eine mächtige Quarzsandschicht – dann darüber einige Tonschichten – dann endlich eine Wackenschicht – und über dieser den Basalt aufliegen sahe: als ich sahe, daß die ersten drei Schichten sich fast horizontal unter dem Basalt hinzogen, und also sein Unterlager ausmachten; und, daß der Sand nach oben zu feiner und endlich tonig wurde, also sich förmlich in Ton, so wie der Ton oben in Wacke, und die Wacke zuletzt in Basalt verlief ... Hier drangen sich mir die Ideen schnell und unwiderstehlich auf: dieser Basalt, Wacke, Ton und Sand sind alle von einer Formation; sind alle durch nassen Niederschlag aus ein und derselben ehemaligen Wasserbedeckung dieser Gegend entstanden ...«

Gegen diese Auffassung wandte sich vehement der Werner-Schüler J. C. W. Voigt (1752—1821), Bergrat in Weimar und Freund Goethes: »Herr Werner fand auf Gneus Schichten von Quarzsand, darüber Ton, auf diesem Wacke und über dieser Basalt. Sämtliche Schichten ... gingen wirklich ineinander über ... Gegen die Tatsachen, die Herr Werner vom Scheibenberger Hügel anführt ..., will ich nichts erinnern. Allein ich leugne die Folge des Schlusses, die er daraus zieht — daß deswegen der Basalt für ein Produkt des Wassers zu halten sei ... Herr Werner wird mir verzeihen, wenn ich aufrichtig sage, daß es mir allemal schwindelt, wenn ich ihn von Basalt, Wacke und Mandelstein sprechen höre. Er hat in vielen Fällen so deutliche Abschnitte der Arten einer Gattung gemacht ... und gerade die drei eben genannten Steinarten läßt er in einer Verwirrung, aus der sich schwerlich jemand finden wird.«

Was Werner am Scheibenberger Hügel Wacke (Sandstein mit groben Einschlüssen) genannt hatte, erkannte Voigt richtig als verwitterten Basalt. Aber mit der Kontroverse Voigt — Werner war der Basaltstreit noch lange nicht zu Ende.

In England stellte Sir James Hall (1762—1831) das erste geologische Experiment an, um den Streit über die Herkunft des Basalts zu entscheiden. Er schreibt: »Am 17. Januar 1798 führte ich einen graphitischen Schmelztiegel, gefüllt mit Bruchstücken von Basalt, in den großen Strahlofen von M. Barkers Eisengießerei ein. Nach einer guten Viertelstunde fand ich die Substanz geschmolzen und in starker Wallung begriffen. Das Ergebnis war ein schwarzes Glas mit leidlich reinem, durch einige Flecken allerdings gestörten Bruch ... Zuletzt, am 27. Januar, gelang es mir, mein Vorhaben zu vollem Erfolg zu bringen. Ein Schmelztiegel mit Basaltgestein, in der erwähnten Weise geschmolzen und dem Ofen entnommen, wurde auf einem großen offenen Feuer sogleich mit brennenden Kohlen umgeben. Das Feuer ließ man erst nach mehreren Stunden ausgehen. Der nach der Abkühlung aufgebrochene Schmelztiegel enthielt eine Substanz, die sich in jeder Hinsicht von Glas unterschied und texturell (in ihrem Gefüge) völlig dem Basalt entsprach. Ihr Bruch war rauh, steinartig und kristallin.«

Dieser Nachweis, daß die physikalische Beschaffenheit der erstarrten Gesteinschmelze von der Geschwindigkeit abhing, mit der sie abgekühlt war, und sich bei langsamer Abkühlung Kristalle bildeten, hätte genügen müssen, um zu zeigen: Auch in der Natur ist Basalt aus einer glutflüssigen Masse langsam erstarrt. Aber das überzeugte die Neptunisten nicht. Ein

Laborversuch, so wandten sie ein, sage nicht zwingend etwas über die Verhältnisse in der freien Natur aus.
Es mußten noch eine Vielzahl von Untersuchungen angestellt und von Befunden im Gelände gesichert werden, bis sich etwa um 1820 endgültig die Ansicht durchsetzte, daß Basalt ein aus Glutfluß erstarrtes Gestein ist. An der Sicherung dieser Erkenntnis waren auch Werners berühmteste Schüler Alexander v. Humboldt (1769—1859), der größte Naturforscher der Goethezeit, und Leopold v. Buch (1774—1853), den v. Humboldt später in einem Nachruf den größten Geologen seiner Zeit nannte, maßgeblich beteiligt. Im Gegensatz zu Werner, dessen geologischer Erfahrungsbereich auf das östliche Mitteldeutschland beschränkt blieb, trugen v. Humboldt und v. Buch Beobachtungen aus aller Welt zusammen, v. Humboldt vor allem aus Amerika, v. Buch aus Frankreich und Skandinavien.
Auch anderweitig ging es in der Geschichte der Geologie immer wieder darum, als allgemeingültig aufgestellte Prinzipien zu relativieren und sich den Blick auf die Vielfalt der Erscheinungen nicht durch allzu einengende Theorien zu verbauen. Zwei Beispiele dafür sind der Streit um die Katastrophentheorie und die Auseinandersetzungen um die Frage, ob alle Prozesse, die in der Erdgeschichte wirksam waren, noch heute zu beobachten sind (Aktualismus — Anaktualismus).
Wie Werners Neptunismus war auch die Katastrophentheorie ein Überrest der alten Sintflutlehre in neuem wissenschaftlichen Gewand. Sie wurde von dem großen französischen Anatom Georges Cuvier (1769—1832) aufgestellt und hatte ursprünglich nur insofern etwas mit Geologie zu tun, als Cuvier die Aufeinanderfolge verschiedener ausgestorbener Tierarten durch Erdkatastrophen erklärte, bei denen jeweils nahezu alles Leben ausgelöscht wurde. Von den Gebieten aus, die von der Katastrophe nicht in dieser Weise betroffen waren und noch lebende Organismen enthielten, wurde die Erde dann mit neuen Tier- und Pflanzenarten besiedelt. Diese Theorie gilt als widerlegt, seit Charles Darwin (1809—1882) gezeigt hat, daß die biologischen Arten nicht so konstant sind, wie Cuvier angenommen hatte, und sich stetig fortentwickelt haben.
In der Geologie jedoch tauchte die Katastrophentheorie gelegentlich wieder auf, wenn es die Frage zu beantworten galt, warum die einzelnen Erdzeitalter denn eigentlich einander abgelöst und warum in ihnen so verschiedene Bedingungen geherrscht haben. Zwar schien die Katastrophentheorie seit Darwin unglaubwürdig, aber eigentlich nur, sofern man sämtliche Wechsel der Erdzeitalter auf Katastrophen zurückführen wollte. Viele beruhten sicher auf einem stetigen Wandel. In der jüngsten Zeit ist aber wahrscheinlich geworden, daß einige Umschwünge doch von Katastrophen ausgelöst worden sind und Cuvier nicht restlos unrecht hatte.
Aus geologischer Sicht wandte sich gegen die Katastrophentheorie vor allem der Deutsche Karl Ernst Adolf von Hoff (1771—1837), den man den großen Schriftgelehrten der Geologie genannt hat. Er trug aus der Literatur alle

ihm erreichbaren Zeugnisse über Veränderungen der Erdoberfläche in historischer Zeit für sein fünfbändiges Werk *Geschichte der natürlichen Veränderungen der Erdoberfläche* zusammen, dessen letzte Bände posthum erschienen. Als Ergebnis zeigte v. Hoff, daß die jetzt beobachtbaren Naturkräfte ausreichen, um die Veränderungen zu erklären, die in der Vergangenheit auf der Erdoberfläche stattgefunden haben. Infolgedessen könne man auf umfassende Hypothesen wie Neptunismus, Vulkanismus oder die Katastrophentheorie verzichten. Andrerseits lassen sich gewaltsame Vorgänge keineswegs ausschließen, und es müsse in jedem Fall genau geprüft werden, ob ein geologischer Wandel durch das stete Einwirken geringer Kräfte über längere Zeiträume oder durch gewaltsame Vorgänge verursacht worden sei.

Der Engländer Sir Charles Lyell (1797—1875) entwickelte aus dem, was bei v. Hoff eine vorsichtige Fragestellung war, die Theorie des Aktualismus (»Alles, was sich in der Erdvergangenheit abgespielt hat, ist auch heute noch zu beobachten«) und leitete aus ihr die geologische Untersuchungsmethode des Aktualitätsprinzips ab. Es besagt, man müsse auf der Erde heutige Vorgänge studieren, um das Zustandekommen geologischer Formationen und die Bildung der Gesteine in früherer Zeit zu erklären.

Diese Methode hat sich in der Geologie als äußerst fruchtbar erwiesen und bestimmt auch heute noch weite Teile der geologischen Forschung. Die Ergebnisse dieser Forschung haben jedoch im Laufe der Zeit den Beweis geliefert, daß die Theorie des Aktualismus nicht in der Ausschließlichkeit gilt, die Lyell angenommen hatte. Zu verschiedenen Zeiten der Erdgeschichte hat es durchaus Bedingungen gegeben, die anders waren als die heute beobachtbaren. Ferner entziehen sich manche Ursachen von Veränderungen auf der Erdoberfläche vorerst noch der Beobachtung, z. B. die meisten Prozesse, die aus dem Erdinneren die Oberfläche beeinflussen.

Die Kontroversen um die großen geologischen Theorien machen aber schon seit Beginn der geologischen Forschung nur einen Teil der wissenschaftlichen Arbeit aus. Der andere besteht im unermüdlichen Sammeln von empirischen Befunden, die von Anfang an meist ohne viel Rücksicht auf das Hin und Her um die großen Theorien dargestellt wurden, teilweise von denselben Forschern, die auch an der Theoriediskussion beteiligt waren. In zunehmendem Maße gewannen daneben Spezialisten an Bedeutung, die es vorzogen, ein kleines Gebiet oder eine einzige Frage ihr Leben lang zu erforschen.

Nach solchen empirischen Erhebungen hatten in Deutschland bereits die Ärzte Lehmann und Füchsel die geologische Schichtfolge am südlichen Rand des Harzes und in der Thüringer Mulde beschrieben und gegliedert. (Ihre Gliederung ist noch heute gültig.) Auch jeder der zahlreichen Geologen, die von Werner ausgebildet wurden, hat irgendwo in Europa oder Amerika irgendwelche Erdschichten genau untersucht und beschrieben. Den zündenden Gedanken, der es erlaubte, die Unmengen wissenschaftlicher Daten zu orden, die auf diese Weise angehäuft worden waren und weiter angehäuft wurden, lieferte der englische Ingenieur William Smith (1769–1839). Er entdeckte die schon von einigen früheren Forschern bemerkte »Horizontbeständigkeit« der Fossilien von neuem, die Tatsache also, daß bestimmte Versteinerungen nur in bestimmten geologischen Schichten vorkommen, und regte an, diese Fossilien als Merkmale (als »Leitfossilien«) zu benutzen, nach denen man räumlich voneinander entfernte Schichten zeitlich einander zuordnen könnte. Das Prinzip der Leitfossilien ermöglichte es dann, nach und nach ein für die ganze Erde gültiges System der geologischen Schichten zu entwerfen, das ihre Aufeinanderfolge beschrieb und damit den Ablauf der geologischen Zeitalter festlegte.

Dieser Aufgabe widmete sich die frühe »klassische« Geologie im Zeitraum etwa von 1820 bis 1900. Ursprünglich hatte man nur primäre (Ur-) und sekundäre (Sediment-)Gesteine unterschieden. Bald mußte man jedoch dieses Schema erweitern und auch tertiäre (wenig verfestigte) und quartäre (lockere) Gesteine in das System aufnehmen. Zu genaueren Ergebnissen führte dann die Untersuchung der verhältnismäßig wenig gestörten Schichten Mitteldeutschlands. Dabei gelang schon 1820 die Gliederung des Erdmittelalters. Um 1830 wurden in Frankreich die Gliederung der Erdneuzeit und 1839 in England die Gliederung des Erdaltertums festgelegt. Die »Formationstabelle«, die Philipps (1800–1874) im Jahre 1841 aufstellte, zeigte das Grundgerüst einer Gliederung der gesamten Erdgeschichte. Es mußte bis heute nicht mehr wesentlich verändert werden (siehe S. 70). Man hat die einzelnen Formationen im Laufe der Zeit nur in Abteilungen und Stufen unterteilt und dem Erdaltertum die Formationen der Erdvorgeschichte vorangestellt, deren Erforschung sehr schwierig und auch heute noch nicht abgeschlossen ist.

Die einzelnen Formationen dieser Tabelle, z. B. Trias oder Devon, bezeichnen sowohl bestimmte Gesteinsfolgen, die sich von anderen Gesteinsfolgen unterscheiden (u. a. oft durch ihre Leitfossilien), als auch die Zeitabschnitte der Erdgeschichte, in denen sich die betreffenden Gesteinsfolgen gebildet haben. Ein Ausdruck wie »während der Kreide« oder »zur Kreidezeit« meint also in der Erdgeschichte etwas Ähnliches wie »zur Römerzeit« in der Menschheitsgeschichte, also eine Epoche. Verwirrung entsteht beim Laien vielfach, wenn der Geologe ein Gestein, das chemisch nichts mit Kreide (= weicher Kalk) zu tun hat, z. B. einen Sandstein (Quarz) als »Kreide« anspricht. Damit meint der Geologe nicht die stoffliche Beschaffenheit des Gesteins, sondern er ordnet es der Kreide-Formation zu. Solche Schwierigkeiten entstehen natürlich nicht, wo die Formationen mit Zahlwörtern (Quartär, Tertiär) oder Landschaftsnamen (Perm; ehemalige Bezeichnung einer russischen Provinz) benannt sind.

Die Folge der geologischen Formationen ist, von örtlichen Abweichungen abgesehen (z. B. fehlende Schichten oder Festlands- statt Meeresablagerungen), auf der ganzen Erde die gleiche. Wer die stratigraphischen Merkmale

Formationen nach Philipps (ergänzt durch Gesteinsangaben)

Zeitalter	Formationen	Hauptgesteinsarten
Erdneuzeit (Käno- oder Neozoikum)	Quartär	Schotter, Sand, Löß, Basaltlava, Vulkanaschen, Tuff
	Tertiär	Tone, Mergel, Quarzite, Braunkohle, Basalt, Trachyt, Andesit, Phonolith
Erdmittelalter (Mesozoikum)	Kreide	Sandstein, Kalk, Dolomit, Mergel, Tone, Gips, Salz
	Jura	Sandstein, Kalk, Dolomit, Mergel, Tone, Kohle, Gips
	Trias	Sandstein, Kalk, Mergel, Tone
Erdaltertum (Paläozoikum)	Perm	Kalk, Kalisalz, Salz, roter Sandstein, Kupferschiefer, Porphyr
	Karbon	Schiefer, Steinkohle, Grauwacken, Granit, Gabbro, Diabas
	Devon	Kalk, Schiefer, Grauwacken, Old-Red-Sandstein, Diabas, Porphyr, Keratophyre
	Silur	Kalk, Schiefer, Grauwacken, Diabas (vulkanisch)
	Kambrium	Schiefer, Sandstein, Kalk, Diabas (vulkanisch)

(lat. stratum = Schicht; griech. graphein = beschreiben) der einzelnen Schichten, d. h. die Aufeinanderfolge der Gesteinsarten in der Schicht und ihre Verteilung über die Erde kennt, findet sich geologisch überall zurecht.

Die Formationstabelle beruht auf dem stratigraphischen Grundgesetz, das schon Steno entdeckt hatte. In heutiger Ausdrucksweise lautet es: Bei ungestörter Lagerung sind die tiefer liegenden Schichten (das Liegende) stets älter als die höher liegenden (das Hangende). Sie gibt aber noch keine Auskunft über die Dauer der einzelnen Erdzeitalter, sondern stellt nur deren Reihenfolge dar.

Die Formationen waren also zunächst relative Zeitbegriffe. In der Folge versuchte man, auch zu Vorstellungen von der absoluten Dauer der Formationen und der Erdzeitalter zu gelangen. Die Anhaltspunkte dafür waren aber in der zweiten Hälfte des 19. und in der ersten Hälfte des 20. Jahrhunderts noch äußerst spärlich. Alle Schätzungen führten zu der Annahme viel zu kurzer Zeiträume. Erst in der zweiten Hälfte des 20. Jahrhunderts wurde es durch atomphysikalische Meßverfahren möglich, das absolute Alter von Gesteinen festzustellen und für die Formationen der Erdgeschichte eine wissenschaftlich gesicherte Zeitperspektive zu entwerfen.

Teil II

DAS NATURWISSENSCHAFTLICHE BILD DER ERDGESCHICHTE

1. UNBEANTWORTETE GRUNDFRAGEN

Das Sammeln von Steinen gehört zu den angeborenen Verhaltensweisen des Menschen, die ihm an sich Befriedigung gewähren, ob sie in seiner gegenwärtigen Situation sinnvoll sind oder nicht. Stammesgeschichtlich wurde dieses Verhaltensmuster wahrscheinlich im sogenannten Übergangsfeld zwischen Tier und Mensch erworben, als sich unsere vormenschlichen Ahnen aus einem Grund, den wir nicht kennen, von Pflanzenfressern zu Allesfressern entwickelten. Als ehemalige Pflanzenfresser waren sie nicht mit natürlichen Waffen ausgestattet. Um Beute zu erlegen, mußten sie zu künstlichen Waffen greifen: zu Steinen, mit denen sich die Kraft der Hand verstärken ließ. Den Beginn der Kultur setzen wir mit dem Erwerb der Fähigkeit gleich, Steine nicht nur aufzuheben und zu gebrauchen, sondern zielgerichtet für bestimmte Zwecke zu bearbeiten.
Walter Schuhmann schreibt in *Knaurs Buch der Erde:* »Der Mensch hatte von jeher eine enge Beziehung zu den Gesteinen. Die längste kulturgeschichtliche Epoche wird geradezu nach ihnen benannt: die Steinzeit. Feuerstein, Obsidian und Nephrit waren die gesuchten Grundstoffe der damaligen ›Geräteindustrie‹. Später dienten Gesteine auch als Material für Schrifttafeln; so finden wir die ältesten Gesetze der Menschheit in Stein graviert. In der Architektur vieler Städte läßt sich die Abhängigkeit des Baustoffs von Untergrund oder umgebender Landschaft deutlich erkennen. Auch neben Stahl und Beton hat der Naturstein seine Beliebtheit nicht verloren; er dient vornehmlich als dekoratives Element bei der Gestaltung von Fassaden, Treppenhäusern und repräsentativen Hallen. Andere Gesteine haben hochaktuelle Bedeutung als Werk- und Mahlstein.«
Die Steinzeit ist also keineswegs zu Ende. Sie wird sicher auch nie ganz zu Ende gehen, denn der Umgang mit Steinen befriedigt unser Grundbedürfnis nach Naturerleben. Wir fühlen uns in einer Umgebung aus Naturstein zu Hause. Glas und Beton vermitteln dieses Gefühl nicht.
Wie Beerenpflücken und Pilzesuchen kann auch das Sammeln von Steinen zum Exzeß ausarten. Die Frage, ob sich mit den Steinen etwas anfangen läßt, tritt dabei in den Hintergrund. Ein solcher Exzeß war wohl die seltsame Einseitigkeit der klassischen Geologie, mit der sie bis weit in unser Jahrhundert hinein fast ausschließlich die Landmassen erforschte. Die Existenz der Ozeane, die mehr als zwei Drittel der Erdoberfläche bedecken, wurde nahezu vollständig übersehen.

Zu dieser Zeit galt die geologische Wissenschaft, soweit sie über die Bedürfnisse des Bergbaus und der Ölförderung hinausging, als zweckfrei. Ihre Forschungsobjekte blieben dem Zufall überlassen, d. h., sie wurden von der Interessenlage der einzelnen Wissenschaftler bestimmt. Seit das Raumzeitalter begonnen hat, stellen die Menschen jedoch immer entschiedener den Anspruch, daß die Geologen herausfinden sollen, wie »ihr« Raumschiff Erde funktioniert, wie es sich entwickelt hat und welche Zukunft die Menschheit auf ihm erwartet.
Von Bedeutung für die Entwicklung der klassischen Geologie war es auch, daß man die Tätigkeit des Steinesammelns beim Wandern ausübt und Wandern außerordentlich gut das Grundbedürfnis nach Naturerleben befriedigt. Fast alle geologischen Erkenntnisse des 19. Jahrhunderts wurden erwandert. Wenn ein Forscher in einem Landschaftstyp aufgewachsen war, der die Möglichkeit zu vielfältigen Naturkontakten bot und ihn in seiner Jugend geprägt hatte, dann wanderte er zwangsläufig dort und sah die Geologie aus der Perspektive seines Heimatwinkels. Auf eine solche Weise entstand der Gegensatz Neptunismus – Vulkanismus: Werner übertrug die geologischen Verhältnisse des östlichen Mitteldeutschland, Hutton die Verhältnisse Schottlands auf das Bild der gesamten Erdgeschichte.
Andere Forscher, insbesondere Flachländer und vor allem Städter, die weniger durch Naturkontakte geprägt waren, zog es in Landschaften, für die sie unerklärliche Vorlieben hatten. Diese Landschaften waren in erster Linie die Hochgebirge, in zweiter Linie die romantischen Juratäler. Auch heute bewirkt die statistische Verteilung der Vorlieben für Hochgebirgs- und Mittelgebirgstäler, daß erheblich mehr Urlauber in die Alpen als in die Juratäler fahren. Vor hundert Jahren stürzte sich aus ähnlichen Gründen die Mehrzahl der Geologen auf den größten Steinhaufen Europas: die Alpen, deren überaus komplizierter Aufbau mit Abstand das ungeeignetste Objekt war, um die Geheimnisse der Erdgeschichte systematisch zu enträtseln. Aber viele Geologen scheinen damals nicht nur Bergleute, sondern auch Leute der Berge gewesen zu sein. So ist Alexander von Humboldt als einer der kühnsten Bergsteiger seiner Zeit in die Geschichte eingegangen. Er versuchte den 6 310 Meter hohen Chimborazzo (ohne Atemgerät!) zu erklimmen. Wahrscheinlich wäre ihm das auch gelungen, hätte ihn nicht ein Wettersturz zur Umkehr gezwungen. Immerhin ist er dabei um 1 000 Meter höher aufgestiegen als irgendeiner seiner Zeitgenossen. Die Gliederung der Erdgeschichte wurde aber schließlich nicht von Bergsteigern erkannt, sondern von Forschern, die im Jura wanderten. Er war wegen seiner Übersichtlichkeit das geeignetere Objekt.
Wenn es Geologen damals an die Küsten zog, richteten sie ihr Interesse fast ausschließlich auf die Entwicklungsgeschichte der Küstenlinien. Der Ozean schien ihnen wüst und leer. Seine Böden blieben vorerst im toten Blickfeld. Entsprechend entwickelte sich die Geologie zwischen 1820 und 1940 zu einer reinen Festlandsgeologie.

Auch Boschke *(Das Unerforschte)* bringt diese Absonderlichkeit der Geologiegeschichte, wenn auch in etwas allgemeinerer Weise, mit der biologischen Beschaffenheit des Menschen in Zusammenhang: »Daß wir die festen Landflächen bisher so maßlos überschätzten, liegt nur an der biologischen Konstitution des Menschen als eines Landbewohners. Hätten wir Kiemen anstelle unserer Lunge, lebten wir im Wasser statt in der Luft, wir hätten gewiß völlig andere Vorstellungen, und auch unsere Wissenschaft sähe anders aus; vermutlich gingen wir jetzt daran, die unerheblichen, bislang vergessenen 29 Prozent Festland etwas näher zu untersuchen.«

Zwar waren jene 71 Prozent der Erdoberfläche, die von Ozeanen bedeckt sind, bis ins erste Drittel unseres Jahrhunderts schon grob vermessen. Infolge des damals noch unzulänglichen Meßverfahrens mit dem Senkblei erschien der Meeresgrund aber anfangs eben und unprofiliert. Viele Einzelheiten seiner Gliederung wurden erst erkannt, als nach dem Zweiten Weltkrieg Forscher darangingen, ihn für die Navigation von tieftauchenden U-Booten mit modernen Geräten zu kartographieren. Von da an hat die Geologie der Meeresböden zunehmend an Bedeutung für unser Bild von der Erdgeschichte gewonnen. Eine erdumfassende Geologie, die Befunde aus den Ozeanen ebenso berücksichtigt wie Befunde von den Festländern und zu weiträumigen Beobachtungen Satelliten benutzt, gibt es erst seit dem Beginn der siebziger Jahre.

In dieser kurzen Zeit ist es der modernen Geologie noch nicht gelungen, die Grundfrage der Erdgeschichte (die von der klassischen Geologie nicht gestellt wurde) auch nur im Ansatz zu beantworten, nämlich warum es Kontinente gibt, die sich über den Meeresgrund erheben.

Im allgemeinen nimmt man heute an, die Erde habe in ihrer Frühzeit eine Phase durchlaufen, in der sie so heiß war, daß sie unter ihrer Atmosphäre ganz aus flüssiger Materie bestand. Die Schwerkraft und die von der Rotation des Erdkörpers erzeugte Fliehkraft hätten wie in einer riesigen Zentrifuge zusammengewirkt und die Stoffe nach ihrem spezifischen Gewicht sortiert, die schwereren Bestandteile also nach innen und die leichteren nach außen. Gemäß dieser Theorie müßte die Erde aus einer Anzahl von Kalotten oder Schalen aufgebaut sein. Die äußeren drei wären die Atmosphäre, das Meer und die Kruste. Die Kruste sollte glatt, ohne Erhebungen und Eintiefungen und von einem mehr als 2 000 Meter tiefen Ozean gleichmäßig bedeckt sein.

Entgegen dieser Theorie hat die Erdkruste beträchtliche Niveauunterschiede. Zwischen dem höchsten Berg, dem Mount Everest (+8 848 m), und der größten, bisher bekannten Meerestiefe, dem Mindanaograben (—11 516 m), existiert eine Spanne von rund 20 Kilometern. Außerdem gibt es zwei deutliche Niveauschwellen. Fast alle Meeresböden liegen im Bereich zwischen —5 500 und —2 000 Metern, fast alle Festlandsgebiete, zu denen auch die Schelfzonen der Kontinente gehören, im Bereich zwischen —200 und +1 000 Metern. Diese Beobachtungen lassen sich in der hypsographischen

Kurve (griech. hypsos = Höhe) darstellen. Aus ihr ist abzulesen, welchen Anteil die einzelnen Höhenstufen an der Oberfläche der Erdkruste haben.

HÖHENKURVE DER ERDOBERFLÄCHE (HYPSOGRAPHISCHE KURVE)
MIT ZONENEINTEILUNG

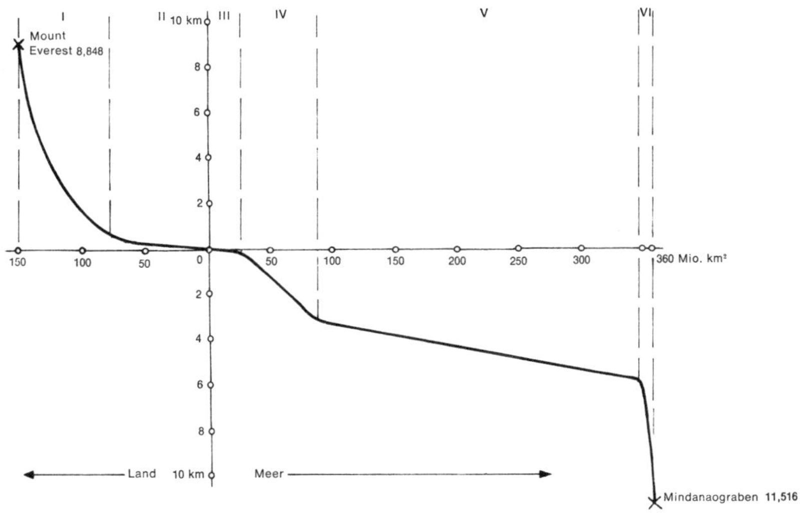

I Gebirge
II Festlandtafel
III Litorale (Ufer- und Brandungs-)Zone
IV Kontinentalschelf
V Tiefseebecken
VI Tiefsee-Gräben

Warum es diese Niveauunterschiede der Erdkruste gibt, wird noch rätselhafter, wenn man in Betracht zieht, daß Regen- und Schneeniederschläge über das Transportsystem der Flüsse unaufhörlich große Massen der Kontinente ins Meer schaffen. Karl Beurlen in seinem Buch *Geologie – Die Geschichte der Erde und des Lebens:* »Die Gesamtmenge der von allen Flüssen pro Jahr ins Meer verfrachteten Sand-, Ton- und Schlammmaterialien darf man auf ungefähr 6 Milliarden Tonnen veranschlagen. Dazu kommen noch die dem Meer von den Flüssen in gelöster Form zugeführten Stoffe von ungefähr 2,7 Milliarden Tonnen pro Jahr.« Das macht zusammen 8,7 Milliarden Tonnen Stoffe, die pro Jahr vom Festland ins Meer wandern und dort abgelagert werden.

Wenn wir einmal vernachlässigen, daß das Meer zusätzlich vom Wind Material zugeführt bekommt und in den Brandungszonen Küsten abträgt, so folgt aus einer Überschlagsrechnung: Die insgesamt 149 Millionen km² umfassenden Blöcke der Kontinente und Inseln, die eine durchschnittliche Höhe von 875 Metern haben und derzeit von 26 Millionen km³ Inlandeis und Gletschern bedeckt sind, wären schon in rund 65 Millionen Jahren bis unter die Meeresoberfläche abgetragen. Nun wollen wir weiter annehmen, der Niveauvergleich unter Wasser verliefe, da die Verwitterung fortfällt, im Durchschnitt um den Faktor fünf langsamer als an der Luft. In diesem

Fall müßten die noch verbliebenen Höhenunterschiede des Meeresbodens in etwa 2,7 Milliarden Jahren bis auf das mittlere Krustenniveau von —2 430 Meter eingeebnet sein. Die Erde ist jedoch, wie atomphysikalische Untersuchungen der ältesten Gesteine und astrophysikalische Berechnungen übereinstimmend zeigen, mindestens fünf Milliarden Jahre alt. In dieser Zeit hätte bereits zweimal die Idealform der Kruste erreicht werden können.

Man muß deshalb aus der Tatsache der Niveauunterschiede auf das Vorhandensein von Kräften im Erdinnern schließen, die der Abtragung der Kontinente entgegenwirken. Überwiegen zu einer Zeit die erdinneren Kräfte, so steigen die Kontinente höher empor, und die Erde tritt in eine Phase der Geokratie (griech. = Vorherrschaft des Landes) ein. Überwiegen die erdäußeren Kräfte, so werden die Niveauunterschiede geringer, die Kontinente kleiner, und die Erde durchläuft ein Stadium der Thalattokratie (griech. = Vorherrschaft des Meeres). Formationen mit Thalattokratie, in denen das Meer einen größeren Anteil an der Erdoberfläche hatte als heute, waren z. B. Silur und Kreide.

Die Landmassen sind gegenwärtig überwiegend um einen Pol angeordnet, der etwas nordöstlich der französischen Stadt Dieppe am Kanal ungefähr auf dem 50. nördlichen Breitengrad liegt, das Meer überwiegend um einen Pol südöstlich von Neuseeland ungefähr auf dem 50. südlichen Breitengrad. Die Verbindung des Pols der Landhalbkugel mit dem Pol der Wasserhalbkugel weicht um etwa 50 Grad von der Drehachse der Erde ab.

Neben der Grundfrage, warum es überhaupt Kontinente gibt und die Erd-

VERTEILUNG VON MEER UND LAND IN 4 PHASEN

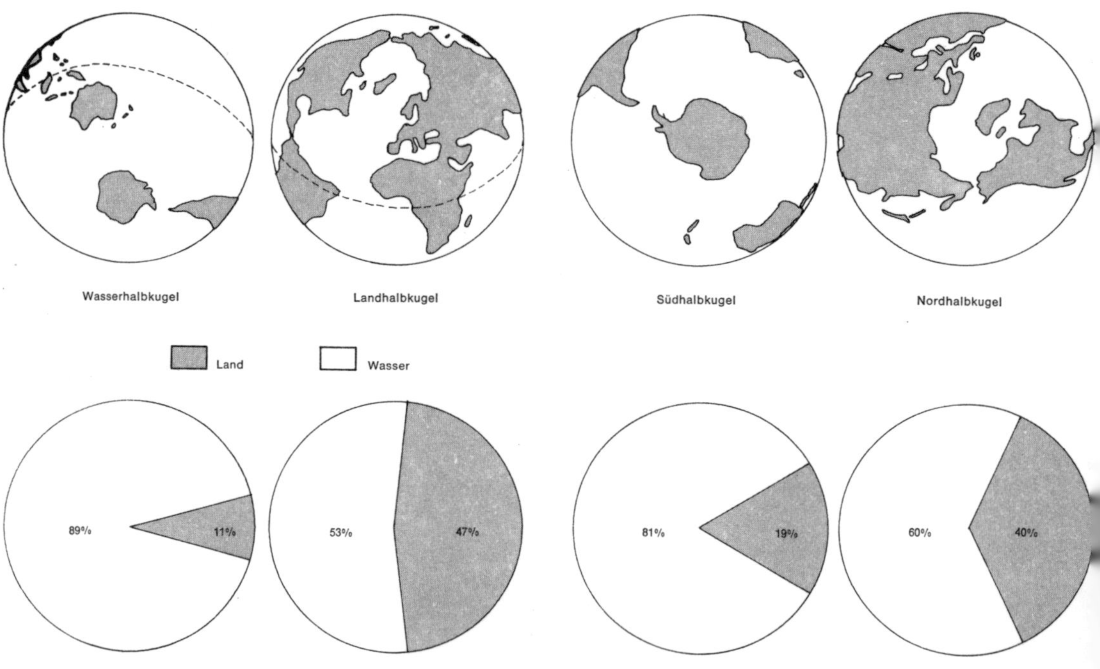

kruste an ihrer Oberfläche nicht überall das gleiche Niveau hat, hätte die Geologie also weiter die Fragen zu beantworten, warum das Land weder gleichmäßig auf den Erdhalbkugeln verteilt noch gleichmäßig um die Drehachse angeordnet ist. Auch darauf gibt es heute noch keine befriedigenden Antworten. In der klassischen Geologie stand dies nicht einmal zur Debatte. Ihre Themen waren die stratigraphische Ordnung der Gesteinsschichten, aus der sich die Gliederung der Erdgeschichte ergab, die Suche nach den Bauformeln der Gebirge, nach den Mechanismen, durch die Land gehoben und gesenkt wird, die Geschichte des Lebens, wie sie aus den Fossilien abzulesen war, und die Erforschung der Prozesse, durch die Gesteine entstanden sind und heute noch entstehen.

Allerdings paßten die Theorien, zu denen man auf den einzelnen Teilgebieten gelangte, nicht recht aneinander. So wurde gesagt, die Erde habe sich im Laufe ihrer Geschichte erheblich abgekühlt; die Gebirge seien Schrumpfungsfalten. Andrerseits hielt man die Böden der Ozeane für Gebiete ohne Schrumpfungsfalten, stellte sich aber vor, die Kontinente seien bei der Hebung von gefalteten Meeresböden (Gebirgen) gleichsam angebaut worden. Kurzum, es wollte sich noch kein rechter Reim auf die erdgeschichtlichen Befunde ergeben.

Obwohl sicher jeder Geologe wußte, daß die Schichten, die er untersuchte, hauptsächlich aus Meeresablagerungen bestanden, scheint damals niemand auf den Gedanken gekommen zu sein, das theoretische Dilemma darauf zurückzuführen, daß man nur von Untersuchungen der Festländer ausging. Dabei hätte eigentlich die strikte Anwendung des Aktualitätsprinzips den Blick der Forscher aufs Meer lenken müssen. Aber was sollte schon »da unten« sein, unter der Oberfläche? Für das menschliche Empfinden: nichts Beachtenswertes.

Dennoch braucht die heutige erdumfassende Geologie nicht auf die Ergebnisse der früheren kontinentalen Geologie zu verzichten. Die Geologen der klassischen Zeit haben vielfach mit kaum zu überbietendem Spürsinn und mit geradezu kriminalistischer Kombinationsgabe die Strukturen der Gesteine in Bewegungen umgedacht und daraus die Geschichte einzelner Festlandsbereiche ermittelt. Daß man vieles heute in anderen theoretischen Zusammenhängen sieht als damals, tut den Ergebnissen keinen Abbruch.

2. DIE WEGE DER GESTEINE

Nahezu alle Ergebnisse der klassischen Geologie wurden durch das Studium der Gesteine gewonnen. Die Beschaffenheit der Gesteine läßt Schlüsse zu auf die Herkunft der Stoffe, aus denen sie sich gebildet haben, und auf die Umweltbedingungen, unter denen das geschehen ist. Man hat die Gesteine deshalb oft Protokolle der Erdgeschichte genannt.

In vielen Fällen läßt sich die Richtigkeit von Schlüssen, die man aus diesen Protokollen zieht, durch einen Vergleich mit heutigen geologischen Vorgängen absichern. Wo solche Vorgänge nicht direkt zu beobachten sind, z. B. weil sie sich in vorerst noch unzulänglichen Tiefen der Erde abspielen oder nur in sehr langen Zeiträumen wirksam werden, arbeitet man mit Modellvorstellungen. Modellvorstellungen haben allein nur wenig Beweiskraft. Manchmal gelingt es aber, sie – wie dies schon Sir James Hull im Basaltstreit versuchte – durch Laborexperimente zu stützen. Solche Experimente sind in letzter Zeit vor allem auf dem Gebiete der Hochdruckphysik durchgeführt worden und haben exakte Daten geliefert, bei welchem Druck und bei welcher Temperatur einzelne Mineralien und Mineralienverbände aus dem Glutfluß kristallisieren.
Daß in der Erde mit hohen Temperaturen und hohen Drucken zu rechnen ist, folgt aus Messungen in Bergwerken und bei Erdölbohrungen. Der Erdboden hat in den gemäßigten Breiten etwa ab zwanzig Metern Tiefe, in den Tropen etwa ab sechs Metern Tiefe eine von den Jahreszeiten unabhängige Temperatur, die ungefähr zwei Grad höher liegt als das Jahresmittel der Lufttemperatur der betreffenden Gegend. Ab dieser Schicht ist demnach eine dauernde Wärmezufuhr aus dem Erdinneren anzunehmen. Steigt man weiter hinab, so wird es in bestimmten, für die jeweilige Gegend charakteristischen Abständen, die man geothermische Tiefenstufe nennt, um ein Grad wärmer, so etwa in den tschechischen Braunkohlegebieten alle fünf Meter, in der Vulkanzone der Schwäbischen Alb zwischen Urach und Kirchheim unter Teck alle elf Meter und im Ruhrgebiet alle 27 Meter. Als Mittelwert für die geothermische Tiefenstufe gilt der Betrag von 33 Metern. Die größte geothermische Tiefenstufe hat man in Transvaal gemessen. Dort steigt die Temperatur nur alle 172,7 Meter um einen Grad Celsius an.
So groß diese Abweichungen vom Mittelwert auch sein mögen, von einer bestimmten Tiefe ab ist damit zu rechnen, daß alle Gesteine glutflüssig sind. Aber es wird nach innen zu nicht nur wärmer, die Gesteine stehen auch unter einem nach innen steigenden Druck der Erdschichten, die auf ihnen lasten. Das hat physikalische Verhältnisse zur Folge, wie man sie erst mit den Möglichkeiten der Hochdruck- und Hochtemperaturtechnik im Laboratorium nachahmen konnte (heute bis zu 100 000 Atmosphären Druck pro Quadratzentimeter). Solche Versuche, die hier nicht im einzelnen besprochen werden können, haben den Schluß nahegelegt, daß erst in Tiefen von annähernd 3 000 Kilometern bei einem Druck von etwa zwei Millionen Atmosphären pro Quadratzentimeter mit flüssigem Gestein zu rechnen ist. Der steigende Druck wirkt der Verflüssigungstendenz durch die steigende Temperatur zunächst entgegen und behält bis in diese Tiefe die Oberhand. Nur bei Störungen der Temperatur-Druck-Verhältnisse bilden sich in höheren Schichten Herde, in denen Gesteine zu Magma (griech. = Teig) verflüssigt werden.
Magma, das als Lava an die Oberfläche gelangt, steigt also nicht, wie man

sich das früher vorgestellt hat, aus einer Erdschicht empor, wo die Gesteine immer flüssig sind. Es stammt aus Bereichen, in denen sie sich normalerweise in festem Zustand befinden und nur durch Störungen zu Magmaherden aufschmelzen. Was mit den Magmaherden dann geschieht, hängt von ihrer chemischen Zusammensetzung, der chemischen Zusammensetzung ihrer Umgebung und den physikalischen Bedingungen ab, die dort herrschen. Wir müssen uns wenigstens einen schematischen Überblick über diese Dinge verschaffen.

Das häufigste Element der Erdkruste ist Sauerstoff. Vielleicht sollte man die Erde deshalb besser einen Sauerstoff- als einen Wasserplaneten nennen. Bis in eine Tiefe von etwa 35 Kilometern – diesen Bereich nennt man die Lithosphäre (griech. = Gesteinshülle) – besteht die Erde zu 46,6 Gewichtsprozent aus Sauerstoff. Wenn man von der Atomzahl ausgeht, stellt Sauerstoff 60,5 Prozent aller Atome der Lithosphäre. Legt man das Atomvolumen zugrunde, so beträgt der Anteil des Sauerstoffs sogar 94,22 Prozent.

Sauerstoff ist eins der aggressivsten chemischen Elemente. Deshalb kommen die übrigen chemischen Elemente in der Erdkruste überwiegend als Sauerstoffverbindungen (Oxyde) vor. Die zwölf wichtigsten Elemente der Lithosphäre sind in der Reihenfolge ihrer Häufigkeit: Sauerstoff (O), Silicium (Si), Aluminium (Al), Eisen (Fe), Calcium (Ca), Natrium (Na), Kalium (K), Magnesium (Mg), Titan (Ti), Wasserstoff (H), Phosphor (P) und Mangan (Mn). Sie haben zusammen einen Anteil von 99,38 Gewichtsprozent an der Lithosphäre, während alle übrigen chemischen Elemente an ihrem Aufbau nur mit 0,62 Gewichtsprozent beteiligt sind.

Anteil der Elemente an der Lithosphäre

Element	Gewichtsprozent
O	46,60
Si	27,72
Al	8,13
Fe	5,00
Ca	3,62
Na	2,82
K	2,60
Mg	2,10
Ti	0,44
H	0,13
P	0,12
Mn	0,10
Übrige	0,62

Anteil der Oxyde an der Lithosphäre

Chemischer Name	Mineralnamen	Chemische Formel	Gewichtsprozent
Siliciumdioxyd	Kieselsäure, Quarz, Opal	SiO_2	59,07
Aluminiumoxyd	Tonerde, Bauxit, Korund, Saphir, Rubin	Al_2O_3	15,22
Calciumoxyd		CaO	5,10
Eisen-II-Oxyd (Ferrooxyd)		FeO	3,71
Natriumoxyd		Na_2O	3,71
Magnesiumoxyd		MgO	3,45
Kaliumoxyd		K_2O	3,11
Eisen-III-Oxyd (Ferrioxyd)	Geothit, Nadeleisenerz, Eisenoolith, Eisenglanz, Roteisenstein, Blutstein	Fe_2O_3	3,10
Wasser	Molekular-, Kristallwasser	H_2O	1,30
Titandioxyd	Anatas	TiO_2	1,03
Kohlendioxyd		CO_2	0,35
Phosphorpentoxyd		P_2O_5	0,30
Manganoxyde	Braunstein Hausmannit Braunit	MnO_2 Mn_3O_4 Mn_2O_3	0,11

Die Verbindungen der drei häufigsten Elemente Sauerstoff, Silicium, Aluminium und des etwas weniger häufigen Elements Magnesium haben an den Mineralien der Erdkruste zusammen einen Gewichtsanteil von 84,1 Prozent. Diese Stoffe bauen miteinander und in Verbindungen mit den übrigen chemischen Elementen, die gemeinsam einen Gewichtsanteil von 15,9 Prozent an der Erdkruste haben, manchmal einfache, meist aber sehr komplizierte Mineralien auf, deren verschieden zusammengesetzte Gemenge die Gesteine sind.

Silicium ist das zweithäufigste Element der Erdkruste. Deshalb haben seine

Verbindungen mit Sauerstoff, die Silikate, in den Mineralien eine deutliche Vorherrschaft. (95 Prozent aller Mineralien sind Silikate.)

Zwei Gruppen von Mineralien treten besonders hervor: die Aluminiumsilikate und die Magnesiumsilikate. Aluminiumsilikate (z. B. Feldspate, Tone) haben einen niedrigeren Schmelzpunkt und ein geringeres spezifisches Gewicht als Magnesiumsilikate. Aluminiumsilikate finden sich infolgedessen hauptsächlich im oberen Teil der Erdkruste, den man mit den chemischen Symbolen abgekürzt Sial nennt, während die Magnesiumsilikate (z. B. Olivin, Serpentin) überwiegend im unteren Teil der Kruste, dem Sima, vorkommen. Die Grenze zwischen dem leichteren Sial (spezifisches Gewicht 2,7) und dem schwereren Sima (spezifisches Gewicht 3,0) verläuft nicht überall gleich tief. Im Durchschnitt liegt sie bei etwa 16 Kilometern. Die Erdkruste insgesamt (gleichzusetzen mit der Lithosphäre) reicht bis rund 35 Kilometer hinab. Ihr unterer Teil und wahrscheinlich auch die nächst tiefere Zone bestehen aus Sima. Nur müßte sich unterhalb der Kruste die physikalische Beschaffenheit des Simas ändern. In der Erdkruste ist es fest, in der Zone darunter bei höherem Druck und höherer Temperatur wahrscheinlich zähplastisch.

Magma kann sowohl in der Sima- als auch in der Sialzone entstehen. (Manche Geologen vertreten heute die Ansicht, es gebe Magmaherde bis in Tiefen von 700 Kilometern.) Als Mischschmelze hat es keinen bestimmten Schmelz- und keinen bestimmten Erstarrungspunkt. Seine einzelnen Bestandteile schmelzen innerhalb eines gewissen Temperaturbereichs nacheinander und erstarren auch wieder nacheinander. Man kann auch sagen, sie lösen sich nacheinander in der Schmelze und kristallisieren nacheinander aus ihr aus. Dabei verschieben die in der Schmelze gelösten Mineralien gegenseitig ihre Erstarrungspunkte, ähnlich wie in Wasser gelöstes Salz den Gefrierpunkt des Wassers herabsetzt.

So hat Quarz (Kieselsäure) allein einen sehr hohen Schmelzpunkt. Die Anwesenheit anderer Mineralien drückt ihn so tief hinab, daß Quarz fast immer zuletzt auskristallisiert. Unter gegebenen Bedingungen scheiden mit hoher Gesetzlichkeit aus der Schmelze dieselben Mineralien bzw. Mineralienverbände aus. Deshalb ist es möglich, aus dem Auftreten bestimmter Mineralienverbände auf die Verhältnisse zu schließen, unter denen sie entstanden sind.

Wir können aber diese überaus komplizierten Dinge hier nicht im einzelnen verfolgen. Wichtig ist in unserem Zusammenhang: Wenn eine Schmelze abkühlt, kristallisieren zuerst die Bestandteile mit hohen Schmelzpunkten, dann nach und nach die Bestandteile mit mittleren Schmelzpunkten und zuletzt die mit niedrigen Schmelzpunkten. Die kristallisierten Stoffe sinken nach unten. In der Restschmelze reichern sich Mineralverbände mit niedrigem Schmelzpunkt an, insbesondere Silikate, die in Mineralienverbänden die tiefsten Schmelzpunkte haben. Man nennt diesen Prozeß, bei dem in einem abkühlenden Magma die kieselsäurearmen Mineralien mit hohem Schmelzpunkt bevorzugt ausgeschieden werden und sich in der Restschmelze bevorzugt die leichter schmelzenden kieselsäurereichen Mineralien ansammeln, die Differenziation des Magmas.

Bei der Differenziation können sich Teilschmelzen von verschiedenem spezifischem Gewicht bilden. Sie strömen in Richtungen, in denen das umgebende Gestein ihnen den geringsten Widerstand entgegensetzt, dringen dabei in Spalten und Klüfte und verleiben sich Gesteine ihrer Umgebung ein, die sie aufschmelzen.

Von besonderer Wichtigkeit für den Weg, den ein Magma durch die Erdkruste nehmen kann, ist sein Wassergehalt. Versuche im Hochdrucklabor haben gezeigt, daß wasserfreie und sehr wasserarme Magmen bei sinkendem Druck dünnflüssiger, Magmen jedoch, die einige Prozent Wasser enthalten, bei sinkendem Druck zähflüssiger werden. Wasserarme Magmen bewältigen deshalb in der Erdkruste größere Wege als wasserreiche Magmen.

Heißes wasserarmes Magma hat in früheren Erdzeitaltern die Erdkruste offenbar leichter durchdrungen und ist in riesigen Flächenergüssen ausgetreten. Da derartige Flächenergüsse seit langem nicht mehr vorkommen, muß man schließen, daß die Erdkruste inzwischen fester geworden ist.

Heute tritt Magma nur noch aus Erdspalten und Vulkanschloten aus. Wenn aus einer Erdspalte wasserarmes Magma an die Atmosphäre gelangt, wird es durch Druckentlastung dünnflüssig und verbreitet sich über große Flächen. Z. B. bedeckt ein Spaltenerguß im Hochland von Dekkan (Indien) ein Gebiet von 650 000 km^2. Um einen Schlot baut wasserarmes Magma einen Vulkantyp auf, der wegen seiner geringen Hangneigung und seiner im Verhältnis zur Grundfläche nur mäßigen Höhe Schildvulkan genannt wird. Ein Beispiel ist der Mauna Loa (Hawaii). Er hat einen Basisdurchmesser von 400 Kilometern und ragt 10 000 Meter in die Höhe (vom Meeresboden aus gerechnet). In Deutschland ist der Vogelsberg (Abb. 21) ein vor Jahrmillionen erloschener Schildvulkan. Sein Massiv bildet das größte Basaltvorkommen Mitteleuropas. Basalt ist eine kieselsäurearme Lava. Der Magmaherd, dem er entstammt, muß also in der Simazone gelegen und eine wasserarme Schmelze enthalten haben. Sie ist so rasch aufgestiegen, daß sie unterwegs ihre chemische Zusammensetzung durch Differenziation und durch Aufschmelzen anderer Gesteine (Anatexis) nur wenig geändert hat.

Wenn simatisches Magma nicht diesen direkten Weg findet und sich in einem höher gelegenen Zwischenherd sammelt, kühlt es dort ab und differenziert entsprechend den Temperatur- und Druckverhältnissen aus. Die Restschmelze ist reicher an Kieselsäure und dünnflüssiger. Sie wird deshalb weiter emporsteigen und vielfach auch anderes Gestein mit niedrigem Schmelzpunkt in sich aufnehmen. Das Endprodukt kann ein sehr dünnflüssiges Magma sein, in welchem sich neben der Kieselsäure auch Gase (z. B. Kohlendioxyd aus aufgeschmolzenen Kalksteinen) angereichert haben.

Wo die oberen Schichten dem Gasdruck dieses Magmas nicht mehr standhalten, kommt es zu einem explosionsartigen Ausbruch. Die Lava wird in feinen Tropfen und Fladen in der Luft zerstäubt. Dabei können große Mengen als Vulkanasche in höhere Luftschichten gelangen und weggeführt werden. Ein anderer Teil sinkt rund um den Schlot nieder. Auch in den Schlot selbst fällt Vulkanasche und bildet dort einen Pfropf. Im Laufe der Zeit verfestigt sich die Vulkanasche zu Tuff. Bleibt es bei der einmaligen Explosion, so ist ein rundes, flaches Maar entstanden, wie wir es aus der Schwäbischen Alb und aus der Eifel erkennen. Das größte Eifelmaar bei Maria Laach (Abb. 23) ist zugleich auch der jüngste Vulkan Mitteleuropas. Sein Ausbruch war ungefähr um 9000 v. Chr.

Hat ein Magmaherd, in welchem sich stark gashaltiges Magma sammelt, im Laufe der Zeit eine Vielzahl von Ausbrüchen, so bauen die vulkanischen Aschen, die auch größere Lavabrocken enthalten können, nach und nach den steilen Kegel eines Schichtvulkans auf. Zu diesem Typ gehören in Europa der Vesuv (Abb. 19) und der Stromboli (Abb. 20). Der Ätna auf Sizilien (Abb. 18), ebenfalls ein Schichtvulkan, fördert weniger Aschen. Ihm entströmt mehr eine zähflüssige Lava, die auf einen hohen Wassergehalt des Magmas schließen läßt.

Charakteristisch für Vulkane vom Typ des Vesuv und des Stromboli ist, daß sie in regelmäßigen oder unregelmäßigen Abständen Gasausbrüche haben, bei denen neben Lava auch Gestein und Wasser aus den oberen Schichten herausgeschleudert wird. Wenn der Pfropf im Schlot sehr fest sitzt, kann die Explosion ungeheure Ausmaße annehmen. So ist um 1500 v. Chr. der größte Vulkan des Mittelmeers, der Santorin, bis auf Reste, zu denen die griechische Insel Thera gehört, in die Luft gesprengt worden. Im Jahre 79 n. Chr. explodierte der Vesuv. Seine Caldera (span. = Kessel), d. h. der Kraterkessel am Gipfel, wurde weggesprengt, die Städte Herculanum und Pompei unter Schlamm- und Aschemassen begraben.

Bei manchen Vulkanen reicht der Gasdruck nicht mehr aus, die Tuffe hinauszubefördern, so daß der Pfropf als Quellkuppe im Schlot steckenbleibt. In der Regel deutet das auf ein Ende der vulkanischen Tätigkeit hin. In anderen Fällen drückt das Gas den Pfropf aus dem Schlot als Staukuppe nach oben. Manchmal tritt dabei explosionsartig Gas aus. So wurde am 8. Mai 1902 ein Teil der Staukuppe des Vulkans Pelée auf der Insel Martinique weggesprengt. Der Öffnung entströmte mit einer Geschwindigkeit von

QUELLKUPPE DES DRACHENFELS,
STAUKUPPEN DER WOLKENBURG UND DES PELÉE

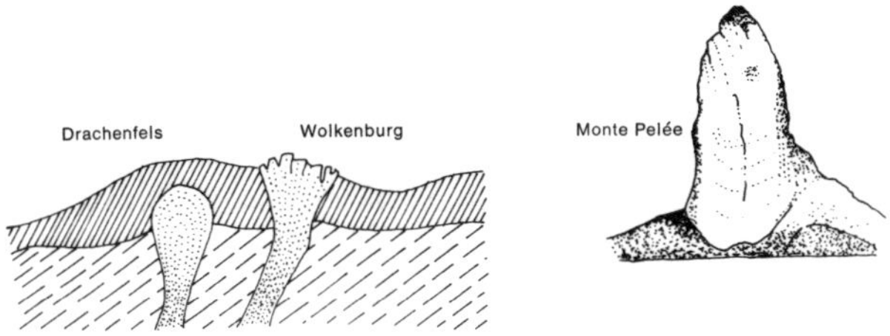

150 Metern in der Sekunde eine 800 Grad heiße Gaswolke. Sie tötete alle 26 000 Einwohner der Stadt St-Pierre bis auf einen Gefängnisinsassen, der von den dicken Mauern geschützt überlebte.
In Deutschland sind außer am Drachenfels und der Wolkenburg Quell- und Staukuppen vor allem an den Vulkanbergen des Hegaus zu beobachten.
Fassen wir kurz zusammen. Magma, das in der Simazone aufschmilzt, ist silikatarm. Wenn es einen direkten Weg zur Oberfläche findet und aus Spalten und Schloten ausströmt, wird Basalt gefördert, eine dunkle silikatarme Lava. Ist dem Magma dieser direkte Weg versperrt, dann differenzieren in Gängen und Zwischenherden die silikatarmen, schwerschmelzenden Bestandteile aus. Die Restschmelze ist silikatreich. Wenn sie an der Oberfläche austritt, entsteht Quarzporphyr, eine helle silikatreiche Lava.
Die Simazone ist weitgehend wasserfrei. Dagegen gibt es in den tieferen Schichten der Sialzone Wasser als Dampf, in ihren höheren Schichten auch in die Kristalle eingelagert als Kristallwasser. Nur in den obersten kühlen Schichten der Kruste kommt Wasser in den Poren der Gesteine als Porenwasser vor, ferner als Sickerwasser, das unterirdische Ströme bilden und sich in unterirdischen Seen sammeln kann. Ein Magma, das in der Sialzone aufschmilzt, ist also meist mehr oder weniger stark wasserhaltig. Es hat, da es bei Druckentlastung zähflüssiger wird, ein anderes Schicksal als wasserfreie oder wasserarme Magmen. Wasserhaltiges Magma kann nur kurze Strekken aufsteigen und kaum jemals einen Weg aus der Tiefe an die Oberfläche finden. Es bleibt stecken, sobald es so zähflüssig geworden ist, daß es den Widerstand der Gesteine nicht mehr zu überwinden vermag. Bei Vulkanen, die zähflüssiges, wasserhaltiges Magma fördern, ist deshalb immer mit einer geringen Herdtiefe zu rechnen.
Zähflüssige Magmen, die in der Kruste steckenbleiben, erstarren in Plutonen (benannt nach Pluto, dem griechischen Gott der Unterwelt). Plutone haben oft riesige Ausmaße. Sie können an die Oberfläche gelangen, wenn erdinnere Kräfte den betreffenden Krustenteil heben und das darüber liegende Material (meist fünf bis zehn Kilometer) verwittert und abgetragen wird. Einer der kleinsten Plutone ist der Brocken im Harz. Er hat eine sichtbare Oberfläche von 135 km^2. Den größten heute bekannten Pluton bildet der afrikanische Zentralgranit. Er umfaßt eine Fläche von rund 250 000 km^2.
Plutone haben unterschiedliche Gestalten, je nachdem ob sie zentral um eine aufsteigende Magmaquelle erstarrt, in leicht aufschmelzbare Regionen gedrungen oder in Gänge geströmt sind. Am größten sind die Batholithe (griech. bathos = Tiefe, lithos = Stein). Ihre Gestalt erinnert an eine umgestülpte Schüssel, deren Ränder oft so tief hinabreichen, daß man ihr Ende nicht ausmachen kann. Erheblich kleinere Plutone sind die Lakkolithe (griech. lakkos = Grube). Sie haben Pilz- oder Baumform. Ihre senkrecht nach oben wachsenden Stöcke können einen Durchmesser von einem Kilometer erreichen.

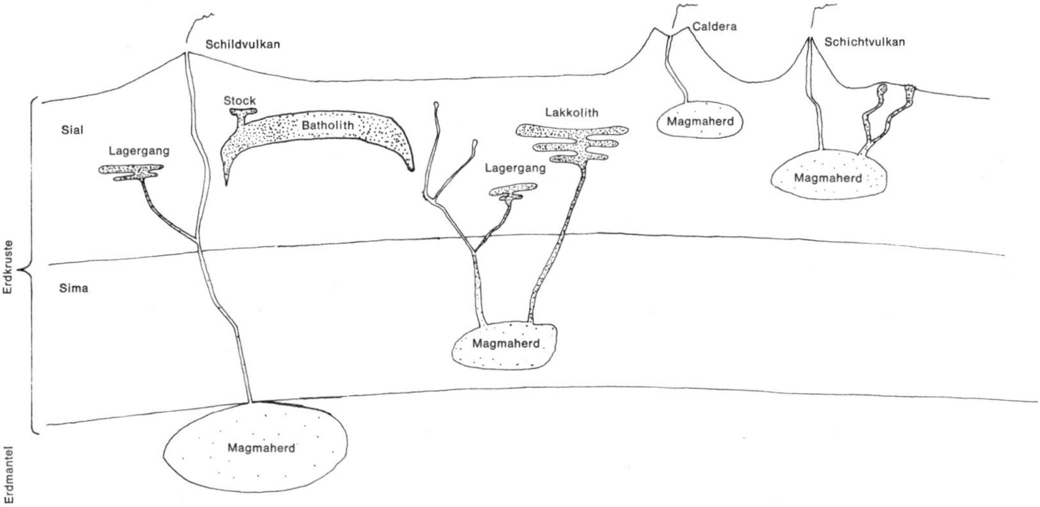

Magmen aus der Simazone erstarren in Plutonen zu dunklen Gesteinen, die man wegen ihres geringen Gehalts an Kieselsäure als basisch bezeichnet. Plutone, die von Magmen aus der Sialzone gespeist wurden oder in denen die Restschmelze einer Differenziation erstarrt ist, bestehen aus hellen Gesteinen. Wegen ihres hohen Gehalts an Kieselsäure nennt man sie saure Gesteine. Im Gegensatz zu Lava, die an die kalte Erdoberfläche austritt, kühlen Plutone in der Erdkruste sehr langsam ab. Größere Plutone brauchen vermutlich bis zu einer Million Jahre, um die Temperatur ihrer Umgebung anzunehmen.

Bei dieser langsamen Abkühlung haben die Kristalle der Bestandteile mit hohem Schmelzpunkt, die zuerst erstarren, genügend Zeit, beträchtliche Größen zu erreichen. Für die Bestandteile mit niedrigeren Schmelzpunkten, die später erstarren, bleiben nur noch die Zwischenräume, in denen sie kleinere, meist unvollständige Kristalle bilden. Wenn das gleiche Magma als Lava an die Erdoberfläche gelangt, kühlt es schneller aus und bildet feine Kristalle. Wird es schockartig abgekühlt, bleibt keine Zeit für die Kristallisation. Die Schmelze erstarrt zu Glas. Vielfach sind in solchen Vulkangläsern Kristalle eingelagert, die schon vorher in der Schmelze entstanden waren.

Magmatische Gesteine gleicher chemischer Zusammensetzung haben demnach eine unterschiedliche Struktur, je nach den Bedingungen, unter denen sie erstarrt sind. So bildet sich aus basischem, silikatarmem Magma, das in der Tiefe langsam abkühlt, Gabbro, ein sehr dunkles grobkristallines Gestein. Wenn das gleiche Magma als Lava schnell abkühlt, entsteht Basalt. Silikatreiches saures Magma erstarrt in Plutonen zu hellem Granit, der eine um so gröbere Kristallstruktur hat, je langsamer der Pluton auskühlt. Als Lava bildet dasselbe Magma den mikrokristallinen Quarzporphyr. Neben den Gesteinen, die in Plutonen langsam erstarren und deshalb Plutonite oder Tiefengesteine genannt werden, und den Laven, die auch Vulkanite (Eruptiv- oder Erdgußsteine) heißen, gibt es die Ganggesteine. Ganggesteine bilden sich, wenn dünnflüssiges Magma in Risse und Spalten dringt. In der Regel sind die Risse und Spalten in Plutonen entstanden, die beim Abkühlen schrumpfen. Sie setzen sich oft im umliegenden Gestein fort, sind meist nur wenige Millimeter bis etwa zehn Kilometer dick und bis zu zehn Kilometer lang. (Der größte bekannte Gang in Rhodesien ist allerdings 450 km lang und hat einen Durchmesser von zwölf Kilometern.) Wegen der besonderen Verhältnisse in diesen Gängen können dort Riesenkristalle wachsen (z. B. Berylle von 18 Tonnen) und auch reine Metalle ausgeschieden werden. Die Ganggesteine selbst haben sehr vielfältige Erscheinungsformen. Meist stehen sie in der Mitte zwischen den Plutoniten und den Vulkaniten und zeigen eine feinere Struktur als Plutonite, aber keine so feine wie Vulkanite. Für alle diese Gruppen zusammen sind die Bezeichnungen Magmagesteine, Massengesteine und Magmatite gebräuchlich.

Die wichtigsten Magmatite

Plutonite	Ganggesteine	Vulkanite	Chemismus	Farbe
Peridotit	Gabbroporphyrit	Pikrit	ultrabasisch	schwärzlich
Gabbro		Basalt	basisch	dunkelgrau
Diorit	Dioritporphyr	Porphyrit Andesit	neutral	grau
Syenit	Syenitporphyr	Trachyt	neutral	hellgrau
Granit	Granitporphyr	Quarz-porphyr	sauer	hell

Porphyr (Purpur) war ursprünglich nur der französische Name eines rötlichen Magmagesteins an der Mittelmeerküste. Es enthält in einer feinkristallinen Grundmasse größere Kristalle als Einsprenglinge. Heute weist der Zusatz Porphyr nicht auf die Farbe, sondern auf das Vorhandensein von Einsprenglingen hin.

Die Magmatite haben einen Anteil von 95 Prozent an der 16 Kilometer dicken Sialzone der Erdkruste. Etwa 90 bis 95 Prozent aller Magmatite dieser Zone sind die sauren Granite mit einem Gehalt von 65 bis 82 Prozent Kieselsäure. Alle anderen Magmatite zusammen kommen nur auf 5 bis 10 Prozent: darunter die grauen neutralen Gesteine Diorit und Syenit

(52 bis 65 Prozent Kieselsäure) und die sehr dunklen Gesteine Gabbro und Peridotit (weniger als 52 Prozent Kieselsäure).
Dieser Aufbau der Sialzone bereitet den Geologen auch heute noch manches Kopfzerbrechen. Denn könnte Granit nur als Endprodukt der Differenziation entstehen, so dürfte sein Anteil eigentlich kaum mehr als fünf Prozent betragen. 95 Prozent der Sialzone müßten aus basischen und neutralen Gesteinen bestehen. Es ist aber, wie gesagt, genau umgekehrt. Die Wissenschaftler nehmen deshalb an, daß sich Granit noch auf andere Weise bilden kann, vor allem durch Aufschmelzen von Schichten, die einmal an der Erdoberfläche waren. Wie solche Schichten wieder ins Erdinnere zurückgelangen, schien zunächst völlig rätselhaft. Erst die Erkundung der Meeresböden brachte etwas Licht in die Angelegenheit: Sie werden in den Tiefseegräben unter die Kruste gedrückt.
Dieser Vorgang, auf den wir später noch zu sprechen kommen, wirkt der Tendenz entgegen, die Erdkruste durch Differenziation zu entmischen. Sie müßte sonst längst einen Aufbau aus gleichmäßig zusammengesetzten Schalen erreicht haben, in denen die leichteren Gesteine über den schwereren angeordnet sind.
Bevor wir uns mit den anderen Gesteinen der Erdkruste beschäftigen, ist noch eine Bemerkung zur Namengebung nötig. Wir haben bisher etwa von Granit oder Basalt gesprochen und dabei außer acht gelassen, daß es eine Vielzahl von Graniten und Basalten gibt, die in Zusammensetzung, Farbe und Struktur voneinander abweichen. Mit Granit und Basalt waren hier also Gesteinstypen gemeint. Das ist manchen Getränkebezeichnungen vergleichbar. Bei Weinen gibt es Rebsorten und Lagen. Kein Rotwein gleicht nach Rebsorte und Lage dem anderen. Alle Rotweine unterscheiden sich jedoch von Weißweinen. Und Weine insgesamt sind etwas anderes als Biere. Dennoch handelt es sich bei allen um alkoholische Getränke. Dem einzelnen Getränk wird nur gerecht, wer alle Daten angibt, die es charakterisieren. Das ist bei den Gesteinen nicht anders. Für viele Zwecke genügt es aber, nur von Kennzeichen zu sprechen, die ganze Gruppen von Gesteinen gemeinsam haben, um im Vergleich zu bleiben: von Spätlesen oder obergärigen Bieren.
Wir wollen jetzt einmal die Frage aussparen, wie Tiefengesteine im Einzelfall an die Oberfläche gelangen, und nur von der Beobachtung ausgehen, daß sich offensichtlich stets irgendwo sowohl Tiefen- als auch Ergußgesteine an der Atmosphäre befinden. Dort werden sie wie die anderen Gesteine ihrer Umgebung von der Verwitterung angegriffen und im Laufe der Zeit mehr oder weniger stark abgetragen.
Das abgetragene Material kann als Schutt an Ort und Stelle liegenbleiben oder auch forttransportiert werden. Als Ablagerungsräume kommen das Festland und das Meer in Frage. Transportmittel sind Schnee (Abb. 34), Gletschereis, Wasser und Wind. Wir wollen uns zunächst den Ablagerungsraum Festland anschauen und dabei im Gebirge beginnen.

Im Gletschereis sinken Gesteine nach unten. Außerdem fließt ein Gletscher durch sein eigenes Gewicht zu Tal (Abb. 33). Dabei bricht er an den Seiten und am Boden Gestein los. Alle diese Gesteinstrümmer sammeln sich an der Unterseite des Gletschers und bilden die Grundmoräne. Für die Grundmoräne ist charakteristisch, daß sie Gesteinstrümmer aller Größen und von unterschiedlichem Abschleifungsgrad enthält; manche sind noch kantig, andere schon kantengerundet, wieder andere auf drei Seiten gerundet und auf einer planiert, weil sie mit dieser Seite eine Zeitlang über den Fels geschrammt wurden. Auch für die Endmoräne, die jeder Gletscher vor sich herschiebt (Abb. 4), gilt, daß sie aus unsortiertem Material besteht.

Anders verhält es sich, wenn Schutt von einem Fluß verfrachtet wird. Ein Fluß tut dreierlei: Erstens schneidet er sich in den Untergrund ein, zweitens rollt seine Strömung alles Gestein, das sie in Bewegung setzen kann, im Flußbett flußabwärts, und drittens schüttet er sein Bett mit transportiertem Material auf. Genaugenommen rollt die Strömung das Gestein nicht nur, sie schiebt es zwischendurch auch; manchmal reicht ihre Kraft nicht aus, unrundes Gestein zu rollen, andermal hindert ein Stein den anderen am Rollen. Würden Flüsse das von ihnen transportierte Material nur rollen, so wäre Flußgeröll immer kugelrund. Weil sie das Material aber auch schieben, ist Flußgeröll stets mehr oder weniger flachrund, je nachdem, in welchem Verhältnis sich die beiden Tendenzen auf den einzelnen Stein ausgewirkt haben.

Wenn wir uns jetzt einmal vorstellen, daß an einem Fluß während einer längeren Strecke Gefälle, Wassermassen und Querschnitt des Flußtales gleichbleiben, dann wird unmittelbar deutlich: Dieser Fluß verfrachtet mit seiner gleichbleibenden Transportkraft das bewegliche Material in seinem Bett um so weiter, je kleiner es von Anfang an ist und, bei gröberem Ausgangsmaterial, je besser und je feiner es durch das Rollen und Schieben zertrümmert wird. Deshalb finden wir an einer bestimmten Stelle des Flusses immer nur Geröll oder Sand, bei dem die Größenunterschiede in engen Grenzen liegen, d. h. entweder nur grobes Geröll (Abb. 11) oder nur Kies oder nur Sand. Wenn dazwischen erheblich gröberes Material liegt, so bedeutet das: Entweder stammt es aus einer Zeit, zu der der Fluß eine größere Transportkraft hatte, oder es ist auf andere Weise an die Stelle gebracht worden.

Falls der Fluß lang genug ist und lange genug fließt, was bei den meisten Flüssen der Fall ist, wird er auch mit härtestem Gestein fertig, selbst wenn es ursprünglich für den Transport viel zu grob war. Die mechanische Wirkung des fließenden Wassers, die durch die mitgeführten Trümmerstoffe noch verstärkt wird, trägt das Gestein so lange ab, bis es sich rollen läßt. Da Quarz besonders hart und sehr wenig wasserlöslich ist, wird jeder Fluß, der aus dem Gebirge kommt, an seinen Ufern zunächst Geröll aus verschiedenen Stoffen, dann Kies und Sand aus Quarz ablagern und die am leichtesten zu zertrümmernden Materialien in die Bereiche des Unterlaufs schleppen, wo das Gefälle geringer wird. Etwas länger dauert es, bis auch der Quarz zu feinstem Sand zerrieben ist und an den Unterlauf gelangt. Am weitesten trägt ein Fluß organischen Schlamm und sogenannte Tontrübe, also feinst aufbereitete Aluminiumsilikate.

Wind kann, wenn man einmal von Wirbelstürmen absieht, normalerweise nur feines Material transportieren, hauptsächlich Sand und Staub. Wann und wo er es wieder ablagert, hängt von der Windrichtung, der Windgeschwindigkeit, von der Korngröße des transportierten Materials und von der Struktur des Bodens ab, über den der Wind weht. Feiner Staub bleibt länger in der Schwebe als Sand. Ähnlich wie beim strömenden Wasser, setzen auch beim Wind Hindernisse die Strömungsgeschwindigkeit herab, so daß sich an ihnen bevorzugt Material ablagert.

Neben diesen rein mechanischen Transportvorgängen müssen wir berücksichtigen, daß auch Lebewesen ursprünglich der Lithosphäre zugehöriges Material aufnehmen, umwandeln und transportieren, d. h. Stoffe der Lithosphäre in die Biosphäre (belebte Schicht) eingehen. Abgestorbene Teile der Biosphäre können sich auch auf dem Festland in erheblicher Dicke ablagern, z. B. als Schlamm am Grund von Seen oder als Torf in Mooren. In der Regel werden sie aber durch ein Transportsystem (Wind, Fluß) weiter weg verfrachtet.

Was mit dem abgelagerten Material geschieht, hängt von den Umweltbedingungen des Ablagerungsraumes ab, in welchen es gelangt. Wüstensand hat ein anderes Schicksal als Sand am Meeresufer, obwohl beide meist überwiegend aus Quarzkörnern bestehen.

Die Schwerkraft, die überall nahezu gleich ist, bewirkt ein »Setzen« der Ablagerungen. Außerdem ist auf der Erdoberfläche Wasser allgegenwärtig. Das gilt selbst für Wüstengebiete. Nur herrscht hier in den oberen Schichten ein Defizit im Wasserhaushalt. Regen oder Tau versickern und verdunsten so schnell, daß die oberen Schichten immer wieder rasch austrocknen. Auch bei einer so kurzzeitigen Durchfeuchtung löst das Wasser Gesteinsbestandteile und scheidet sie beim Verdunsten wieder aus. Diese Ausscheidungen kleben das gröbere Material nach und nach zusammen. So bilden sich Sandsteine. Ihr Klebstoff kann Kalk, Ton oder auch Silikat sein. Außer durch das Bindemittel unterscheiden sich solche Steine durch die Korngestalt und die Korngröße.

Sand ist, ob in der Wüste, in Flüssen oder im Meer, durch Zertrümmerung von silikathaltigem Gestein, hauptsächlich von Granit, entstanden. Wenn Trümmer zu neuen Gesteinen verkittet werden, spricht man von Trümmergesteinen. Außer Sandstein gehören die Brekzien (ital. = Bruchgestein), in denen kantiger, also nur wenig transportierter Schutt, und die Konglomerate (lat. = Zusammenballungen), in denen rundes Geröll verfestigt ist. Diese Bezeichnungen sagen also nichts über die chemische Beschaffenheit der Trümmergesteine aus. Sie ordnen sie nur nach der Form der verkitteten Trümmer.

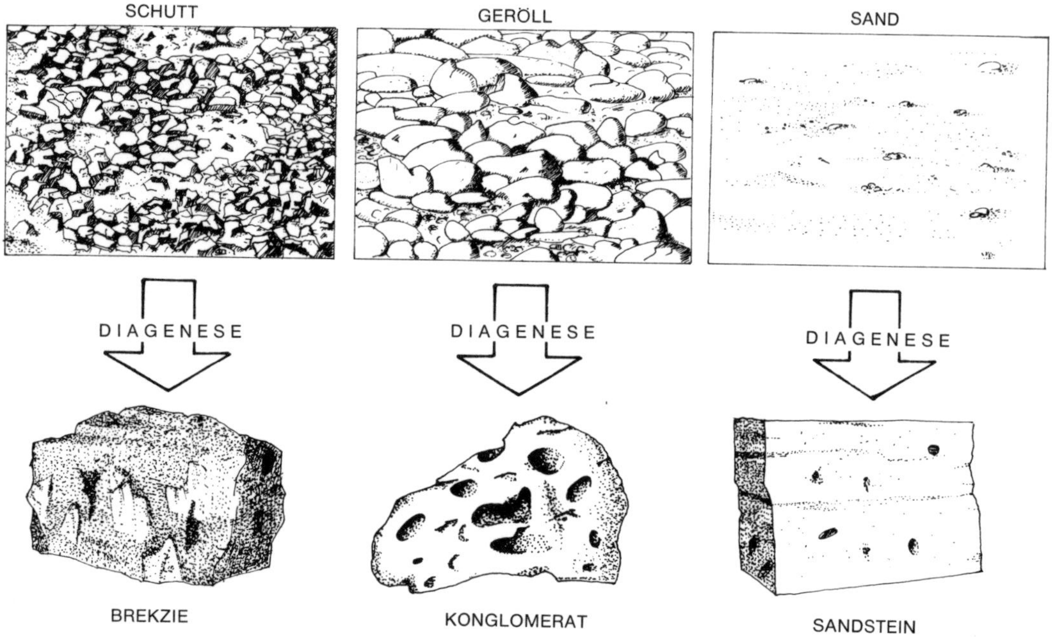

Setzen und Zusammenkitten sind Vorgänge, die nicht nur bei der Bildung von Trümmergesteinen eine Rolle spielen, sondern allgemein bei der Verfestigung von Sedimenten zu Sedimentgesteinen. Abb. 41 zeigt Tropfsteine, die an einer Kalksteinwand im Freien entstanden sind. Wie hier im Freien, so scheidet Wasser, das gelösten Kalk enthält, beim Verdunsten Kalk auch zwischen den Bestandteilen eines Sediments ab und kittet sie zusammen. Damit haben wir allerdings nur einen von vielen chemischen Prozessen erwähnt, durch die Sedimente zu neuem Gestein verfestigt werden. Alle diese Prozesse faßt man in der Geologie unter dem Begriff Diagenese (griech. = Nachentstehung; sinngemäß: Gesteinsbildung durch Verfestigung) zusammen. Außer Setzen und Auskristallisation von Bindemitteln spielen dabei auch so komplizierte Vorgänge wie Stoffaustausch zwischen abgelagertem und gelöstem Material oder Umkristallisation innerhalb des abgelagerten Materials eine Rolle.

Viele, insbesondere die feineren, Ablagerungen sind geschichtet. Auf dem Land trifft das hauptsächlich für Dünen und für Ablagerungen in Seen zu. In den meisten Fällen bleibt die Schichtstruktur der Ablagerung auch nach der Diagenese sichtbar. Die Ablagerungsvorgänge lassen sich dann rekonstruieren. Man kann aus der Art der Schichtung erkennen, ob es sich bei einem Sedimentgestein um ein Stück verfestigter Düne mit ihrer typischen Kreuzschichtung oder um ein Stück Boden aus einem See mit seiner typischen Parallelschichtung handelt.

Insgesamt ist der Ablagerungsraum Land nur eine Zwischenstation. Obwohl manche Sedimente dort lange Zeiten überdauern konnten, überwiegt hier letzten Endes die Abtragung. Wann etwas schließlich doch verwittert, ist nur eine Frage der Zeit.

Alle Verwitterungsprodukte des Landes wandern, über welche Zwischenstationen auch immer, eines Tages ins Meer. Das Meer, der zweite große Ablagerungsraum, den wir nun betrachten wollen, wurde früher oft als Endstation ohne Rückkehr angesehen. Das ist aber in dieser allgemeinen Form nicht richtig. Es gibt durchaus Wege, auf denen Meeresablagerungen wieder Festland werden können.

Im Meer sind die Ablagerungsverhältnisse etwas übersichtlicher als auf dem Land. Das Meer ist deutlich in Zonen gegliedert (siehe Skizze S. 75), während auf dem Land infolge der wechselnden Bodenstruktur und je nach den Klimaverhältnissen nahezu von Ort zu Ort unterschiedliche Ablagerungsbedingungen herrschen.

In der Litoral- oder Strandzone (Skizze S. 75, Zone III) herrschen gröbere Ablagerungen vor, die überwiegend vom Land stammen (Sedimente terrestischer Herkunft). Flüsse schleppen beträchtliche Mengen an Sand, Ton und anderen Stoffen ins Meer. Ein Teil dieser Sedimente, vor allem Sand, wird vor der Mündung zu einem Delta aufgehäuft (Abb. 30). So ist z. B. die Poebene entstanden. Der Po schiebt heute sein Delta jährlich um etwa 70 Meter weiter ins Meer hinaus. Den Rekord hält augenblicklich der Terek, ein Fluß, der im Kaukasus entspringt und ins Kaspische Meer mündet. Sein Delta wächst jährlich um 1,5 Kilometer.

Ob ein Fluß ein Delta bilden kann, hängt von der Höhe der Gezeiten und von den Meeresströmungen im Mündungsgebiet ab. Große Deltas sind nur bei ruhigem Meer möglich. Überschreiten Ebbe und Flut bestimmte Werte, so bildet sich statt des Deltas eine trichterförmige Mündung, ein Ästuar. Hier räumt das Meer die vom Fluß mitgeführten Stoffe aus, ehe sie sich ablagern können. Auch Meeresströmungen, die im Mündungsgebiet an der Küste vorbeistreichen, verhindern die Bildung eines Deltas und verteilen das vom Fluß ins Meer verfrachtete Material entlang der Küste. Z. B. lagert eine nach Norden gerichtete Strömung an der Amazonasmündung das vom Fluß ins Meer geschwemmte Material entlang der Ostküste Nordbrasiliens ab. Meeresströmungen entlang von Küsten tragen außerdem vorspringende Uferteile ab und transportieren deren Material in die Buchten. Sie wirken also begradigend auf die Küstenlinie.

Auch die Brandung wirkt letzten Endes begradigend. In eine flache Felsküste bricht sie zwar zunächst Öffnungen und Buchten und isoliert einzelne, härtere Felspartien (Abb. 26). Später läuft sie sich aber in den Buchten auf dem dort abgelagerten Flachstrand tot und bearbeitet nur noch die stehengebliebenen Felspartien und Landzungen weiter (Abb. 27). Unter dem Einfluß der Gezeiten kann die Brandung in eine flache Küste eine Stufe fräsen und den überspülten Strand weiter verflachen (Abb. 28). Aus Steilküsten wäscht sie Gestein heraus. Die unterhöhlten Felspartien stürzen ab, ihr Material wird von der Brandung zermahlen und von Meeresströ-

mungen in Buchten getragen (Abb. 24). Auch hier bleiben härtere Felspartien gelegentlich vor der zurückweichenden Küstenlinie stehen (Abb. 25), bis sie eines Tages abgetragen sind.
Die aushöhlende Wirkung der Brandungswellen hält an, solange sie gegen die Steilküste schlagen. Das Meer verlegt die Küstenlinie immer weiter zurück und baut vor der Steilküste nach und nach einen Flachstrand auf. Wenn der Flachstrand durch das nachbrechende Felsmaterial der Steilküste breit genug geworden ist, läuft sich die Brandung auf ihm tot und erreicht die Böschung nicht mehr. Solange die Felsen über dem Meeresspiegel liegen, werden sie weiter von der Verwitterung zerstört und durch Regenwasser ins Meer gespült. Der Abtragungsprozeß vermindert sich erst deutlich, wenn das Festland unter dem Meeresspiegel verschwunden ist. Dann üben noch eine Zeitlang der Widerstand, den der neue Meeresboden den Wellen bietet, und schließlich in größerer Tiefe allein die lösende Kraft des Wassers abtragende Wirkungen aus.
Hinter der Zone des Strandes, in der sich die Brandung normalerweise totläuft, siedeln sich Pflanzen an und befestigen den Strand. Er wird dadurch widerstandsfähiger gegen Wind, höhere Brandungswogen bei Sturm und gegen die abtragende Wirkung des Regenwassers (Abb. 28).
Neben der Brandung, den Gezeiten und dem Regen wirkt auch der Wind gestaltend auf die Küstenlinie ein. Er weht feineres Material zu Dünen zusammen. Die Dünen werden durch die verkittende Wirkung des Regenwassers oberflächlich befestigt. Solange die dünne Kruste an ihrer Oberfläche immer wieder aufbrechen kann, wandern Dünen vor dem Wind. Erst der Bewuchs mit Strandgras gibt ihnen stärkeren Halt. Bewachsene Dünen hören auf zu wandern. Ihr Sand verfestigt sich durch Diagenese nach und nach zu Sandstein (Abb. 29).
Jede Küste strebt unter dem Einfluß der Kräfte, die auf sie einwirken, einen Gleichgewichtszustand an, der auch längere Zeit Bestand haben kann, jedenfalls bis sich irgendeiner der beteiligten Faktoren merklich verändert. Dann beginnt das Spiel von neuem. So sieht man z. B. in Tunesien, wo sich in den letzten zwei Millionen Jahren das Land gehoben hat, oft mehrere Strandterrassen übereinander.
In der vom Wasser bedeckten Strandregion kommen zahlreiche Organismen vor: Algen, Muscheln, Schnecken, Fische, Krebse und eine Unzahl kleinerer Pflanzen und Tiere, die als Plankton im Wasser schweben. Viele von ihnen entwickeln Kalk- oder Kieselskelette. Die Ablagerungen der Litoralzone sind deshalb stets mehr oder weniger stark durchsetzt mit den Überresten gestorbener Lebewesen, mit Verwesungsprodukten und ganzen oder zertrümmerten Schalen und Skeletten. Soweit die Wellen auf den Meeresgrund einwirken, ihn immer wieder aufwühlen und umschichten, zertrümmern sie alle Ablagerungen. Am Grund kann sich nur verhältnismäßig grobes Material halten. Das feinere wird in die neritische Zone (nach der griechischen Nymphe Nerine, Skizze S. 75, Zone IV) geschwemmt. Dort

im Flachmeer sinkt es zusammen mit abgestorbenem Plankton zu Boden. Dazu kommen die Leichen größerer Meeresbewohner und ein Teil der Flußtrübe, die so fein ist, daß sie in der Mündungsregion nicht abgelagert werden konnte, aber nicht fein genug, um länger schweben zu bleiben. Insgesamt herrschen in der neritischen Zone Ablagerungen vor, die aus dem Flachmeer selbst stammen, also neritischer Herkunft sind. In der anschließenden pelagischen Zone (Skizze S. 75, Zone V; griech. pelagon = Hochsee) kommen als terrestrische Bestandteile der Ablagerungen nur auf den freien Ozean hinausgewehter Staub und allerfeinste, sehr stark tonhaltige Flußtrübe in Frage. Die neritischen Ablagerungen treten zurück zugunsten von Ablagerungen, die der Hochsee entstammen, also pelagischer Herkunft sind.

Das Meer sortiert demnach die Ablagerungsprodukte nach Feinheitsgrad und Herkunft. Wenn man die Sedimente nach ihrem Feinheitsgrad ordnet in der Reihe:

Geröll — Kies — Sand — Schluff — Ton,

so bedeutet das bei Meeresablagerungen zugleich eine Ordnung nach der Entfernung von der Küste. Geröll ist so grob, daß es überwiegend im Festlandsbereich der Küste und nur ausnahmsweise in der Litoralzone abgelagert wird. Kies findet man nur an schmalen Stränden vor Steilküsten, während die weit ins Meer reichenden Flachstrände aus Sand gebildet werden. Schluff (sehr feiner Sand vermischt mit Ton) ist eine typische Ablagerung des neritischen Bereichs. Sandfreie Tone werden in die pelagische Zone, d. h. in den freien Ozean, hinausgetragen. Umgekehrt setzt sich feiner Ton nur selten in Küstennähe ab, z. B. in Lagunen. Deshalb ist er an den Ablagerungen im Flachmeer mit einem geringen, an den Ablagerungen der Hochsee dagegen mit einem hohen Prozentsatz beteiligt.

Tiere, die Kalkschalen bilden, sowie Kalkalgen, Foraminiferen und Kalk abscheidende Bakterien leben überwiegend in der lichtdurchfluteten litoralen Zone und in den Oberschichten des neritischen Bereichs. In den kühleren Oberschichten des pelagischen Bereichs sind sie seltener. Deshalb ist auch der Kalkgehalt der Ablagerungen von der Küstenentfernung abhängig. Gesteine, die aus Kalk und Ton bestehen, werden als Mergel bezeichnet. Die Einteilung der Mergel nach ihrem Kalk- und Tongehalt in der folgenden Tabelle kann man sich auch räumlich als Band über den Ozeanboden gezogen denken. Es beginnt in der Litoralzone mit tonarmen Kalken und endet in den Becken der Hochsee mit kalkarmen Tonen.

Der Fläche nach am weitesten verbreitet ist der sogenannte Rote Tiefseeton, der nur in Tiefen unterhalb von 5 000 Metern vorkommt. Entsprechend unserer Tabelle ist er extrem kalkarm. Die rote Farbe beruht auf seinem Gehalt an Eisenoxyden. Roter Tiefseeton ist noch nie auf dem Festland gefunden worden. Daraus hat man lange Zeit geschlossen, jene Teile der

Einteilung der Mergel

Prozent Kalk

	95	85	75	65	35	25	15–5	
Kalkstein	Kalkmergel	mergeliger Kalk	Mergelkalk	Mergel	mergeliger Ton	Mergelton	Tonmergel	kalkarmer Ton
	5	15	25	35	65	75	85–95	

Prozent Ton

Kontinente, die als ehemaliger Meeresboden anzusehen sind, stammten sämtlich aus ursprünglich flacheren Meeresteilen, und Tiefseeböden könnten niemals zu Kontinenten aufsteigen. Es hat sich aber herausgestellt, daß der Schluß in dieser allgemeinen Form nicht zutrifft.

Alle Sedimentgesteine, mögen sie stellenweise auch Mächtigkeiten von mehreren tausend Metern erreichen, haben insgesamt nur einen Gewichtsanteil von einem Prozent an der oberen Erdkruste. Die Magmatite sind an ihr mit 95 Prozent beteiligt. In unserer Betrachtung fehlen also noch vier Prozent der Gesteine.

Die Natur und die Herkunft dieser restlichen vier Prozent hat den Geologen zunächst viele Rätsel aufgegeben. Es handelt sich um ähnlich kristalline Steine wie Magmatite; sie zeigen aber häufig entweder eine Schichtung wie Sedimentgesteine oder eine Schieferung (Aufbau aus dünnen Plättchen), manchmal auch beides. Ihre Mannigfaltigkeit läßt sich auf Unterschiede im Ausgangsmaterial und auf eine Umwandlung durch drei Faktoren zurückführen: allseitigen Druck, zusätzlichen Druck von der Seite und Temperaturen über 400 Grad. Bei der Umwandlung können durch chemische und physikalische Prozesse neue Mineralien entstehen, vorhandene umkristallisieren und verschiefern. Alle Gesteine, die solchen Einflüssen ausgesetzt waren, faßt man heute unter dem Begriff Umwandlungsgesteine oder Metamorphite zusammen. In den meisten Fällen handelt es sich um umgewandelte Sedimentgesteine. Es gibt aber auch Magmatite, die zu Metamorphiten geworden sind, und Metamorphite, die mehrere Umwandlungen durchgemacht haben.

Zunächst konnte die metamorphe Natur einiger dieser Gesteine durch ihre Lage bewiesen werden. Man fand sie nämlich in der unmittelbaren Umgebung von Vulkanschloten und größeren Magmaergüssen. Als Umwandlungsfaktor konnte hier nur Hitze in Frage kommen. Bei Kontaktgesteinen neben Ergüssen in tiefe Zonen der Kruste, die später durch Hebung und Abtragung an die Oberfläche gelangt waren, mußte als zweiter Faktor auch Druck nachweisbar sein. Tatsächlich haben Kontaktmetamorphite aus der

Tiefe eine etwas andere physikalische Beschaffenheit und vielfach auch einen etwas anderen Mineralbestand als Kontaktmetamorphite von der Oberfläche.
Inzwischen hat man im Hochdrucklabor eine Vielzahl von Gesteinsarten künstlichen Metamorphosen unterworfen und gezeigt, daß je nach dem Verhältnis von Druck und Temperatur aus demselben Ausgangsmaterial verschiedene Reihen von Metamorphiten entstehen. Die Umwandlung bei niedriger Temperatur und hohem Druck führt zu anderen Ergebnissen als die Umwandlung bei hoher Temperatur und niedrigem Druck oder bei hohem Druck und hoher Temperatur. Man konnte auch beweisen: Gneise, die am häufigsten vorkommenden Metamorphite, mit ihrer typischen Schieferung, waren zusätzlich noch hohem Seitendruck ausgesetzt, dem sich das Gestein durch eine einheitliche Ausrichtung der schwer schmelzenden Gemengteile angepaßt hat.
Hohe Temperaturen und hohe Drucke herrschen in größeren Erdtiefen. Die Metamorphite sind also, soweit es sich nicht um Kontaktmetamorphite handelt, überwiegend an der Erdoberfläche entstandene Sedimentgesteine, die auf irgendeine Weise tief in die Erdkruste versenkt worden waren. Und dies muß mit dem Vorgang der Gebirgsbildung zusammenhängen, denn metamorphe Gesteine bauen weite Gebiete der Faltengebirge auf. Man konnte sich jedoch lange Zeit keine auch nur halbwegs zutreffende Vorstellung von den Mechanismen machen, die Teile der Kruste so tief in die Erde transportieren, daß die Gesteine der Metamorphose unterliegen, und sie anschließend wieder an die Erdoberfläche bringen. Auch dies hängt, wie wir später sehen werden, mit den Tiefseegräben zusammen.
In der klassischen Geologie hatte man anfangs nur statische Vorstellungen, wie sich Gesteine bilden. Die Neptunisten glaubten, alle Gesteine seien aus dem Urozean abgeschieden worden. Die Plutonisten dachten daneben auch an eine langsam abkühlende Erdkruste, an die aus dem heißen Magma von unten immer mehr Material ankristallisiert sei. Die moderne Geologie entwirft ein dynamisches Bild von den Prozessen, durch die Gesteine entstehen. Gesteine sind Ergebnisse von Bewegungen, ob Magma in die Kruste aufsteigt und Plutonite bildet, ob aus Lava Vulkanite erstarren, ob sich Sedimentgesteine ablagern und durch Diagenese verfestigen oder ob Sediment- und andere Gesteine in größere Erdtiefen gelangen, dort zu Metamorphiten umgewandelt und schließlich wieder an die Erdoberfläche gehoben werden.
In zunehmendem Maße greift auch der Mensch in die Bewegungen der Gesteine ein. Er fördert Millionen Tonnen Erze und Mineralien, baut Milliarden Kubikmeter Gestein ab, transportiert die Stoffe über große Entfernungen, wandelt sie teilweise in andere Stoffe um, ändert das Relief von Landschaften, verstärkt und vermindert Verwitterungsvorgänge und beeinflußt das Transportsystem der Flüsse. An vielen Stellen lagert er Milliarden Tonnen Müll ab. Wenn man berücksichtigt, in welch kurzen Zeiträumen

dies geschieht, scheint der Schluß unabweisbar, daß die Tätigkeit des Menschen längst geologische Größenordnungen erreicht hat.
Man kann die Vorgänge, die bei der Gesteinsbildung eine Rolle spielen, in einem Diagramm zusammenfassen, das unter dem Namen Kreislauf der Gesteine bekanntgeworden ist.

KREISLAUF DER GESTEINE

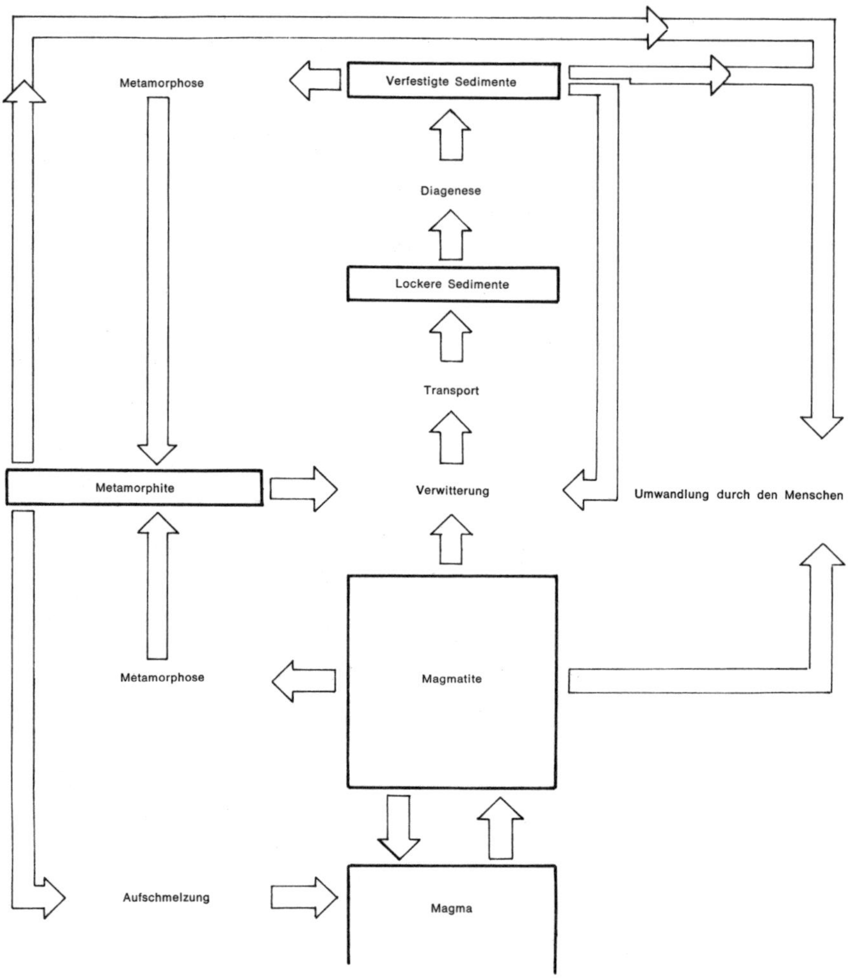

Die Vorgänge, die das Diagramm darstellt, spielen sich teilweise in der Erdkruste, teilweise auf ihrer Oberfläche ab. Teilweise handelt es sich auch, z. B. bei der Metamorphose, um Bewegungen von größeren Regionen der Erdkruste selbst.
Entsprechend der Raumorientierung des Menschen, die ihm die Bedeutung vertikaler Bewegungen verharmlost, ist man in der Geologie zunächst nur in der Vertikalen von der althergebrachten Vorstellung eines festen Erd-

bodens abgewichen und hat angenommen, daß sich – wie an vielen Stellen auf den Kontinenten ersichtlich – ehemaliger Meeresboden heben und Land versinken kann. Zunächst glaubte man aber nur, die aufsteigenden und absinkenden Krustenteile hätten immer dieselbe unveränderliche Lage zueinander eingenommen, eine Auffassung, die Fixismus genannt wird.
Obwohl erdgeschichtliche Dokumente für horizontale Verschiebungen von Krustenteilen ebenso sichtbar offenliegen wie Dokumente für vertikale Bewegungen, war der Mensch lange Zeit außerstande, sie als das zu deuten, was sie sind. Bewegungen in der Ebene des Horizonts erregen höchste Aufmerksamkeit, aber auch eine gewisse Abwehrstellung. Von da drohte früher Gefahr. Horizontale Bewegungen aus den geologischen Dokumenten herauszulesen hätte bedeutet, daß man sich auf etwas Gefährliches einläßt: die althergebrachte Vorstellung vom festen, sicheren Boden gänzlich aufzugeben. Deshalb wurde zunächst versucht, die Anzeichen horizontaler Bewegungen gleichsam in die Vertikale zu drehen und als Einengungen oder Dehnungen beim Auf- und Absteigen von Krustenteilen zu verharmlosen.
Durch Denkzwänge dieser Art wurde die Erkenntnis, daß wir auf einem in allen Richtungen beweglichen Gesteinsmeer leben, bis vor kurzem unmöglich gemacht. Selbst unter »nüchternen« und »vorurteilslosen« Wissenschaftlern konnte sie sich erst durchsetzen, als in jüngster Zeit von den Meeresböden Befunde zutage gefördert wurden, die einfach keine vertikale Umdeutung mehr zuließen. Dabei vermittelt eigentlich jeder physikalische Globus unmittelbar die Anschauung, daß die Girlanden der Gebirge und Inseln, die Bögen der Küsten und die geschwungenen Massen der Kontinente ein Schnappschuß sind, der das gegenwärtige Bewegungsmuster des Gesteinsmeeres zeigt.

3. PUZZLESPIELE MIT KRUSTENTEILEN

Als besonders markantes, aber nicht ganz glücklich gewähltes Beispiel für Hebungen und Senkungen der Erdkruste wird häufig die süditalienische Stadt Pozzuoli am Golf von Neapel angeführt. Die Spuren der Krustenbewegungen sind dort in der Tat sehr eindrucksvoll.
Auf dem antiken Forum (Marktplatz) befindet sich die Ruine eines Gebäudes, das man früher fälschlich für einen Tempel der ägyptischen Gottheit Serapis gehalten hat. Die drei großen Säulen der Ruine zeigen durch natürliche Eichmarken das Ausmaß der Hebungen und Senkungen von Pozzuoli seit der Antike an. Das Gebäude wurde im 3. Jahrhundert nach Christus erbaut. Damals lag das Forum etwa vier Meter über dem Meeresspiegel. Als man es nicht mehr benutzte, versank es langsam in einer Schicht aus Schutt und vulkanischer Asche, die man später bei seiner

Ausgrabung entfernt hat. Deshalb sind die unteren Teile der Säulen heute hell. Die mittleren Teile fallen durch eine dunkle Verfärbung auf. Sie erstreckt sich bis in die Höhe von sechs Metern. Die Säulen sind in dieser Zone von zahllosen Löchern übersät, die von Bohrmuscheln stammen. Das Bauwerk war also einmal bis zur oberen Grenze der dunklen Säulenabschnitte unter Wasser und die Erdkruste hier insgesamt um maximal zehn Meter gesunken. Das Ende dieser Bewegung wurde im 10. Jahrhundert erreicht. Daraus können wir eine durchschnittliche Senkungsrate von knapp 1,5 cm pro Jahr errechnen.
Zwischen dem 10. und dem 16. Jahrhundert stieg der Säulenbau wieder aus dem Wasser empor, um danach erneut mit Raten von bis zu 2,5 cm pro Jahr zu versinken. Seit dem Frühjahr 1970 hat sich die Bewegungsrichtung ein weiteres Mal umgekehrt. Pozzuoli steigt wieder empor. Stellenweise gab es Hebungen von 6,7 cm pro Monat! Die Hebungsbeträge schwankten aber fast von Haus zu Haus und erreichten an anderen Stellen zur gleichen Zeit (April 70) nur 0,7 cm pro Monat. Demnach ist hier wohl nie ein größeres Stück Erdkruste gleichmäßig abgesunken und aufgestiegen, sondern der Boden wurde mindestens zuletzt nur blasenförmig aufgewölbt.
Die Geologen führen das auf die Auswirkungen eines Magmaherdes zurück. Er liegt in etwa drei Kilometer Tiefe unter den Phlegräischen Feldern, die Pozzuoli umgeben. (Der Name stammt aus dem Griechischen und bedeutet Brennende Felder.) Es handelt sich um ein altes Vulkangebiet, wo noch heute schwefelhaltige Dämpfe und Thermalquellen der Erde entströmen. Den letzten Vulkanausbruch gab es dort im Jahre 1538. Damals wurde unmittelbar vor Pozzuoli ein 140 Meter hoher Berg aus Asche und Schlacke aufgeschüttet, der Monte Nuovo.
Das Beispiel ist auch insofern irreführend, als weiträumige Hebungen und Senkungen von Krustenteilen niemals vulkanische Ursachen haben. Außerdem ändern sie ihre Bewegungsrichtung nicht in wenigen Jahrhunderten,

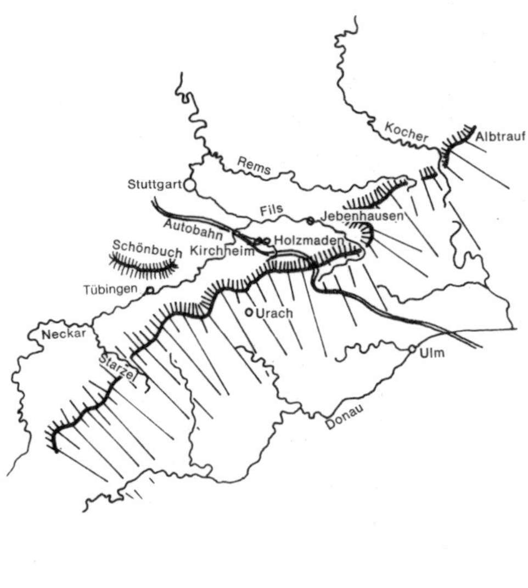

sondern behalten sie über lange Zeiträume von mehreren tausend bis mehreren zig Millionen Jahren bei. Nahezu jeder Teil der heutigen Festländer könnte als Beispiel für Hebungen und Senkungen dieser Art dienen. Besonders eindrucksvoll und vor allem auch sehr leicht zugänglich sind die geologischen Dokumente dafür an dem von Südwest nach Nordost verlaufenden Steilabbruch der Schwäbischen Alb (siehe Skizze S. 98).

Die Schwäbische Alb gehört zum geologischen System des Jura, mit dessen oberen Schichten wir uns bereits im Altmühltal beschäftigt haben. Der Begriff Jura wurde im Jahre 1795 durch Alexander v. Humboldt auf alle hellen Kalke Europas ausgedehnt, die zur gleichen Zeit entstanden sind wie das den Alpen vorgelagerte Schweizer Juragebirge. Heute bezeichnet man mit Jura sämtliche Erdschichten, die das gleiche Alter haben wie die Schichten des europäischen Jura. Jura ist also in erster Linie ein geologischer Zeitbegriff (siehe auch Tabelle S. 70). Später fand das Wort Eingang in die Alltagssprache und wird häufig gleichbedeutend mit dem Wort Alb als Landschaftsbezeichnung gebraucht.

Beim Bau der Autobahn Stuttgart—Ulm, die in der Nähe von Kirchheim unter Teck über den Albabbruch auf die Albhochfläche führt, wurden sämtliche Schichten der Juraformation aufgeschlossen. Der geologisch Interessierte sollte sich die Mühe machen, bei der Ausfahrt Aichelberg dem weißen Wegweiser »Urweltfunde« nachzufahren. Er führt ihn zum Museum Hauff in Holzmaden, das einen einzigartigen Einblick in die Tierwelt gewährt, die am Anfang der Jurazeit hier gelebt hat. Außerdem ist dort auf einer Schautafel die geologische Gliederung des Jura (siehe Tabelle S. 100, Spalte Württemberg) mit Gesteinsproben versehen, die beim Autobahnbau gewonnen wurden. Diese Demonstration erleichtert es dem Besucher ungemein, die Gesteine später im Gelände zu erkennen und die Geschichte der Alblandschaft aus eigener Anschauung zu verstehen.

Leopold v. Buch hat 1837 die Juraformation (oder wie man heute vielfach sagt: das Jurasystem) in drei Abteilungen gegliedert: den Unteren oder Schwarzen, den Mittleren oder Braunen und den Oberen oder Weißen Jura. Der Tübinger Geologe Friedrich August Quenstedt (1809—1888) unterteilte anhand von Leitfossilien (hauptsächlich Ammoniten) jede dieser drei Abteilungen weiter in je sechs Stufen, die er mit den griechischen Buchstaben α bis ζ (Alpha bis Zeta) bezeichnete, wobei er α immer der untersten, ζ der obersten Stufe zuordnete. Stratigraphisch ist eine noch feinere Aufgliederung möglich. So kann man innerhalb von Stufen Unterstufen und innerhalb von Unterstufen Horizonte unterscheiden. Das Gliederungsschema: Formation (System), Abteilung, Stufe, Unterstufe, Horizont, das wir uns hier anhand des Jura veranschaulichen (s. folgende Tabelle), ist in gleicher Weise bei den anderen geologischen Formationen gebräuchlich.

Der Jura wurde im vorigen Jahrhundert etwa gleichzeitig in Deutschland, England und Frankreich erforscht. Deshalb gibt es für seine Abteilungen

Gliederung des Jurasystems

System	Abteilungen	Stufen: deutsch, engl., franz.	Stufen: Quenstedt	Schichten: Württemberg	Schichten: Nordwestdeutschland
			ζ	150 m Bankkalke 30 m Zementmergel	50 m Eimbeckhäuser Plattenkalk
		Oberer Portland	ε	150 m Ulmensis- u. Solnhofener Plattenkalk	40 m Gigasschichten
			δ	40 m Quaderkalk	100 m Kimmeridgekalk und -mergel
		Mittlerer Kimmeridge	γ	40 m Polyplocuskalk	
			β	30 m Bimammatumkalk	40 m Korallenoolith
	Weißer Jura Malm	Unterer Oxford	α	70 m Impressa- und Traversariusmergel	15 m Heersumer Schichten
		Oberer Callovien	ζ	10 m Ornatumton	40 m Ornatumton
		Bathonien	ε	0,6 m Makrocephalites-schichten	50 m Makrocephalites-schichten
			δ	15 m Coronatum-schichten	50 m Coronatum-schichten
		Mittlerer Bajocien	γ	25 m Blaukalk	5 m Sauzeischichten 10 m Blaukalk
			β	50 m Murchisoni-sandstein	40 m Murchisoni-sandstein
	Brauner Jura Dogger	Unterer Aalénien	α	100 m Opalinuston	25 m Opalinuston
			γ	5 m Jurensismergel	20 m Jurensismergel
		Oberer Toarcien	ε	8 m Posidonienschiefer	30 m Posidonienschiefer
		Mittlerer Domerien	δ	12 m Amaltheuston	75 m Amaltheuston
		Carix	γ	10 m Numismalismergel	50 m Capricornumergel 10 m Jamesonimergel
		Unterer Sinemurien	β	20 m Turneriton	50 m Ziphuston
Jura	Schwarzer Jura Lias	Hettangien	α	4 m Arietiteskalk 10 m Schlotheimiaton 3 m Psilocerasschichten	35 m Arietiteskalk 25 m Schlotheimiaton 20 m Psilocerasschichten

und Stufen neben den deutschen auch englische und französische Bezeichnungen. Sie sind meist nach dem Fundort gewählt, manchmal aber auch von der wissenschaftlichen Bezeichnung einzelner Leitfossilien abgeleitet, z. B. Opalinuston von der Ammonitenart Leioceras opalinum oder Posidonienschiefer von der Muschelart Posidonia bronni.

Das Jurasystem umfaßt nach radiometrischen Messungen einen Zeitraum von etwa 58 Millionen Jahren. Es begann vor etwa 195 Millionen Jahren und endete vor etwa 137 Millionen Jahren. Während dieser Zeit erreichte das Meer über dem heutigen Kontinent Europa die größte erdgeschichtliche Ausbreitung. Die Ablagerungen der Schwäbischen Alb sind nur ein kleiner Teil des gesamten Jurameeres. Seine Schichten (die Tabelle zählt für Württemberg 21 auf), die noch in Unterstufen zu gliedern wären, bedeuten einen ebenso häufigen Wandel der Sedimentationsbedingungen, d. h., Meerestiefe, Entfernung der Ufer und die Zusammensetzung des von den Flüssen ins Meer verfrachteten Materials haben sich immer wieder geändert.

Im Museum Hauff sind hauptsächlich Skelette verschiedener Meeressaurier ausgestellt, die – ähnlich wie die heutigen Wale – von Landtieren abstammten und sich im Laufe von mehr als 30 Millionen Jahren vollständig an das Leben im Wasser angepaßt hatten. Anders als die heutigen Wale waren sie aber keine Säugetiere, sondern wie alle Saurier Echsen. Von großem Interesse für uns sind im Museum Hauff die Skelette der Ichthyosaurier (Fischsaurier). Bei einem von ihnen war es möglich, sogar die Umrisse der Weichteile herauszupräparieren.

ICHTHYOSAURIER

Die im Museum Hauff ausgestellten Ichthyosaurier wurden in einer Schicht gefunden, die man den Unteren Schiefer nennt. Sie gehört zur Stufe Lias ε (Posidonienschiefer). Man gliedert den Lias ε weiter auf in die Unterstufen Oberer, Mittlerer und Unterer Lias ε und den Mittleren Lias ε hier in 19 Horizonte, von denen der Untere Schiefer der vierte von unten ist. Der Untere Schiefer hat durch seinen Gehalt an Schwefeleisen und von bis zu acht Prozent Bitumen eine schwärzliche Farbe. Bitumen besteht aus verschiedenen Kohlenwasserstoffen und bildet sich aus organischen Stoffen (Tier- und Pflanzenleichen, abgestorbenen Mikroorganismen), die ohne Sauerstoff (anaerob) verwesen. Das Ausgangsmaterial, aus dem der Untere Schiefer verfestigt wurde, dürfte dem heutigen Blauschlick entsprochen haben. Blauschlick ist sehr verbreitet und findet sich auf Meeresböden in Tiefen zwischen 200 und 4 000 Metern. Die feinen Tone des Blauschlicks isolieren den Meeresboden gegen das darüberliegende Wasser und den darin gelösten Sauerstoff. Obwohl bei der anaeroben Verwesung Schwefelwasserstoff entsteht und teils im Wasser gelöst wird, teils in Blasen zur Meeresoberfläche aufsteigt, darf man sich nicht vorstellen, ein solches Meer sei notwendigerweise vergiftet und lebensfeindlich. Im Gegenteil: der hohe Gehalt des Unteren Schiefers (wie des Blauschlicks) an organischen Zersetzungsprodukten weist auf günstige Lebensbedingungen an der Wasseroberfläche hin; etwa auf ein ruhiges, planktonreiches Meer, das großen Fischschwärmen Nahrung bot und deshalb auch zahlreiche Räuber anzog, die von Fischen und anderen Meerestieren lebten. Solche Räuber waren die Ichthyosaurier.

Ihr Schädelbau zeigt, daß die Ichthyosaurier in große Meerestiefen tauchen konnten. Sie hatten, ähnlich wie heutige tieftauchende Zahnwale, dicke Knochenwülste um ihre Augenhöhlen zum Schutz der Augen gegen hohen Druck.

Aus diesem übereinstimmenden Merkmal darf man schließen: Zu ihrer Zeit waren die Ichthyosaurier die fähigsten Taucher unter den Meeressauriern.

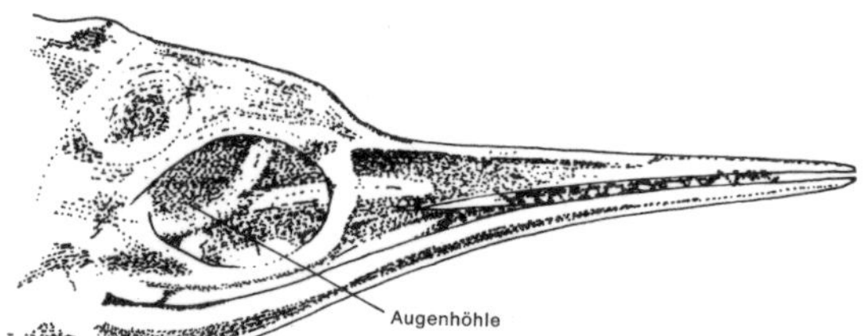

ICHTHYOSAURIER

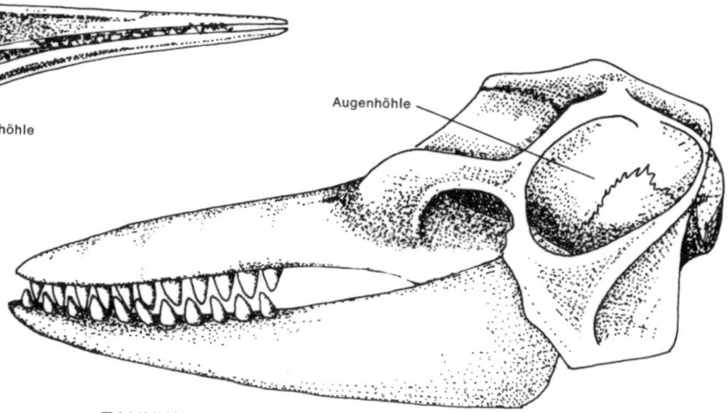

ZAHNWAL

Heute taucht der Pottwal bis zu 1 100 Meter tief und bleibt dabei bis zu 90 Minuten unter Wasser. Seine Nahrung besteht hauptsächlich aus Tintenfischen aller Größen, darunter auch aus Riesenkraken, die der Pottwal auf dem Meeresgrund aufstöbert. Auch in den Mägen versteinerter Ichthyosaurier hat man die Reste von bis zu 20 Meter langen Riesenkraken gefunden. Wir können also aus der Art der Sedimentation und aus der Lebensweise der Ichthyosaurier auf die Tiefe des damaligen Jurameeres im Bereiche der heutigen Schwäbischen Alb schließen.

Nehmen wir an, die Ichthyosaurier konnten ihre Bluttemperatur während des Tauchens noch nicht ganz so stabil halten wie Pottwale und hatten auch noch kein so raffiniertes Druckausgleichssystem, dann dürfen wir vorsichtig schätzen, daß die Ichthyosaurier etwa halb so tief getaucht sind, also ungefähr 500 Meter. In dieser Tiefe lebten auf dem Meeresgrund die Riesenkraken, die ihre Nahrung waren.

Heute wird Blauschlick (und damals wurde wohl auch Posidonienschiefer) in Meerestiefen von etwa 200 Metern ab sedimentiert. Posidonienschiefer sind unter allen Ablagerungen des süddeutschen Jurameeres zu finden. Die Böschung der Litorolzone muß recht steil gewesen sein, sonst wären die Posidonienschiefer mit einem Kranz von litoralen Ablagerungen umgeben. Das Jurameer ist demnach ein Trog gewesen, dessen Ränder ziemlich steil bis auf eine Tiefe von 200 Metern abfielen. Sein Boden erreichte dann mit einem geringeren Neigungswinkel eine durchschnittliche Tiefe von 500 Metern. Vergleichbar wäre dieses Jurameer vielleicht mit dem flachen Nordteil des heutigen Schwarzen Meeres. Nur war das Klima über dem Jurameer ausgeglichener und das Wetter sicher weniger stürmisch. Eine Ähnlichkeit besteht auch insofern, als die oberen Schichten des Schwarzen Meeres überaus fischreich sind und Delphine in großer Zahl anlocken.

Nun sind die Ichthyosaurier, die wir in Holzmaden sehen, zweifellos plötzlich gestorben und dabei manchmal so gut wie unversehrt geblieben, andermal wurden sie mehr oder weniger stark gequetscht. Aber auf welche Weise kamen sie ums Leben? Einige Autoren haben vermutet, sie seien in einer über dem Faulschlamm lagernden, durch gelösten Schwefelwasserstoff vergifteten Wasserschicht gestorben. Nur ist das schlecht vorstellbar, denn die Ichthyosaurier waren Luftatmer. Außerdem haben sie ja Kraken gejagt, die dort leben konnten. Man muß hier eher an Verhältnisse denken, wie sie heute über Blauschlick herrschen. Dort ist durchaus Leben möglich. Andere Autoren nahmen an, über der Wasseroberfläche hätten stellenweise giftige Schwaden von Schwefelwasserstoff gelagert und die Ichthyosaurier seien erstickt, wenn sie da hineingerieten. Aber solche Schwaden gibt es heute nicht einmal über dem Schwarzen Meer, dessen untere Wasserschicht so viel Schwefelwasserstoff enthält, daß sie tatsächlich lebensfeindlich ist.

Ein Fund, der im Museum Hauff gezeigt wird, birgt vermutlich die Lösung des Problems: ein Ichthyosaurierweibchen, das gerade Junge gebiert. Fünf

Junge befinden sich noch in der Leibeshöhle, das sechste hat sie bereits verlassen und ist etwa einen halben Meter neben der Mutter versteinert. Wäre dieses Ichthyosaurierweibchen an der Wasseroberfläche gestorben, so hätte das Junge Gelegenheit gehabt, fortzuschwimmen, oder es wäre abgetrieben worden, in keinem Fall aber mit der Mutter zusammen versteinert. Es muß unmittelbar neben ihr am Meeresgrund festgehalten worden sein. Nun wissen wir, daß Blauschlick äußerst schlüpfrig ist. Er kommt an Böschungen gelegentlich unter seinem eigenen Druck ins Rutschen und wälzt sich als Schlammlawine in tiefere Gegenden des Meeresgrundes. Wenn wir uns vorstellen: das Ichthyosaurierweibchen wurde von solch einer Lawine erfaßt, dann können wir erklären, was mit ihm geschehen ist.
Die Schlammassen haben es einerseits weich eingepackt, andrerseits durch ihr Gewicht festgehalten. Deshalb konnte es nicht mehr zur Oberfläche schwimmen und mußte ersticken. Das Junge ist kurz nach dem Tod der Mutter aus der Leibeshöhle geschlüpft und hat sich noch einige zehn Zentimeter weit durch den Schlamm geschlängelt, ehe es ebenfalls erstickte und liegenblieb.
Ähnlich sind wohl auch die übrigen wenig verletzten Ichthyosaurier umgekommen und dann im Schlamm unter Luftabschluß verwest. Dabei verwandelte sich ihre Körpersubstanz nach und nach ebenfalls in Schlamm. Als sich der Schlamm unter dem Druck der Schichten, die im Laufe der Zeit über ihm abgelagert wurden, langsam verfestigte (hauptsächlich durch Herausquetschen des Porenwassers), versteinerte der aus den Leichen entstandene Schlamm. Umrisse und Strukturen der Körper blieben dabei erhalten. Versteinerungen in bitumenhaltigem Tonschiefer entsprechen in Material und Konsistenz völlig dem Gestein, das sie umgibt. Sie lassen sich deshalb nicht durch Spalten der Platte freilegen. Nur haben die Stoffe der Knochensubstanz den Stein bräunlich verfärbt. An dieser Farbe muß sich ein Präparator orientieren, wenn er das Fossil wie ein Bildhauer aus dem Gestein meißelt und schabt.
Durch einen Vergleich der Spalten Württemberg und Nordwestdeutschland in Tabelle S. 100 ergibt sich: Nur in der Zeit zwischen dem Mittleren Lias und dem Oberen Dogger wurden in Württemberg und in Nordwestdeutschland vergleichbare Materialien abgelagert. Die entsprechenden Schichten sind im Nordwestdeutschen Raum mit wenigen Ausnahmen jedoch dicker als in der Schwäbischen Alb. Das Jurameer bestand zu dieser Zeit also aus zwei Trögen, von denen der nordwestdeutsche der tiefere war. Der tiefere Trog konnte mehr Sedimente aufnehmen. Aber hätte die stärkere Sedimentation im Laufe der Jahrmillionen die Unterschiede nicht ausgleichen müssen?
Auch darauf geben die Gesteine eine Antwort. Die Schwäbische Alb war ursprünglich etwas höher als heute und ist durch Abtragung niedriger geworden. So geschätzt, haben sich im südlichen Jurabecken insgesamt etwa 1 800 Meter Sedimente angesammelt. Das Meer war aber anfangs nur 500

Meter tief. Zwar ist es zunehmend flacher geworden (zu verschiedenen Zeiten auch einmal wieder etwas tiefer), aber es hätte diese Menge von Ablagerungen nicht fassen können, wenn der Meeresboden nicht gesunken wäre. Im norddeutschen Becken war die Geschwindigkeit, mit der das geschah, etwas größer. Auch deshalb fanden mehr Ablagerungen in ihm Platz.

Während die Becken des norddeutschen und süddeutschen Jurameeres sanken, hob sich zwischen ihnen eine Schwelle. Am Ende des Lias tauchte sie aus dem Meer auf und trennte vom Dogger an die beiden Jurameere. Aus diesem Grund treten danach in den nördlichen Juraablagerungen andere Fossiliengruppen auf als in den südlichen.

Aus den Sandsteinen und Mergeln, die in den Ablagerungen des Doggers vorherrschen, ist abzulesen, daß die beiden Jurameere über Europa zu dieser Zeit erheblich flacher waren als während des Lias. Vor allem müssen an manchen Stellen starke Gezeitenströmungen die Sedimente hin- und hergewälzt haben. Denn in den Doggerablagerungen kommen häufig auch gelbliche Kalk- und braune Eisenoolithe (griech. = Eiersteine) vor. Deutsch nennt man sie Rogensteine, weil in ihnen lauter kleine Kugeln zusammengekittet sind und der Stein an Fischrogen erinnert.

Kalkoolithe entstehen auch heute noch in Flachmeeren, wo Ebbe und Flut am Boden Strömungen erzeugen. Wenn das Wasser mit Kalk übersättigt ist, fällt der überschüssige Kalk aus und schlägt sich in dünnen Schalen um Kalkteilchen nieder, die schon am Meeresboden liegen. Meist sind es winzige Trümmer von Kalkgehäusen. Ebbe und Flut rollen die wachsenden Kalkkörner hin und her und machen sie rund. Die Stärke der Strömung entscheidet über die Größe, bis zu der die Körner wachsen.

Eisenoolithe entstehen vor allem an den Mündungen von Flüssen, wenn deren Wasser Eisenoxyd herbeiführt, das an Humussäuren gebunden ist. In dieser Form bildet es im Süßwasser Schwebestoffe. Im Meerwasser zersetzen sie sich. Das Eisenoxyd fällt aus und lagert sich an feine Sandkörner an. Alles weitere verläuft wie beim Kalkoolith. Eisenoolithe aus der Zeit des Braunen Jura werden z. B. in Lothringen abgebaut und verhüttet.

VERTEILUNG VON WASSER UND LAND WÄHREND LIAS, DOGGER UND MALM

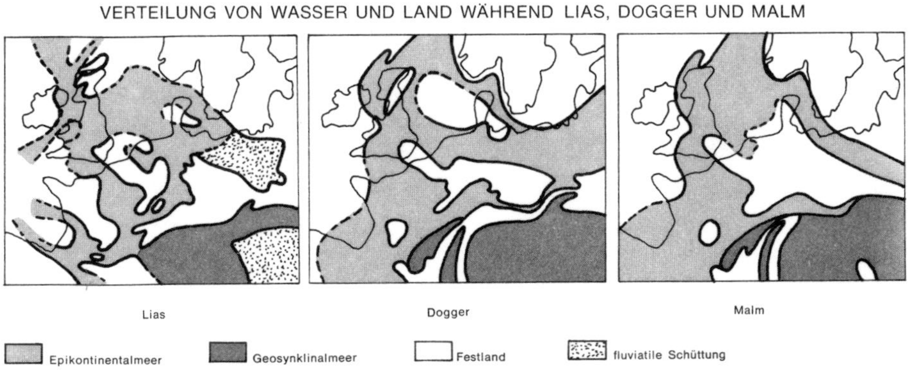

Die Karten auf S. 105 zeigen die Verteilung von Wasser und Land über dem heutigen Europa während Lias, Dogger und Malm. Sie sind gleichsam Schnappschüsse der Krustenbewegungen, die in Abständen von etwa 15 Millionen Jahren aufgenommen wurden. Die Veränderungen, die auf den Karten zu sehen sind, haben sich zwar sehr langsam vollzogen. Aber es gab keinen Stillstand. Die Erdkruste war immer in Bewegung. Land stieg empor und versank, das Meer drang vor und zog sich zurück. Alle diese Vorgänge haben ihre Spuren in den Ablagerungen hinterlassen und können aus ihnen rekonstruiert werden.

Am Ende der Doggerzeit versank eine Landbrücke im Meer, die bis dahin das süddeutsche Jurabecken vom Mittelmeer getrennt hatte. Das Mittelmeer war damals kein Binnenmeer wie heute, sondern ein großer, offener Ozean, den man Tethys genannt hat (nach der griechischen Meeresgöttin Tethys). Das süddeutsche Jurabecken war also vom Malm ab nicht länger ein Binnenmeer; es wurde zu einem flachen Randmeer des offenen Ozeans. Dadurch änderten sich die Ablagerungsbedingungen von Grund auf. Vor allem strömte frisches, sauerstoffreiches Wasser herein.

Auf dem Meeresboden bildeten sich riesige Felder von Kieselschwämmen, über denen die Strömung abgebremst wurde und dicke Schichten von Kalkalgen absetzte. Auf ihren Ablagerungen wuchsen neue Schwammrasen, und so fort von Etage zu Etage. In dieser Weise entstanden Schwammriffe, die hier an manchen Stellen beträchtliche Höhen erreichten. Bei der Diagenese wurde die Kieselsäure der Schwammskelette gegen Kalk aus dem Meer und aus dem Porenwasser der Riffe ausgetauscht und ballte sich zu Hornsteinknollen zusammen. Dabei ging die innere Struktur der Riffe verloren; sie entwickelten sich zu Bänken aus grobem Massenkalk. Einige wurden auch dolomitisiert. In den flacheren Meeresteilen nach Osten zu (z. B. in der Gegend des unteren Altmühltals) gab es neben den Schwammriffen auch große Korallenriffe, die Bänke und Inseln bildeten.

Die Zahl der Riffe nahm im Malm immer mehr zu. In den Schichten Malm δ und Malm ε verdrängten sie die anderen Kalkablagerungen fast vollständig. Das südliche Jurameer scheint damals ein von Riffen ausgefülltes, sehr flaches Randbecken der Tethys gewesen zu sein. Vom Ende der Malm-ε-Zeit an kommen plötzlich keine neuen Riffe mehr vor. Das Meer zog sich aus Süddeutschland zurück. Es entstanden Lagunen, die im Malm ζ nach und nach austrockneten.

Weiträumige, längere Zeit dauernde vertikale Bewegungen von Teilen der Erdkruste, wie wir sie hier während des Jura beobachtet haben, fassen die Geologen unter dem Begriff Epirogenese (griech. = Festlandsentstehung) zusammen. Damit sind sowohl Hebungen als auch Senkungen gemeint. Sie bewirken Regressionen (Rückzüge) und Transgressionen (Vorrücken) des Meeres. Im Meer bilden sich durch Epirogenese Festlandsschwellen (Antiklinalen) und Senkungströge (Synklinalen).

In der Regel bleiben bei epirogenetischen Vorgängen die Schichten des betroffenen Krustenteils ungestört. Dagegen treten an den Grenzen zu Nachbarschollen, die sich in ihrer Lage nicht verändern oder in entgegengesetzter Richtung bewegen, Druck- und Zugspannungen auf. Wo ihnen die Gesteine nicht gewachsen sind, kommt es zu Brüchen und Verwerfungen.

Auch heute sind in vielen Bereichen der Erdkruste langfristige Hebungen und Senkungen zu beobachten. So steigt Skandinavien, wie man an der Strandlinie ablesen kann, etwa 10 Millimeter pro Jahr empor, während der Meeresboden der Nordsee absinkt. In der Nordsee ist dies an festländischen Torfablagerungen zu erkennen. Sie liegen vor Bremen 3, vor Wilhelmshaven 15 und bei der Doggerbank 40 Meter unter dem Meeresspiegel. Das Delta des Po sinkt jährlich 10 Zentimeter ab, das Gebiet westlich von Genua wird um 1,2 Zentimeter pro Jahr gehoben. Als durchschnittlich gelten Hebungs- und Senkungsraten zwischen 0,5 und 4,5 Millimeter pro Jahr.

Neben diesen vertikalen Bewegungen von Krustenteilen haben auch horizontale Bewegungen eine große Bedeutung. So sind im Weserbergland die Schichten, die dort vom Jurameer abgelagert wurden, schräg gestellt, im Schweizer Jura gefaltet.

Sinngemäß gilt, was wir hier anhand der Juraablagerungen erörtert haben, für alle Epochen der Erdgeschichte. Die Erdkruste war zu allen Zeiten in Bewegung. Immer wieder wurden ursprünglich horizontal abgelagerte und durch Diagenese verfestigte Schichten gehoben, gepreßt, gezerrt, zerbrochen, schräg gestellt, gefaltet, ja sogar übereinandergeschoben. Und immer folgten Zeiten der Meerestransgression und der Thalattokratie auf Zeiten der Regression und der Geokratie.

Entlang der Autobahn Stuttgart—Ulm liegt am Albaufstieg das gesamte geologische Profil des Jura in der Landschaft ausgebreitet. Bei Kirchheim unter Teck führt die Autobahn an den Sandsteinen, Tonen, Mergeln und Schiefern des Schwarzen Jura vorbei. Sie sind, wie sie in Tabelle S. 100 übereinander stehen, nacheinander an der Bildung der Ackerböden beteiligt. Die Gegend von Holzmaden, wo härtere und verwitterungsbeständigere Schiefer die oberen Schichten bilden, ist gegenüber der Vorebene deutlich um eine Stufe erhöht. Mit der Brücke am Aichelberg beginnt der Albaufstieg. An dieser Stelle formen die Schichten des Braunen Jura mehrere deutlich übereinanderliegende Stufen, die von Bächen tief eingeschnitten sind. Die gelegentlich recht böseligen Doggerablagerungen stellten die Straßenbauer vor große technische Probleme. Sie neigen zum Wegrutschen und mußten für die Brückenpfeiler mit hohem technischen Aufwand verfestigt werden. Vom Filstal ab (bei Gosbach) fährt man durch die Schichten des Weißen Jura. Den oberen Rand des Albtraufs bilden die Felsen der Riffkalke (Malm δ und ε). Hinter seiner Felskante findet man auf der Hochfläche die oberste Juraschicht, den Malm ζ.

Diese Schichtstufenlandschaft, die aus Ebenen und Böschungen eine Treppe bildet, hat die Geologen anfangs zu recht seltsamen Theorien verleitet. Quenstedt hielt sie für das ursprüngliche Profil des ehemaligen Meeresbodens, das nach der Epirogenese durch Jahrmillionen nahezu unverändert erhalten blieb. Er schrieb um die Mitte des vorigen Jahrhunderts: »Zuletzt bleibt uns kein anderer Weg offen, als anzunehmen, daß diese Ränder nur wenig Veränderung erlitten haben, vielmehr ursprünglich in der jetzigen Form abgelagert wurden. Die erst später entstandenen Talfurchen abgerechnet, hätte demnach der alte Meeresgrund mit untergeordneten Ausnahmen dieselbe Beschaffenheit gehabt wie die heutige Oberfläche. Da nun nach Osten die jüngeren Formationen auftreten, so gewinnt es den Anschein, als wäre das Meer nach dieser Richtung immer weiter zurückgetreten und hätte den tiefen Kessel des schwäbischen Beckens leer gelassen ... Allein bei diesen Einwänden geht man von der falschen Voraussetzung aus, daß das Meer in allen seinen Teilen gleich viel Masse ablagern müsse, was nicht der Fall ist.«

Quenstedt und diejenigen seiner Kollegen, die mit ihm übereinstimmten, hielten demnach eine von frischen Abtragungsspuren gezeichnete Landschaft für »ewig«, weil sie sich nicht vorstellen konnten, daß die Treppenform der Schichtstufen durch gewöhnliche Einflüsse herausgearbeitet worden ist, deren Wirkungen man auch in der Gegenwart beobachten kann. Die Meinung, es handle sich um ein durch Jahrmillionen erhaltenes ursprüngliches Profil des Meeresgrundes, widersprach aber allzu sehr dem Augenschein. Deshalb nahmen andere Geologen eine ungeheure Lehmflut an, die aus Westsüdwest kam und wie ein Wasserfall rasch den ursprünglich flacheren Albtrauf so steil auswusch, wie er sich heute darbietet. Eine Lehmflut und nicht bloß Wasser mußte es gewesen sein, denn viele Albtäler sind auf einer Hangseite mit Lehm beschichtet, auf der anderen aber nicht. (Heute erklärt man sich diese Erscheinung durch Lößstaub, der aus Westsüdwest vom Wind herangeweht wurde und sich im Windschatten der Hänge abgelagert hat.)

Es ist für die Entwicklung der Geologie ungemein charakteristisch, daß — wie hier — zunächst jede Veränderung geleugnet wurde und, sobald es nicht länger möglich schien, sie wegzudiskutieren, man die Zuflucht zu außerordentlichen Umständen nahm, die sie hervorgerufen haben sollten.

Das anfängliche Leugnen von Veränderungen habe ich durch die Raumorientierung des Menschen erklärt. Die Zuflucht zu außerordentlichen Ursachen hat andere Gründe. Im 19. Jahrhundert, das auch ein Jahrhundert vieler astronomischer Entdeckungen war, stellte man sich die Erde als einen großen Weltkörper vor, der zur Planetenfamilie der Sonne gehört. Auf ihm lebte, winzig wie ein Stäubchen, der Mensch und versuchte, die Ordnung der Erde und des Weltalls zu erkennen. Aus dieser geistigen Perspektive mußten Vorgänge, mit denen der Mensch in seinem Alltag konfrontiert ist, wie Sonnenschein, Regen, Wind, Frost usw., so unbedeutend erscheinen, daß man ihnen keine »gewaltigen« Wirkungen zutraute. Daneben spielte auch die Zeitperspektive eine Rolle, denn die geologischen Veränderungen, die man entdeckt hatte, wurden viel zu nahe in der Vergangenheit und in viel zu kurzen Zeiträumen vermutet. Es ist ja ein Unterschied, ob man sich vorstellt, daß der sprichwörtliche stete Tropfen seinen Stein zehntausendmal, zehn Millionen oder zehn Milliarden mal höhlt.

Als erster sah der deutsche Geologe und Paläontologe Melchior Neumayr (1845—1890), der zuletzt Professor in Wien war, Ursachen und Wirkungen am Albtrauf und in anderen Abtragungsgebieten in den richtigen Größenordnungen. Er stellte das Neumayrsche Prinzip auf (»Je höher eine Scholle gehoben wird, desto stärker die Abtragung«) und enträtselte damit 1877 das Zustandekommen der Stufen am Albtrauf, »dessen merkwürdige Gestalt schon so mannigfache Vermutungen hervorgerufen hat ... Die Steilheit der (etwa 50 Meilen langen) Stufe erklärt sich sehr einfach aus der Beschaffenheit der Gesteine, aus dem Auftreten sehr mächtiger und widerstandsfähiger Kalkmassen über den sehr leicht zerstörbaren Tonen und Oolithen des oberen Doggers. Es bleibt also nur die Frage nach der Ursache der gleichmäßigen Höhe des Steilrandes, welche nicht von der Mächtigkeit der oberjurassischen Kalke gegeben ist; denn nur die untere Hälfte derselben tritt hier auf, die höheren Horizonte bilden eine weiter rückwärts liegende Stufe. Wir haben es hier mit der Wirkung eines allgemeinen, aber noch nicht genügend gewürdigten Gesetzes zu tun, nach welchem die Wirkung der Erosion mit der Höhenlage zunimmt. Diese Erscheinung, auf welche ich schon bei früheren Gelegenheiten kurz aufmerksam gemacht habe, wird einerseits bedingt durch den intensiven Temperaturwechsel und größere Niederschlagsmengen auf exponierten Höhepunkten, andrerseits durch das Bestreben der fließenden Wässer, einen in normaler Kurve verlaufenden Talweg herzustellen. Diese Faktoren wirken zusammen, um mit steigender Höhe nicht nur in einfach arithmetischer, sondern in geometrischer Progression eine Zunahme der Erosionswirkung hervorzurufen ...«

Damit ist in der Tat erklärt, warum jede Stufe ihre eigene Höhenlinie hat. Auch heute kann man an vielen Stellen beobachten, daß unter einer härteren Schicht liegendes weicheres Gestein zuerst verwittert. Die härtere Schicht wird unterhöhlt und bricht schließlich durch ihr eigenes Gewicht entlang einer in etwa senkrechten Fläche ab. Anderswo werden große Felsblöcke vom Frost losgesprengt und stürzen zu Tal. Oft kommen auch Gesteinsmassen auf tonigem oder oolithischem Untergrund ins Rutschen. Durch diese Vorgänge wäre der Albabbruch längst ein einheitlich schräger Hang geworden, gäbe es nicht das Regenwasser, das unentwegt verwittertes Material fortschafft und die Stufen freispült.

Der Albrand wird also abgetragen und weicht langsam zurück. Man kann heute recht genau angeben, mit welcher Geschwindigkeit. Als die Albscholle aufstieg, verflüssigte sich durch hohe Drucke unter ihr an manchen Stellen das Gestein zu einem gasreichen Magma. Die heißen Gase durchstießen allein im Gebiet zwischen Urach und Kirchheim unter Teck an

300 Stellen die Juraplatte. Nach der Explosion eines solchen Gasvulkans fällt ein Teil des zertrümmerten Materials in den Schlot zurück und verfestigt sich zu Tuff. In einem Vulkanschlot dieser Art bei Scharnhausen in der Nähe von Stuttgart sind Weißjuratrümmer eingeschlossen. Daraus folgt: der Albabbruch hat damals bei Stuttgart gelegen und ist seitdem etwa 23 Kilometer zurückgewichen. In welcher Zeit? Im Tuff sind Skelettreste von Säugetieren eingeschlossen, für die man radiometrisch ein Alter von 12 Millionen Jahren ermittelt hat. Der Albtrauf ist demnach mit einer Geschwindigkeit von 23 Kilometern pro 12 Millionen Jahre zurückgewichen. Das macht einen Kilometer in gut 500 000 Jahren oder einen Meter in 522 Jahren. Wenn man davon ausgeht, daß während der 12 Millionen Jahre ein etwa 600 Meter dickes Gesteinspaket abgetragen wurde, läßt sich ferner berechnen: Die Albhochfläche wird hier alle 20 000 Jahre um einen Meter niedriger.

Vom Zurückweichen des Albrandes zeugen auch Inselberge, die auf wieder etwas abgesunkenen Schollenteilen liegen und deshalb nach dem Neumayerschen Prinzip langsamer abgetragen wurden, so der Hohenstaufen, der Rechberg und der Stuifen. Sie bestehen aus Weißjura und erheben sich in einer Umgebung aus Braunjura. Auf der Braunjurastufe gibt es auch flache Hügel von Weißjuratrümmern. Sie entstammen Felsstürzen, die zu Zeiten niedergegangen sind, als der Albtrauf noch in ihrer Gegend gelegen hat, z. B. die heute zwei Kilometer vom Albtrauf entfernte Alteburg bei Bronnweiler.

Wasser modelliert hier aber nicht nur die Stufen des Albrandes. Es schneidet auch Flußtäler in die Hochfläche und füllt die Täler teilweise wieder auf. Anders als wir das früher im Donautal gesehen haben, geschieht das hier weniger mit Geröll als mit gelöstem Kalk, den das Wasser als Kalksinter ausscheidet. So fließt die Erms bei Urach heute in einem Bett, in welchem sie eine 30 Meter hohe Schicht aus Kalksinter abgelagert hat.

In Richtung Nordwesten sind den Jurastufen drei weitere Stufen vorgelagert. Auf die erste stoßen wir im Schönbuch bei Tübingen. Wenn wir uns von hier eine Linie nach Nürnberg denken und von Nürnberg eine zweite nach Bamberg, so verlaufen die Linien etwa in der Mitte dieser Stufe, die man ihrer bunten Sandsteine, Tone und Ackerböden wegen Keuper genannt hat. Die nächste Stufe, deren Mitte sich etwa durch eine Linie von Villingen am südlichen Rande des Schwarzwaldes über Heilbronn nach Würzburg kennzeichnen läßt, zeigt eine andere Farbe der Äcker. Sie sind hier eintönig grau bis braungrau. Während die Keuperstufe ein Hügelland ist und reichen Waldbestand hat, herrschen jetzt flachwellige Ebenen mit schmalen, tiefen Flußtälern vor. Die steilen Felswände der Täler bestehen zu einem großen Teil aus Kalkgehäusen von Muscheln. Nach diesem Gestein heißt die ganze Stufe der Muschelkalk. Noch weiter nordwestwärts schließt sich an die Muschelkalkstufe ein Zug von Mittelgebirgen an, deren Äcker durch eine ziegelrote Farbe auffallen. Nach den roten Sandsteinen, aus denen die oberen

Schichten des Ost- und Nordschwarzwaldes, des südlichen Odenwaldes, des Spessarts, des hessischen Berglandes und anderer Mittelgebirgsteile bestehen, heißt diese Stufe der Buntsandstein.
Wenn man von Heidelberg neckaraufwärts fährt, beginnt die Reise im Buntsandstein. In der Gegend von Obrigheim gelangt man in den Muschelkalk. Dabei ist deutlich zu sehen, daß der Muschelkalk den Buntsandstein überlappt. Die gleiche Beobachtung läßt sich in Richtung Schwäbische Alb auch an den übrigen Stufenrändern machen. Keuper, Muschelkalk und Buntsandstein gehören demnach in dieser Reihenfolge unter den Jura. Man faßt sie im System der Trias (griech. = Dreiheit) zusammen. Die Trias bildet die untere Formation des Erdmittelalters und dauerte etwa 35 Millionen Jahre.
Auf ähnliche Weise läßt sich zeigen, daß die weiße Kreide der Insel Rügen über die Schichten des Malms gehört. Ihr weicher Kalkstein, der hauptsächlich aus den Schalen mikroskopisch kleiner Tiere (Foraminiferen) besteht und sehr verbreitet ist, hat dem auf die Jurazeit folgenden System des Erdmittelalters den Namen gegeben. »Kreide« ist wieder eine der irreführenden Bezeichnungen; denn zur Kreideformation gehören auch Sandsteine, Mergel und Tone. Man gliedert das Kreidesystem in die Abteilungen Ober- und Unterkreide. Geographisch beginnt die Kreideformation in Deutschland nördlich der Ruhr an einer Linie, die man durch Essen west-östlich zieht. Ober- und Unterkreide umfassen zusammen einen Zeitraum von etwa 70 Millionen Jahren. Die Oberkreide schließt das Erdmittelalter ab, das insgesamt von 230 Millionen Jahre bis 67 Millionen Jahre vor unserer Zeit dauerte und eine Zeitspanne von 163 Millionen Jahren umfaßte.
Bei der Erforschung der erdgeschichtlichen Vorgänge, die sich in dieser Zeit im Gebiete des heutigen Mitteleuropa abgespielt haben, konnte man nach dem Aktualitätsprinzip verfahren. Zwar ist die Erdkruste hier in eine Vielzahl von Schollen zerbrochen, von denen jede ihre eigene Lokalgeschichte von Hebungen und Senkungen, Sedimentation und Abtragung hat. Aber alle geologischen Dokumente in diesem Raum lassen sich letzten Endes durch Vergleiche mit heute zu beobachtenden geophysikalischen Vorgängen erklären. Es war möglich, wie in einem Puzzlespiel die Befunde, die strenggenommen immer nur für den einzelnen Untersuchungsort galten, zu einem weiträumigen Bild der Geschichte des Erdmittelalters zusammenzusetzen.
In den Alpen hingegen, dem bevorzugten Forschungsgebiet der klassischen Geologie, versagten einerseits immer wieder die aktualistischen Forschungsmethoden, die sich in den Mittelgebirgen und Flachländern bewährt hatten. Andrerseits mußten die Wissenschaftler, je genauer sie die Gebirgsstruktur untersuchten, um so häufiger Beobachtungsergebnisse registrieren, die mit keiner theoretischen Vorstellung der damaligen Zeit zu erklären waren.
Verhältnismäßig bald wurde erkannt, daß die Alpen im wesentlichen aus denselben geologischen Schichten aufgebaut sind, die auch im übrigen Europa die Gesteine des Erdmittelalters gebildet haben. Nur sind sie hier

verfaltet, zerbrochen, schräg oder senkrecht gestellt und vielfach auch überkippt, so daß manchenorts das Unterste zuoberst liegt. Aber während solche Schichten z. B. in der Schwäbischen und in der Fränkischen Alb einige zig bis einige hundert Meter dick sind, erreichen die entsprechenden Sedimente in den Alpen oft mehrere tausend Meter. Selbst die ehemaligen Schwamm- und Korallenriffe, aus denen die markanten Berggipfel der Dolomiten bestehen, sind um vieles gewaltiger als die Riffe der Alb. Besonders verwirrend war die Feststellung: Einzelne Schichtpakete mußten kilometerweit über andere Schichten hinweggeschoben worden sein. Stellenweise fanden die Geologen sogar mehrere verschieden weit geschobene Schichtpakete aufeinander. Außerdem zeigen die Überschiebungen in den Westalpen andere Richtungen als in den Ostalpen. In manchen Gebieten der Ostalpen fehlen sie ganz.

Obendrein sind viele Sedimentgesteine hier metamorph. In den Hauptkämmen fehlen jedoch Metamorphite. An ihre Stelle treten dort kristalline Granite, die aus geschmolzenem Zustand erstarrt sind. An manchen Orten sind die metamorphen Gesteine von Graniten gleichsam durchwachsen. Leopold v. Buch stellte sich deshalb vor, die Alpen seien von einem riesigen Pluton gehoben worden. Man fand aber trotz intensiver Suche keine Spur von ihm.

Für die Dicke der alpinen Sedimentschichten gibt es nur eine Erklärung: Das Tethysmeer bestand hier aus einer Anzahl von Trögen, deren Böden rund 200 Millionen Jahre lang mindestens so schnell absanken, wie die Sedimentschichten wuchsen, vielfach auch schneller. Dadurch blieb die Wassertiefe konstant oder vergrößerte sich, obwohl die Gesamtdicke der Sedimentschichten schließlich etwa 20 Kilometer erreichte. In der Tethys gab es damals ein System von aneinandergereihten Synklinalen, die nach heutiger Geographie von der Sierra Nevada in Spanien bis zum Himalaja reichten. Ein derart weltweites System aneinandergereihter Synklinalen bezeichnet man als Geosynklinale.

Der Name Synklinale (griech. syn = zusammen; klinein = neigen) steht für die Vorstellung, daß sich die Hänge einer Synklinale um so stärker neigen, je tiefer der Boden einsinkt. Für das Einsinken der Geosynklinale im Tethysmeer machte man zunächst nur das Gewicht der abgelagerten Sedimente verantwortlich. Die Geosynklinale sollte um so tiefer eingesunken sein, je mehr Sedimente sich in ihr sammelten; desto höhere Drucke hätten dann

GEBIRGSBILDUNG IN DREI PHASEN

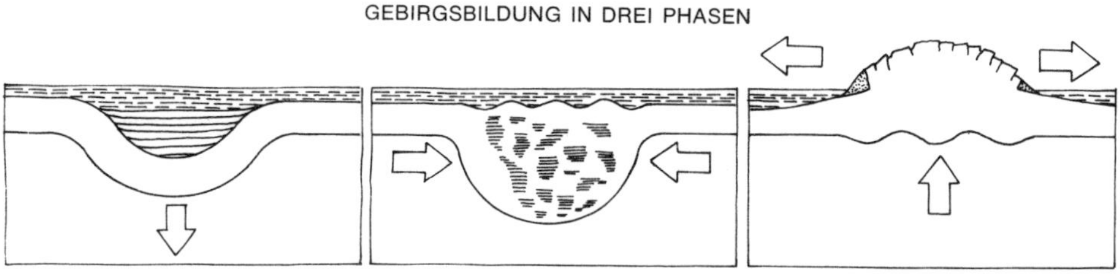

Geosynklinalstadium — Faltungsstadium — Hebungsstadium

Abb. 22
San-Andreas-Verwerfung in Kalifornien. Hier schrammen zwei Platten der Erdkruste aneinander vorbei. Wenn sie hängenbleiben und sich plötzlich lösen, gibt es Erdbeben.

Abb. 23 (unten):
Eifelmaar von Maria Laach. Der letzte tätige Vulkan in Mitteleuropa. Er ist seit etwa 9000 v. Chr. erloschen.

Abb. 24
Steilküste wird unterspült
Meeresströmungen lagern
losgebrochene und
zertrümmerte Felsmateria
in Buchten ab
(Positano, Italien).

Abb. 25
Härtere Teile der ehemal
Steilküste bleiben als Ins
stehen. Felsstürze vermin
zunehmend die Hang-
neigung
(Paläokastritsa, Korfu).

Abb. 26
Felsige Flachküste.
Versteinerungen im Bod
weisen sie als gehobene
Meeresboden des Erdm
alters aus. Die ehemalige
Decke ist durch Bodener
abgetragen (Manduria,
Italien).

Abb. 27
ie Brandung wirkt letzten
les begradigend. Sie trägt
vorspringende Küstenteile
ab. Strömungen trans-
portieren das Material in
uchten (Manduria, Italien).

Abb. 28
ter der Zone, die häufigen
Überflutungen ausgesetzt
siedeln sich Pflanzen an
und befestigen den Sand
(bei Vieste, Italien).

Abb. 29
inddünen, auf denen sich
andgras angesiedelt hat,
werden beständig gegen
Wind und Überflutung
(Manduria, Italien).

Abb. 30
Nildelta. Schon Herodot erkannte es als eine Ablagerung des Nils.

Abb. 31
er Kanal durch den Isthmus von Korinth, Griechenland, zeigt einen Schnitt durch Meeresablagerungen, die :wa 25 bis 60 Millionen Jahre alt sind.

Abb. 32 (unten):
rsteinerte Muschel in einer 4000 Jahre alten Mauer er Messapier bei Manduria, Italien.

Abb. 33
Pasterzengletscher. Das E
»fließt« jeweils senkrecht
den Gletscherspalten.

Abb. 34
Steine, die in Schnee oder
eingeschlossen transporti
werden, bleiben kantig. Ei
Fluß schleift Geröll in
kürzester Zeit rund
(siehe auch Abb. 11).

Abb. 35
Inlandeis auf Grönland.
Etwa drei Prozent der E
oberfläche und etwa
acht Prozent der Oberflä
der Kontinente sind derz
ständig von Eis bedeckt.

Abb. 36
Ehemalige Kulturlandschaft bei Epidauros, echenland. Nach dem Abholzen der Wälder rschwand der Boden durch Bodenerosion.

Abb. 37
tige Kulturlandschaft: kilometerweit Felder. Vorstufe der Wüste, sei denn, man pflanzt wieder ausreichend Büsche und Bäume azwischen (Vorchdorf, Oberösterreich).

Abb. 38
Durch Begradigung erh
man das Gefälle eines
Flusses. Das Wasser
sich tiefer in den Unte
grund ein. Der
Grundwasserspiegel s
im gleichen Maße
(Salzachtal, Pinzgau).

Abb. 39
In manchen Gegende
erreichen Industrieab
die Größenordnung v
Vulkanausdünstungen
(Donawitz, Steiermark)

die Ränder der Geosynklinale auf die Sedimente ausgeübt und sie dabei verfaltet.
Die Geosynklinale der Tethys durchschritt ihr tiefstes Stadium zur Zeit des Malms. Man muß sie sich etwa so vorstellen wie heute die Tiefseegräben, die im westlichen Pazifik der Küste Asiens vorgelagert sind. Was anschließend geschah, erklärte man durch das geringere spezifische Gewicht der Sedimente in der Geosynklinale, denen das spezifisch schwerere Gestein ihrer Umgebung bisher »plastisch« ausgewichen war. Die leichteren Sedimente schwammen dann gleichsam auf, bis sie im Untergrund nur noch so viel Material verdrängten, wie ihrem Gewicht entsprach. Die Gebirge und die Kontinente schwimmen also nach dieser Theorie der Isostasie (griech. isos = gleich; stasis = Stellung) in ihrem plastischen Untergrund wie Eisberge im Wasser. Die Hebung der zusammengeschobenen und verfalteten Sedimente aus der Geosynklinale wurde als Ausgleichsvorgang beschrieben.
Es ist offensichtlich, daß diese Theorie nicht erklärt, warum eine Geosynklinale einsinkt, so daß anschließend eine Ausgleichsbewegung nötig ist. Dazu bedürfte es entweder einer Kraft, durch welche die Sedimente hinabgedrückt werden, oder einer anderen, die den Boden der Synklinale eintieft, unter Umständen stärker, als es dem Gewicht der Sedimente entspricht. Erst wenn diese zusätzliche Kraft fortfiele, könnte der Inhalt der Synklinale aufschwimmen. Allerdings erklärt diese Theorie dann immer noch nicht Phänomene wie Deckenüberschiebungen und andere Anzeichen von einseitigem Druck, der bei der Gebirgsbildung ausgeübt wurde, z. B. die Ausrichtung der Glimmerplättchen im Gneis.
Wenn man die Landkarte betrachtet: Der seitliche Druck auf die Geosynklinale im Bereiche der Alpen und der an sie anschließenden Apenninen

BÖGEN DER ALPEN UND KARPATEN MIT ITALIEN ALS RAMMBOCK

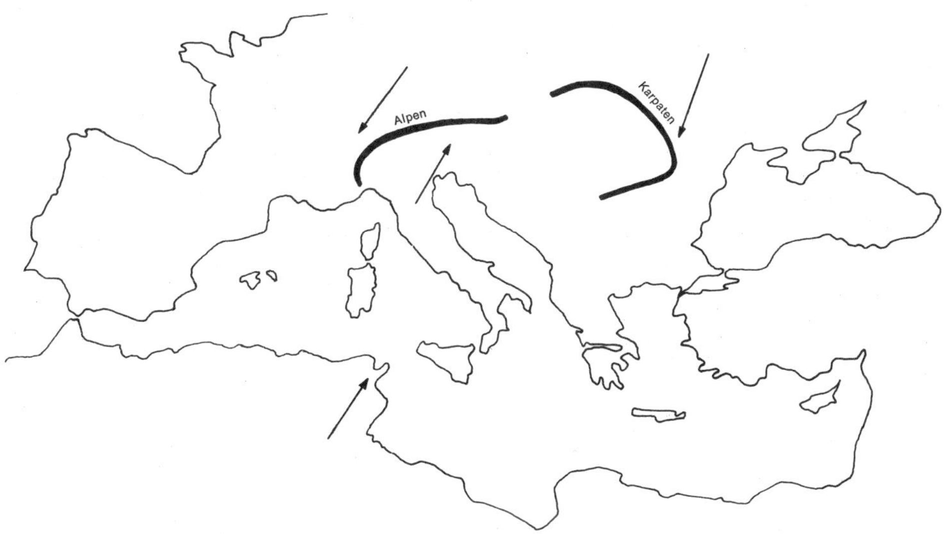

und Karpaten kann eigentlich nur von Afrika ausgeübt worden sein, das Italien wie einen Rammbock nach Norden gestoßen hat. Wir machen dabei die Annahme, das heutige Bild der Erde sei nicht nur durch vertikale Hebungen und Senkungen von Krustenteilen zustande gekommen, sondern einzelne Krustenplatten, ja ganze Kontinente hätten sich im Laufe der Erdgeschichte auch horizontal bewegt.

Die Ansicht, die Kontinente könnten ihre Lage geändert haben, ist in der klassischen Geologie zwar einige Male geäußert, aber nie so recht ernst genommen worden. Erst der deutsche Meteorologe Alfred Wegener (1880 bis 1930) vertrat die Lehre von der Kontinentalverschiebung mit Nachdruck und widmete ihr sein wissenschaftliches Lebenswerk. 1930 kam er auf einer Forschungsreise, die der Suche nach Beweisen für seine Theorie dienen sollte, im Inlandeis Grönlands ums Leben.

Der Ausgangspunkt für Wegeners Lehre ist so augenfällig, daß er eigentlich jedem hätte auffallen müssen. Es bedurfte jedoch, wie in vielen ähnlichen Fällen, eines genialen Forschers, um die erdgeschichtliche Aussagekraft einer einfachen geographischen Tatsache zu erkennen. Wegener: »Die erste Idee der Kontinentalverschiebungen kam mir im Jahre 1910 bei der Betrachtung der Weltkarte unter dem unmittelbaren Eindruck von der Kongruenz der atlantischen Küsten; ich ließ sie aber zunächst unbeachtet, weil ich sie für unwahrscheinlich hielt. Im Herbst 1911 wurde ich mit den mir bis dahin unbekannten paläontologischen Ergebnissen über die früheren Landverbindungen zwischen Brasilien und Afrika durch ein Sammelreferat bekannt, das mir durch Zufall in die Hände fiel. Schon bei der ersten Beschäftigung mit dieser Frage und von Zeit zu Zeit auch bei der späteren Entwicklung stieß ich mehrfach auf Anklänge an meine eigenen Vorstellungen bei älteren Autoren.«

Mit den »Landverbindungen zwischen Brasilien und Afrika« hatte es folgende Bewandtnis: Verschiedene Geologen waren auf die verblüffende Tatsache gestoßen, daß bestimmte Schichtenfolgen entlang der Ostküste von Brasilien immer wieder genau zu Schichtenfolgen an gegenüberliegenden Küstenteilen von Afrika paßten und Leitfossilien sowie andere Versteinerungen identisch waren. Sie nahmen deshalb an, an solchen Stellen hätten früher quer über den Atlantik Landverbindungen bestanden, die inzwischen versunken sind.

Wegener schob diese etwas gewaltsame Theorie beiseite und rückte für die Zeit des Erdaltertums die Kontinente so aneinander, wie ihre Küstenlinien dies optisch nahelegen.

Damit war unvermutet auch ein Rätsel der Geologie seiner Lösung nahe. In Brasilien, im Süden von Afrika, in Indien und Australien hatte man deutliche Spuren einer großen Eiszeit am Ende des Erdaltertums gefunden, die man nach den Formationen, in denen sie sich ereignet hatte, die permokarbone Vereisung nannte. Bisher gab es keine Antwort auf die Frage, wie es möglich gewesen ist, daß über vier großen Landmassen, die sich heute

LAGE DER KONTINENTE UM DEN SÜDPOL
ZUR ZEIT DER
PERMOKARBONEN VEREISUNG
(nach Wegener)

I—V Afrika, Vorderindien, Australien,
Antarktis, Südamerika
Punktiert: Gletscherspuren

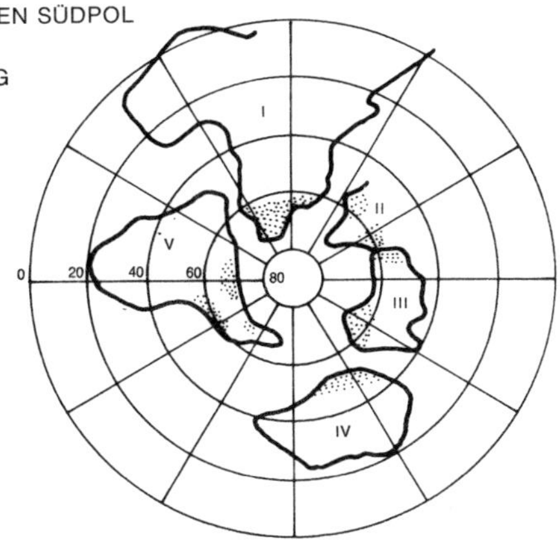

weit voneinander entfernt in tropischen und subtropischen Zonen befinden, zur gleichen Zeit kilometerdickes Inlandeis entstanden ist, und warum die Richtung der Gletscherschrammen, die man noch deutlich sehen kann, Fließbewegungen über die Ozeane hinweg von einer Landmasse zur anderen zeigen. Nach Wegeners Theorie lagen die betreffenden Kontinente damals rund um den Südpol und bildeten eine zusammenhängende Landmasse. Das Inlandeis der permokarbonen Eiszeit war von Süden her vorgestoßen und hatte sie bis in die mittleren Breiten bedeckt.

4. ERDGESCHICHTE – GESCHICHTE DES LEBENS

Unsere bisherigen Betrachtungen haben ergeben: In der richtigen Zeitperspektive zeigt die Erdkruste ein Bild, das sich mit einem dreidimensionalen Puzzle vergleichen läßt. Ihre einzelnen Teile wurden immer wieder gehoben und gesenkt. Sie sind, wie aus den Spuren der permokarbonen Vereisung folgt, auch nicht ortsfest, sondern können über den Globus weite Strecken zurücklegen. Ferner: In der Geschichte der Geologie spiegeln sich offensichtlich die Schwierigkeiten des Menschen, diese Bewegungen zu erkennen. So wurde auch Wegeners Theorie der Kontinentalverschiebung von seinen Zeitgenossen nahezu einhellig abgelehnt. Erst die Forschungsergebnisse der modernen Meeresgeologie brachten die Gewißheit: Wegeners Theorie ist in den Grundzügen richtig, insofern nämlich, als er überhaupt horizontale Verschiebungen von Kontinentblöcken angenommen hat. Die Einzelheiten jedoch stellt sie falsch dar, weil Wegener die Beweglichkeit der Erdkruste noch um vieles unterschätzte.

Die Bewegungen der Krustenteile bilden sich in den Gesteinen ab. Wo durch Senkung Meeresbecken entstehen, sammeln sich Sedimente und werden zu Sedimentgesteinen verfestigt. Wenn erdinnere Kräfte den Meeresboden an die Atmosphäre heben, hört die Ablagerung von Meeressedimen-

ten auf. Die Verwitterung zerstört die Schichten um so rascher, je höher die Scholle gehoben wird. Sinkt die Scholle wieder unter den Meeresspiegel, beginnt eine neue Schichtfolge von Meeresablagerungen. Sie ist jedoch von der vorigen durch eine Lücke oder durch eine Zwischenlage von Festlandablagerungen, d. h. durch eine Diskordanz (lat. discordans = nicht übereinstimmend) getrennt, während man in einem benachbarten oder entfernten Meeresbecken, das zu dieser Zeit nicht gehoben wurde, die Sichten vollständig, d. h. eine Konkordanz (lat. concordans = zusammenstimmend) der Schicht vorfindet. Von einer Diskordanz spricht man auch, wenn auf einer gestörten (z. B. gefalteten oder zerbrochenen) Schichtfolge ungestörte Schichten abgelagert sind.
Sedimente können sich, wie schon Steno erkannte, nur auf einer festen Unterlage absetzen. Jede Schichtfolge beginnt also mit einer Diskordanz: entweder auf älteren Schichten oder auf dem sogenannten Grundgebirge, d. h. auf kristallinem Gestein.
Über die Natur des Grundgebirges gab es einen langen Streit. Zunächst hielt man es für das Urgebirge, für die erste Gesteinsschicht, die an der Oberfläche der ehemals glutflüssigen Erde erstarrt war. Wäre diese Vorstellung zutreffend, dann müßte das Grundgebirge überall aus demselben Erstarrungsgestein bestehen. Man findet jedoch als Unterlage der Sedimentschichten hauptsächlich Metamorphite, in erster Linie Gneise, daneben aber auch Magmatite wie Granit und Basalt.
Gneise sind umgewandelte Gesteine und können deshalb nicht das Material der ersten Erdkruste gewesen sein. Wahrscheinlich ist heute kein Stein der ersten Erdkruste mehr in der ursprünglichen Form vorhanden.
Nach radiometrischen Messungen befindet sich das älteste Gestein der Erdoberfläche in den Peter-Paul-Felsen, einer Inselgruppe, die mitten im Atlantik in der Nähe des Äquators liegt und fast ganz aus Peridotit besteht; sein Alter wird mit vier Millarden Jahren angegeben. Das zweitälteste Gestein dürfte ein Granitblock in der Nähe von Minnesota (USA) sein, bei dem man 3,5 Milliarden Jahre gemessen hat. Dagegen sind die Gesteine des Kanadischen und des Südafrikanischen Schilds erheblich jünger: 2,7 Milliarden Jahre. Gesteine mit einem Alter von 2,5 bis 2,7 Milliarden Jahren hat man auch in Europa und in Asien entdeckt.
Wenn die ältesten Gesteine vier Milliarden Jahre alt sind, dann ist auch das Grundgebirge, ob es aus den Magmatiten der alten Festlandsschilde oder anderswo aus Metamorphiten besteht, das Ergebnis einer langen Geschichte. Die Sedimente, die auf dem Grundgebirge liegen, unterscheiden sich in einer Hinsicht grundlegend: Die älteren sind Verwitterungsprodukte, in denen entweder überhaupt keine oder nur sehr wenige Fossilien vorkommen. Die jüngeren enthalten über die ganze Erde verbreitet Fossilen vieler Arten von Lebewesen, unter denen schon so hochentwickelte Formen wie Wirbeltiere auftreten. Die ältesten fossilreichen Schichten werden der geologischen Formation Kambrium zugeordnet (lat. Cambria = Bezeichnung

für Nordwales), die noch älteren fossilarmen bis fossilleeren dem Präkambrium (lat. prae = vor). Das Präkambrium ist also die Zeit von der Bildung der frühesten Erdkruste bis zum Kambrium, mit dem vor etwa 600 Millionen Jahren das Erdaltertum begann.

Mit anderen Worten: Das Präkambrium entspricht einem Zeitraum von vier bis fünf Milliarden Jahren, während die gesamte Erdgeschichte, die man in Erdaltertum, Erdmittelalter und Erdneuzeit gliedert, nur 600 Millionen Jahre umfaßt. Das Präkambrium, die Vorgeschichte der Erde, hat demnach etwa sechs bis acht mal so lange gedauert wie die Erdgeschichte. Der Grund, warum das Präkambrium als ein verhältnismäßig ereignisarmer Zeitraum erscheint, der sich deutlich von der ereignisreichen Zeit der Erdgeschichte unterscheidet, ist in der Entwicklung des Lebens zu sehen. Karl Beurlen: »Die Zäsur Präkambrium/Kambrium ist wohl der tiefste Einschnitt der Erdgeschichte: An ihr treten wir aus der Vorgeschichte in die eigentliche, vom Leben bestimmte Erdgeschichte ein, deren Zeitmarken und Gliederung die Entfaltung des Lebens liefert.«

Auch die geologischen Bezeichnungen der Erdzeitalter machen deutlich, daß die Geschichte der Erde im vorigen Jahrhundert an Hand der Geschichte des Lebens gegliedert worden ist. Der Ausdruck Paläozoikum (griech. palaios = alt; zoon = Lebewesen, Tier) für Erdaltertum bedeutet wörtlich »Zeit der altertümlichen Tiere«. Mit altertümlichen Tieren waren aber keine primitiven Lebensformen wie Würmer oder Schwämme gemeint, sondern bereits Wirbeltiere: einfache Fische und Amphibien. Das Mesozoikum (griech. mesos = mitten, mittel-) wurde ursprünglich als Zeitalter der Reptilien und das Känozoikum (griech. kainos = neu) oder Neozoikum (griech. neos = neu) als Zeitalter der Säugetiere definiert.

Diese Einteilung, die von der Entwicklung der Wirbeltiere ausging, beruhte auf einer Verzerrung, mit der der Mensch seine belebte Umwelt zur Kenntnis nimmt. Leben ist für ihn vor allem, was einen menschenähnlichen biologischen Bauplan hat. Jeder Zoo zeigt diese Verzerrung. Die zoologische Systematik zählt heute 25 Tierstämme auf. Davon ist im Zoo fast ausschließlich der Stamm der Wirbeltiere vertreten. Nur ausnahmsweise werden dort Angehörige anderer Tierstämme gezeigt. Anderes als menschenähnliches Leben interessiert nicht so sehr, man schenkt ihm »von Natur aus« wenig oder keine Beachtung. Aus dieser Perspektive wurde auch die Abgrenzung der Erdzeitalter vorgenommen.

Seltsamerweise stellte sich später heraus: Die Einteilung war nicht nur für die Entwicklung der Wirbeltiere richtig. Die Geschichte der übrigen Lebewesen paßte ebenfalls in sie hinein. Und darüber hinaus gab es zwischen den Abschnitten der Erdgeschichte auch geologische Zäsuren.

Die Erklärung für diese Synchronisation von Erdgeschichte und Geschichte des Lebens schien verhältnismäßig einfach, sobald sich Darwins Lehre von der Entwicklung der Arten durchgesetzt hatte. Das Primäre waren die erdgeschichtlichen Veränderungen, die Transgressionen und Regressionen des

Weltmeeres, das Auf- und Absteigen der Krustenschollen und das Schwanken des Klimas. An diese wechselnden Bedingungen hatte sich das Leben immer wieder angepaßt und, weil stets die erfolgreicheren Lebensformen die größeren Überlebenschancen hatten, sich dabei im Laufe der Jahrmillionen höher entwickelt. Eine solche Vorstellung ist zwar – ähnlich wie die Theorie der Kontinentalverschiebung – im Grunde richtig. In manchen Einzelheiten führt sie jedoch zu Widersprüchen.

So vermag ich nicht einzusehen, worin z. B. für Knorpelfische, primitive Vorläufer der eigentlichen Wirbeltiere, zu denen auch die Haie gehören, ein Anlaß gegeben war, ihren Bauplan zu verbessern. Die Existenz der Haie zeigt doch, daß er sich durchaus bewährt hat. Zum anderen erleben wir immer wieder: Es sind weniger geologische Veränderungen, die hier eine Lebensart begünstigen und dort eine benachteiligen. Meist spielen sich solche Vorgänge innerhalb der Biosphäre selbst ab. Jede Lebensform hat die Tendenz, sich so lange zu vermehren, bis entweder die Nahrung für sie nicht mehr ausreicht oder ihre Feinde überhandnehmen. Vielfach vernichten Lebewesen auch selbst ihren Lebensraum. Ein Moor verlandet, weil die Reste der abgestorbenen Pflanzen schließlich das Wasser verdrängen. In diesen gleichsam zu Tode belebten Raum dringt dann eine andere Vegetation vor anstelle der ursprünglichen.

Ferner war es für die Pflanzen und Tiere, die zunächst ausschließlich im Weltmeer lebten, nahezu gleichgültig, ob es zu einer Zeit viel oder wenig Festland gab, solange sich nur die Lebensbedingungen im Meer nicht änderten. Ein Anreiz, die Festländer zu bevölkern, scheint unter diesem Gesichtspunkt jedenfalls schlecht vorstellbar. (Genausowenig dürfte es äußere Anreize gegeben haben, die Landtiere zur »Rückkehr« ins Meer veranlaßten, wie dies für die Ichthyosaurier und Wale angenommen wird.) Man muß wohl eher von einer Eigengesetzlichkeit des Lebens als Hauptursache der Höherentwicklung ausgehen. Damit ist die alte Darwinsche Anpassung keineswegs vom Tisch. Wir haben nur jetzt zwei Prinzipien statt eines einzigen. Das zweite Prinzip, das zur Anpassung hinzukommt, möchte ich umschreiben als: Tendenz des Lebens, in unbelebte oder von einer bestimmten Lebensform noch nicht eroberte Gebiete vorzudringen. Die Anpassung wirkt ihm entgegen. Sie nagelt eine Lebensform gleichsam in der biologischen Nische fest, an die sie angepaßt ist.

Fassen wir kurz zusammen: Das Leben hat sicher nicht nur auf geologische Vorgänge reagiert. Seine Entwicklung dürfte wesentlich durch die ihm selbst innewohnende Eigengesetzlichkeit bestimmt gewesen sein. Damit scheint die eigentümliche Synchronisation von Erdgeschichte und Geschichte des Lebens aber nahezu unverständlich, es sei denn, das Leben wäre selbst zu einem geologischen Faktor geworden, der die Geschichte der Erde mitbestimmt hat.

Dieser Verdacht verstärkt sich durch folgendes: Die geologischen Vorgänge, die im Präkambrium auszumachen sind, gleichen im wesentlichen denen

Tabelle 8 *Gliederung der Erdgeschichte*

Erdzeitalter	Systeme	Abteilungen	Stufen	Beginn vor (in Mill. Jahren)	Dauer (in Mill. Jahren)	Gebirgsbildung	Vereisung
Känozoikum	Quartär		Holozän Pleistozän	2 ± 0,5		Alpidische Gebirgsbildung	Vereisung der Nordhalbkugel
	Tertiär	Jungtertiär	Pliozän Miozän	26 ± 2	24,5		
		Alttertiär	Oligozän Eozän Paleozän	67 ± 3	41		
Mesozoikum	Kreide	Oberkreide	Dan Maastricht Campan Santon Coniac Turon Cenoman	100 ± 5	33		
		Unterkreide	Alb Apt Barrême Hauterive Valendis	137 ± 5	37		
	Jura	Malm Dogger Lias	(s. Tabelle S. 100)	195 ± 5	58		
	Trias	Keuper Muschelkalk Buntsandstein	Rät Nor Karn Ladin Anis Skyth	230 ± 5	35	Ural	Vereisung der Südhalbkugel
Paläozoikum	Perm	Oberperm Mittelperm Unterperm	Zechstein Rotliegendes	285 ±10	55	Variskische Gebirgsbildung	
	Karbon	Oberkarbon	Stephan Westfal Namur	325 ±10	40		
		Unterkarbon	Visé Tournai	350 ±10	25		
	Devon	Oberdevon	Famenne Frasne	360 ±10	10		
		Mitteldevon	Givet Couvin	370 ±10	10		
		Unterdevon	Erms Siegen Gedinne	405 ±10	35	Kaledonische Gebirgsbildung	
	Silur	Ludlow Wenlock Llandovery		440 ±10	35		
	Ordovizium	Ashgill Caradoc Llandeilo Llanvirn Arenig Tremadoc		500 ±15	60		
	Kambrium	Oberkambrium Mittelkambrium Unterkambrium		570 ±15	70		Vereisung der Südhalbkugel
Präkambrium		(siehe Tabelle S. 144)		mehr als 4500		Assyntische Gebirgsbildung	

Anmerkung: Die Ziffern hinter ± geben die theoretischen Fehlergrenzen der radiometrischen Messungen an.

im Erdaltertum, im Erdmittelalter und in der Erdneuzeit: Transgressionen und Regressionen des Meeres, Epirogenese und Orogenese (griech. oros = Gebirge, also Gebirgsbildung). Nur verläuft von der Zäsur Präkambrium/Kambrium ab alles, was vorher in monotoner Weise geschah, von Mal zu Mal großartiger. Der Faktor, der das bewirkt hat, kann nur das Leben gewesen sein. Seit das Leben seine Herrschaft über die Erde angetreten hat, werden die geologischen Zeitalter, die die Tabelle S. 119 zeigt, immer inhaltsreicher und ihre Unterschiede immer markanter, während es bis heute noch nicht gelungen ist, für das Präkambrium eine auch nur halbwegs schlüssige Gliederung zu erarbeiten.

Niemand glaubt heute, das Leben sei zu Beginn der Erdgeschichte einfach dagewesen mit einer Vielzahl von Arten bis hinauf zu einfachen Wirbeltieren. Es hat wie die Erde eine lange Vorgeschichte, die teilweise noch im dunkeln liegt. Erst in jüngster Zeit konnte die Molekularbiologie einiges Licht auf sie werfen. Heute ist es mehr als wahrscheinlich, daß nicht nur Erdgeschichte und Geschichte des Lebens Entwicklungen waren, die sich wechselseitig beeinflußten. Auch die Vorgeschichte der Erde, deren Umrisse sich erst in einzelnen Konturen abzeichnen, wäre ohne die Vorgeschichte des Lebens in vielem anders verlaufen.

Am Anfang des Kambriums existierten auf der Erde wahrscheinlich nur zwei Kontinente: Laurasia mit seinem Schwerpunkt in den mittleren Breiten der Nordhalbkugel umfaßte Gebiete, die heute zu Nordamerika und Eurasien gehören; Gondwana auf der Südhalbkugel bestand aus Gebieten, die heute in Südamerika, Afrika, Indien, Australien und der Antarktis zu finden sind. Es gab also keinerlei Barrieren in den Äquatorzonen des Weltozeans (siehe Skizze).

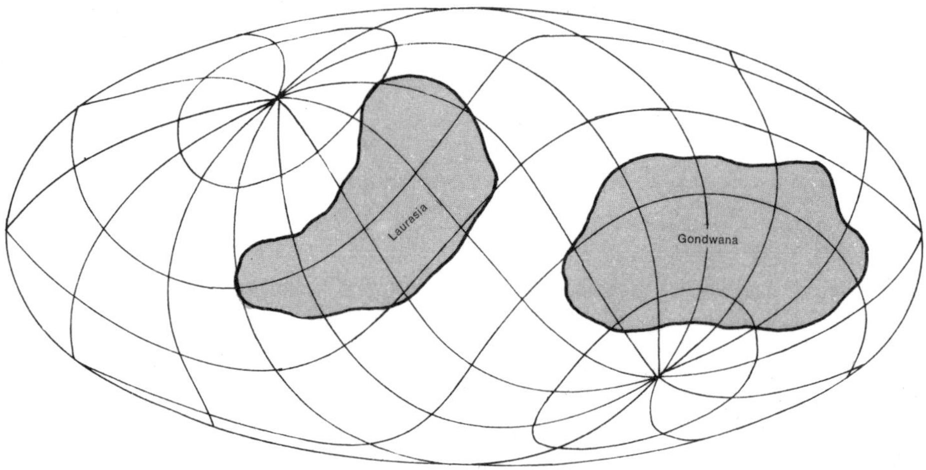

Leben kam, wie gesagt, damals ausschließlich im Meer vor. Pflanzen waren hauptsächlich durch Algen vertreten, insbesondere durch Kalkalgen, die kilometerdicke Kalksedimente absonderten, und durch Flagellaten.

Das Präkambrium hatte mit einer Gebirgsbildung und einer anschließenden Vereisung geendet. In der darauf folgenden Warmzeit des Kambriums setzte eine explosionsartige Entfaltung der Fauna ein. Es entwickelten sich nicht weniger als elf Tierstämme. Innerhalb der Stämme wurde die Aufgliederung in Klassen, Ordnungen und Gattungen reicher. Gegenüber dem Präkambrium nahm die Zahl der Tierarten um mehr als 200 Prozent zu. Es gab bald etwa 3 000 Arten von wirbellosen Tieren. In den Meeren lebten Schwämme, Ringelwürmer, Quallen, Seelilien, Seesterne, Krebse, Schnekken, Muscheln und Kopffüßler. Ferner schwebte eine Vielzahl von Einzellern, vor allem Formaminferen und Radiolarien, die Kalk- oder Chitinskelette ausschieden, als Plankton im Meer. Die Funde zeigen auf der ganzen Welt eine große Einheitlichkeit. Diese Tatsache bestätigt die Annahme, daß die warmen Gebiete des Ozeans damals ein zusammenhängendes Lebensgebiet waren.
Tierische Organismen können sich nicht von anorganischen Stoffen ernähren. Sie müssen entweder Pflanzen oder andere Tiere fressen. Und sie atmen Sauerstoff. Die jähe Entfaltung des Tierlebens am Beginn des Kambriums setzt also voraus, daß es genügend pflanzliche Organismen gegeben hat, die als Anfang der Nahrungskette und als Sauerstofflieferanten dienten. Man dürfte kaum fehlgehen, wenn man sich die tropischen und subtropischen Meere damals als eine grüne Algensuppe vorstellt, wo in großen Mengen Kohlendioxyd assimiliert und Sauerstoff ausgeschieden wurde.
Nun besteht ein Zusammenhang zwischen der Sauerstoffkonzentration in der Atmosphäre und im Meerwasser. Sauerstoff, der im Wasser gelöst ist, verdampft gleichsam. Er würde aus dem Wasser verschwinden, wenn nicht ein entsprechender Sauerstoff-Gasdruck der Atmosphäre dafür sorgte, daß sich im Austausch auch wieder genügend Sauerstoff aus der Atmosphäre im Wasser löst. Man muß annehmen, daß während des Kambriums der Sauerstoffgehalt der Atmosphäre etwa auf das Zehnfache gestiegen ist. Dadurch mußte sich auch der Sauerstoffgehalt des Wassers vergrößern. Die Nukleinsäuren (die Erbsubstanz), die Proteine (die Körpersubstanz) und viele Enzyme (Reaktionsstoffe), durch die der Lebensprozeß aufrechterhalten wird, sind jedoch sehr empfindlich gegen Sauerstoff. Sauerstoff ist eigentlich ein Gift, gegen das die Zellen geschützt werden müssen, andernfalls oxydieren sie sofort.
Einzeller schützen sich durch eine Membran, die ihren Zellkörper umgibt. Höhere Sauerstoffkonzentration des Wassers mußte also jene Einzeller begünstigen, die stärkere Zellmembranen hatten. Stärkere Membranen bedeuteten aber zugleich auch größeren Schutz gegen mechanische Verletzungen. Zunächst dienten körpereigene Substanzen (Proteine) als Baustoffe für Membranen, z. B. das hornartige Chitin, aus dem heute u. a. die Körperhüllen der Insekten, aber auch die Schale der Kartoffel gebildet sind. Später erfanden Einzeller den Trick, Hüllen und Schalen aus anorganischen Stoffen, zunächst aus Kalk, dann auch aus Kieselsäure aufzubauen.

Einzeller hatten solche Fähigkeiten bereits im Präkambrium erworben. Die Mehrzeller, die im Präkambrium lebten, waren noch ohne schützende Hüllen oder Schalen. Wir müssen sie uns ähnlich wie die heutigen Quallen vorstellen, nur sehr viel einfacher gebaut. Andere gehörten zu den Urahnen der heutigen Würmer. Sie hatten schon getrennte Körperöffnungen für das Aufnehmen von Nahrung und das Ausscheiden von Exkrementen. Dazwischen erstreckte sich ein einfacher Verdauungskanal.

Das Kambrium war die Zeit, in der verschiedene Stämme mehrzelliger Tiere Häute und Schalen aus Chitin entwickelten, z. B. die Brachiopoden (lat. = Armfüßler) Schalen, die in ihrer Form an Muschelschalen erinnern. Chitinhäute hatten zwar in erster Linie eine schützende Funktion. Durch ihre Festigkeit konnten sie die Körper aber auch stützen. Das war eine notwendige Voraussetzung für die Entwicklung von Gliedern, die ebenfalls im Kambrium zu beobachten ist. Aus den anfangs noch sehr primitiven ersten Gliederfüßlern (von denen alle späteren Krebse, Spinnen und Insekten abstammen) entstand schon im Kambrium die artenreiche Sippe der Trilobiten (Dreilappkrebse). Sie hatten ihre Chitinhaut zu einem Chitinpanzer verstärkt.

Der Übergang vom Kambrium zum Ordovizium ist durch weltweite Überflutungen von Festländern gekennzeichnet. (Das Ordovizium wurde früher als Abteilung ans Ende des Kambriums oder an den Anfang des Silurs gestellt; heute gilt es als eigenes System.) Zu dieser Zeit muß die Sauerstoffkonzentration einen gewissen Schwellwert überschritten haben. Denn weltweit starben damals die meisten Tiere mit weichen Chitinschalen aus. Die frei werdenden Lebensräume eroberten neue Tierarten mit Chitinpanzern oder mit Schalen aus Kalk, den letzteren voran die Vorfahren der heutigen Muscheln.

Im Verlauf des Ordoviziums ist wahrscheinlich auch der innere Schutz der Mehrzeller gegen die steigende Sauerstoffkonzentration verbessert worden, z. B. durch dichtere Zellmembranen. Denn manche Gehäuse hatten nun nicht mehr in erster Linie Abschlußfunktion (wie noch heute die Muscheln im Watt durch ihre Schalen gegen Luftsauerstoff und Austrocknen geschützt sind). Sie dienten in immer stärkerem Maße als Stützen, übernahmen also Skelettfunktionen. Diese neuen Errungenschaften führten im Ordovizium zu einer weiteren explosionsartigen Auffaltung der Tierstämme, deren Arten im Vergleich zum Kambrium eine ungeheure Formfülle entwickelten.

Im Ordovizium ist auch eine Entwicklungsphase zum ersten Mal zu beobachten, die später bei einer Vielzahl von sehr unterschiedlichen Tiergattungen immer wieder auftrat: der Riesenwuchs. Trilobiten trugen im Kambrium noch einen Panzer aus Chitin. Sie waren damals zwar weit verbreitet, wurden aber nicht eben sehr groß (nur einige Zentimeter). Gegen Ende des Kambriums ist, wahrscheinlich infolge der steigenden Sauerstoffkonzentration, ein deutlicher Niedergang der Trilobiten festzustellen. Im

Ordovizium entwickelten sich neue Trilobitenarten, deren Panzer jetzt nicht mehr aus reinem Chitin bestanden, sondern durch Einlagerungen von Calciumkarbonat (Kalk) oder von Calciumphosphat (phosphorsaurem Kalk) verstärkt waren. Diese Trilobiten brachten es zu einem größeren Formenreichtum als ihre Vorfahren im Kambrium und wurden bis zu zwei Meter lang. Ein anderer Riese dieser Zeit war ein Urahn der heutigen Tintenfische mit einem Gehäuse von mehr als vier Meter Länge.

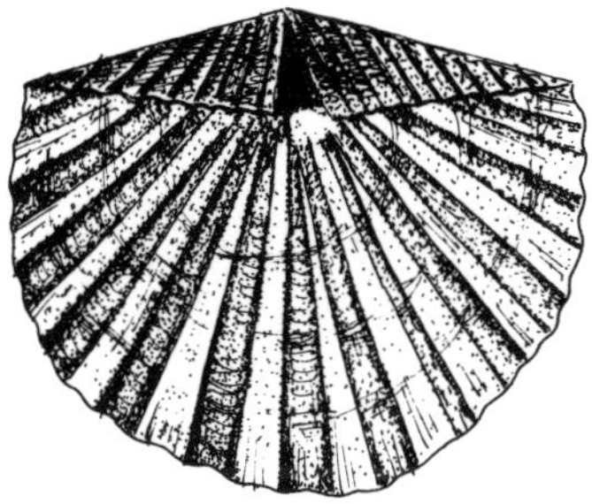

Brachiopode

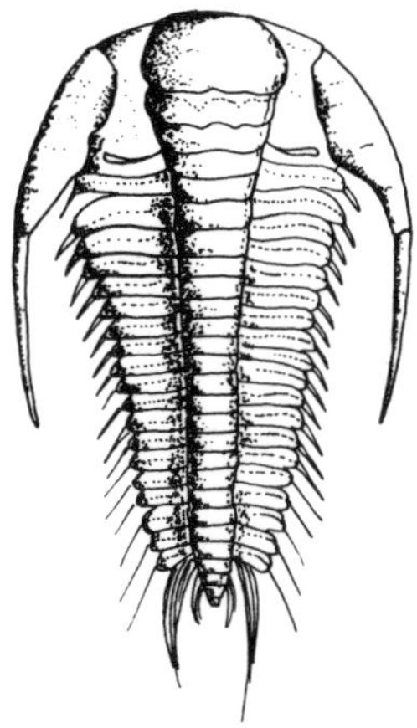

Trilobit

Die weitere Entwicklung des Lebens seit diesen beiden ersten Auffaltungen ist durch zwei Haupttendenzen gekennzeichnet: Erstens halten erfolgreiche Lebensformen an ihrem Bauplan durch alle Veränderungen der Erdgeschichte hindurch fest und überleben Hunderte, teilweise Tausende von Jahrmillionen. Zweitens entstehen immer wieder neue Baupläne. Dies ist sicher mit dem Bestreben des Lebens in Zusammenhang zu bringen, Lebensräume zu erobern. Allgemein läßt sich sagen: Je genauer eine Lebensart an bestimmte Lebensumstände, an eine spezielle Nahrung, an enge Temperaturgrenzen oder an geographische Besonderheiten angepaßt ist, desto geringer werden ihre Überlebenschancen, wenn sich die Verhältnisse ändern.

So sind in allen Epochen der Erdgeschichte Arten ausgestorben und wurden von anderen Arten abgelöst. Wir können heute nur noch in den seltensten Fällen feststellen, warum das geschah. Vielfach wird es auch weder geologische noch ökologische (Umwelt-)Ursachen für eine Entwicklung gegeben haben. Die Vererbungsforschung hat gezeigt, daß sich Baupläne von Organismen zufällig ändern: durch Erbsprünge (Mutationen). Wo ein veränderter Bauplan zufällig die Überlebenschancen und die Fortpflanzungsrate erhöhte, setzte er sich durch; wo nicht, konnte eine Art auch durch Mutationen aussterben.

Im folgenden Überblick über die weitere Entwicklung der Pflanzen- und Tierwelt des Erdaltertums werden wir uns vor allem mit den Schritten des Lebens beschäftigen, die vom Wasser aufs Land führten.

Als das Ordovizium zu Ende ging, erschienen die Agnathen (griech. = ohne Kinnbacken), die ersten Vorläufer der Wirbeltiere. Sie waren primitive Fische mit Kiemenbögen und einem Skelett aus Knorpeln, das durch einen Stützpanzer aus Knochenplatten um den Körper verstärkt wurde.

Im Silur erreichten riffbildende Korallen erstmals eine weltweite Verbreitung. Muscheln und Armfüßler entwickelten zahlreiche neue Arten. An neuen Gattungen finden wir Schnecken und Ammoniten. Die frühen Ammoniten hatten noch ein gerades Gehäuse. Für die Krebse und die Meeresskorpione war damals das Zeitalter des Riesenwuchses. Die Gigantostraken-Krebse wurden bis zu einem Meter, manche Meeresskorpione mehr als zweieinhalb Meter groß. Im Stamm der Wirbeltiere hatten sich neben den Agnathen Panzerfische entwickelt, die bereits mit Kiefern und Flossen ausgestattet waren.

Während des Silurs drangen erstmals Pflanzen auch auf das Festland vor, sogenannte Nacktpflanzen, die weder Wurzeln noch Blätter, sondern nur gabelig verzweigte Stengel hatten. Die Nacktpflanzen stammten von Vorfahren der heutigen Tange ab. Tange sind sehr widerstandsfähige mehrzellige Algen. Sie bildeten schon im Ordovizium gabelig verzweigt wachsende Formen mit inneren Leitungen zum Transport von Gewebeflüssigkeit. Die Leitungen schützten die Gewebeflüssigkeit darüber hinaus auch vor Austrocknung und Entsalzung. Das befähigte die Tange, Brandungszonen und die Brackwasser der Flußmündungen zu besiedeln. Zwischen den vergabelten Zweigen der Tange gab es noch keine Arbeitsteilung. Alle dienten in gleicher Weise der Ernährung, und an allen Gabelenden bildeten sich Sporen, Vorläufer der Samen, die vom Wasser fortgetragen wurden; aus ihnen wuchsen über Zwischenstadien neue Pflanzen heran.

Tang

Nacktpflanze

Die Nacktpflanzen besaßen ein Leitungssystem, das mit Ringen aus Holzfasern verstärkt war und die Gewebeflüssigkeit besser als bei Tangen gegen Austrocknung schützte. Außerdem versteifte es die stengelartigen Zweige, bei denen bereits eine Arbeitsteilung zu beobachten ist: Ein Teil der Zweige diente dazu, die Pflanze am Boden zu halten. An den Enden dieser Zweige entstanden keine Sporen mehr. Später entwickelten sich aus solchen frühen Klammerorganen Wurzeln, mit denen Wasser und Nährstoffe aus dem Boden aufgenommen wurden. Die nach oben wachsenden Stengel assimilierten Kohlendioxyd. Ein Teil von ihnen bildete an den Enden Sporen aus.

Nacktpflanzen hatten noch keinen so guten Schutz gegen Austrocknung entwickelt wie später echte Landpflanzen. Sie blieben deshalb an die Küsten gefesselt. Erst eine bessere Isolierung der Körperflüssigkeit gegen Entsalzung ermöglichte es ihnen, bis zum Ende des Silurs auch die Ränder der Flüsse landeinwärts und schließlich die Ränder von Seen und Tümpeln des Festlandes zu besiedeln.

Die Nacktpflanzen waren amphibische Lebewesen (lat. ampho = beides; sinngemäß sowohl im Wasser als auch auf dem Land lebend). Ihre Sporen mußten anfangs direkt ins Meer fallen. An der Luft trockneten sie aus und verloren ihre Lebensfähigkeit. Die Besiedelung von Seen und Tümpeln des Festlandes dürfte den Zeitpunkt markieren, an dem die Pflanzen auch für die Sporen eine schützende Hülle entwickelt hatten, so daß sie eine Verbreitung durch den Wind überlebten. Das Heranwachsen neuer Pflanzen blieb aber auch dann noch weiterhin ans Wasser gebunden. Denn nur im Wasser entstanden aus den Sporen Gametophyten (Geschlechtspflanzen), und nur im Wasser konnten sich die Ei- und Samenzellen vereinigen, die von den Gametophyten gebildet wurden. Erst aus dieser Vereinigung ging die nächste Generation von Landpflanzen hervor, die wiederum Sporen bildeten usw. Diese Abhängigkeit vom feuchten Element fesselte die Nacktpflanzen auch im Landesinneren noch an die unmittelbare Umgebung der Gewässer.

Den Nacktpflanzen folgten als erste Tiere einige Gliederfüßler aufs Land, Krebs- und Skorpionarten, die ihr dichter Chitinpanzer vor der Austrocknung bewahrte.

Vom Devon ab finden wir auch im Süßwasser Fische. Diese Süßwasserfische repräsentieren den ersten Schritt der Wirbeltiere in Richtung Land. Bei Fischen, die im Meer leben, ist die Salzkonzentration ihrer Körperflüssigkeit die gleiche wie die ihrer Umgebung. Wenn die inneren Organe auch im Süßwasser wie bisher funktionieren sollten, mußten Süßwasserfische den Salzgehalt ihres Körpers gegen die auslaugende Wirkung des Süßwassers durch eine salzundurchlässige Haut schützen, also gleichsam das Meer in ihren Körper einschließen. Zwei weitere Schritte der Wirbeltiere in Richtung Land sind an den Crossopterygiern (Quastenflossern) zu beobachten. Das waren Fische, die im Oberdevon lebten. Sie hatten zwar noch Kiemen, daneben aber auch schon Teile ihrer Schwimmblase zu einem lungenähnlichen Gebilde umgewandelt. Die Crossopterygier konnten also im Wasser noch wie Fische atmen, auf dem Land aber schon den Luftsauerstoff verwerten. Ferner hatten sie ihre Flossen zu stummelartigen

Füßen umgebildet, die eine Fortbewegung auf dem Strand ermöglichten. Von ihnen stammen wahrscheinlich die Amphibien ab, deren erstes, mit Namen Ichthyostega, als erwachsenes Tier mit voll funktionsfähigen Lungen atmete, auf vier fünfzehigen Gliedmaßen umherkroch und einen Fischschwanz am Körperende hatte. Seine Nachfahren, die Lurche, beweisen noch heute ihre Herkunft von den Fischen durch den Umstand, daß sie im Jugendstadium (als Larven) mit Kiemen atmen und wie Fische im Wasser leben. Die Haut der Amphibien bietet noch keinen vollkommenen Schutz gegen Austrocknung. Deshalb leben Amphibien an den Rändern von Gewässern, wo sie jederzeit ins feuchte Element zurückkönnen – heute wie ehedem.

Die Landpflanzen nahmen im Devon eine explosionsartige Entwicklung. Neben den Nacktpflanzen entstanden andere Gattungen, die sich besser an die Bedingungen des Festlandes angepaßt hatten: Bärlappe, Schachtelhalme und Farne. Sie wurden damals groß wie Bäume und bildeten lichte, sumpfige Wälder. Ihre Gametophyten mußten nicht mehr ins Wasser zurückkehren; sie wuchsen eng an den feuchten Boden geschmiegt.

Neben Gliederfüßlern und Amphibien gingen auch bereits die ersten noch flügellosen Insekten in den von Pflanzen erschlossenen Festlandsgebieten auf Nahrungssuche.

Im Karbon waren erstmals die damals tropischen und subtropischen Festländer von zahllosen Urwaldinseln bedeckt, in denen riesige Bärlapp-, Schachtelhalm- und Farnbäume offenbar mit großer Geschwindigkeit heranwuchsen. Karl Beurlen: »Keine dem Karbon folgende Periode der Erdgeschichte zeigte mehr eine so gewaltige Aufhäufung pflanzlicher Produkte.« Die Überreste dieser Produkte bauen wir heute als Steinkohle ab. In den Wäldern des Karbons finden wir auch bereits primitive Nadelhölzer, die das Stadium der amphibischen Lebensweise überwunden haben. Bei diesen Pflanzen waren die Blüten als schützende Umgebung ausgebildet, in der die Gametophyten die Befruchtung vollzogen. Die befruchteten Zellen, die Samen, wurden in eine harte Gewebehülle (Samenschale) eingeschlossen.

Mit den Cotylosauriern, noch sehr einfachen Echsen, hatten sich im Karbon die ersten Tiere entwickelt, deren Haut einen ausreichenden Schutz gegen die Austrocknung gewährleistete und ein Leben in größerer Entfernung vom Wasser möglich machte. Dazu mußten die Echsen ebenfalls ihre Fortpflanzung aufs Land verlegen.

In diesem Zusammenhang sollten wir uns eine Eigenart des Lebens verdeutlichen: Die Erbsubstanz speichert den Weg, den die betreffende Art in der Entwicklungsgeschichte gegangen ist. Die Entwicklung des Einzelwesens ist eine abgekürzte Wiederholung dieses Weges. Leben war ursprünglich nur im Meer möglich. Deshalb benötigen die Keimzellen, aus denen die Nachkommen heranwachsen, zunächst eine Umgebung wie im Meer, d. h. Wasser mit einem bestimmten Gehalt an Salzen. Beim Heranwachsen vollzieht der Embryo alle stammesgeschichtlichen Schritte nach, die für den Weg der Art charakteristisch waren. So bilden alle Embryonen von Wirbeltieren, auch die des Menschen, anfangs Kiemen und einen Fischschwanz aus, dann stummelförmige Gliedmaßen, an denen sich schließlich fünf Finger und Zehen entwickeln. Nicht in den endgültigen Bauplan passende Organe verschwinden wieder oder werden so lange umgebaut, bis das neue Lebewesen »seinen Eltern gleicht«.

Auch die Keimzellen der Echsen mußten ihre Entwicklung in einem Milieu beginnen, das Ähnlichkeit mit dem Meerwasser hatte. Es wurde zusammen mit Nährstoffen in einen Behälter aus Chitin eingeschlossen: dem Ei. In ihm wuchsen die Embryonen so lange von der Umwelt abgeschlossen heran, bis sie den Schritt der Art aufs Land nachvollzogen hatten und ohne künstliche Umgebung weiterexistieren konnten. In diesem Augenblick öffneten sie die Schale, die bei späteren Nachfahren noch mit einem Kalkpanzer verstärkt war, und schlüpften aus.

Es sind also für den Schritt aufs Land eine Reihe von Erfindungen nötig gewesen, mit denen lebende Organismen ihre ursprüngliche Meeresumgebung aufs Land mitnehmen und gegen die gänzlich anderen Bedingungen dort isolieren konnten. Pflanzen wie Tiere mußten sich durch wenig durchlässige Häute von der neuen Umwelt besser abgrenzen als im Wasser, mußten im Körperinneren Röhrensysteme entwickeln, damit die Flüssigkeit innerhalb des Körpers strömen konnte und die Lebensprozesse weiter so abliefen wie ehemals im Meer, und mußten schließlich für die Embryonen abgedichtete Gefäße schaffen.

Man kennt die Ursachen nicht, warum im einzelnen diese Schritte so und nicht anders vollzogen wurden. Über den Grund jedoch, warum sie nicht schon früher geschahen und dann plötzlich in der verhältnismäßig kurzen Zeit von einigen -zig Millionen Jahren, während es davor Milliarden Jahre lang Leben nur im Wasser gegeben hatte, besteht kein Zweifel mehr. Anfangs erklärte man sich das nur durch verbesserte Baupläne, die an Land gespülten Organismen ein immer längeres Überleben ermöglicht hätten. Heute weiß man, daß erst die Erde verändert werden mußte, ehe bessere Baupläne auf dem Land etwas nützen konnten. Das Land war ursprünglich absolut lebensfeindlich. Die ultraviolette Strahlung der Sonne durchdrang nahezu ungehindert die Atmosphäre. Auf dem Land hätte sie die empfindlichen chemischen Verbindungen, aus denen Lebewesen bestehen, sofort zerstört. Erst einige Meter unter dem Meeresspiegel war sie genügend absorbiert. Deshalb konnte sich das Leben lange Zeit nur dort entfalten.

Im Präkambrium bestand die Atmosphäre der Erde wahrscheinlich nur aus Stickstoff und Kohlendioxyd. Beide Gase lösen sich im Wasser und waren auch im Meer enthalten. Im Meer verbrauchten grüne Pflanzen Kohlendioxyd. Sie verwandelten (assimilierten) es mit Hilfe von Licht in Zucker. Dabei wurde reiner Sauerstoff frei und stieg in die Atmosphäre auf. Man schätzt, daß der Sauerstoffgehalt der Atmosphäre an der Wende Präkambrium/Kambrium 0,2 Prozent, zu Beginn des Silurs etwa zwei Prozent betragen hat und durch die intensive Entwicklung der Landpflanzen im Devon und vor allem im Karbon auf über zehn Prozent anstieg.

Sauerstoff bildet normalerweise Moleküle aus zwei Atomen. Durch intensive Bestrahlung entstehen in großen Höhen der Atmosphäre energiereichere Sauerstoffmoleküle aus drei Atomen: Ozon. Ozon absorbiert ultraviolettes Licht und verwandelt es in Licht von längerer Wellenlänge. Die Erde bekam also durch die Tätigkeit der grünen Pflanzen gleichsam eine Sonnenbrille aus Ozon verpaßt, die um so intensiver eingefärbt wurde, je mehr Sauerstoff in die oberen Schichten der Atmosphäre aufstieg und dort Ozon bildete. Pflanzen, und in ihrem Gefolge Tiere, konnten das Land erst besiedeln, als der Ozonfilter die ultraviolette Strahlung genügend dämpfte.

Es sind also die grünen Pflanzen gewesen, die in einer geologischen Umwälzung, wie es sie auf der Erde bisher nie gegeben hatte, die Bedingungen für ihr Vordringen und für das Vordringen der Tiere aufs Land selbst erzeugt haben.

Als die ersten Pflanzen auf dem Land Fuß faßten, war die Atmosphäre noch reich an Kohlendioxyd. Durch ihre explosionsartige Ausbreitung und ihren schnellen Wuchs im Karbon verbrauchten sie einen großen Teil des in der Atmosphäre enthaltenen Kohlendioxyds, so daß im Verhältnis zu ihren Startbedingungen bald ein Mangel an Kohlendioxyd herrschte. Viele der frühen Pflanzen starben daraufhin aus, andere, z. B. Schachtelhalme und Farne, wurden von zwergwüchsigen Nachfahren abgelöst. Für die weitere Entwicklung der Pflanzen gilt: Je später eine Gattung entstanden ist, desto rationeller nützt sie das immer knapper werdende Kohlendioxyd aus.

Auch an einer anderen geologischen Umwälzung war das Leben maßgeblich beteiligt. Im Präkambrium hatten sich in den Geosynklinalen ausschließlich und an seinem Ende noch überwiegend Sedimente gesammelt, die durch physikalische Verwitterung entstanden waren, im frühen Präkambrium hauptsächlich aus groben Trümmern verfestigte Grauwacken. Nach und nach kamen dann kalkige Sedimente dazu, an deren Bildung Organismen beteiligt waren. Schon gegen Ende des Präkambriums finden sich mächtige Ablagerungen von Kalkalgen. Im Verlauf der Erdgeschichte überwogen die organischen Ablagerungen von Epoche zu Epoche in immer stärkerem Maße. Auch chemische Verwitterungsprodukte, wie Eisenoxyde und Tone, entstanden nun als Folge des freien Sauerstoffs in der Atmosphäre. Das Leben hatte also bewirkt, daß die Ablagerungen gegenüber dem Präkambrium in ihrer Beschaffenheit verändert wurden und in der Menge um ein Vielfaches zunahmen.

Ein großer Teil dieser Ablagerungen: mehrere tausend Meter Sandsteine und Grauwacken aus dem Kambrium, annähernd gleich dicke Schichten von Schiefern und Konglomeraten aus dem Ordovizium, Schiefer, Kalke,

Dolomite und Sandsteine aus dem Silur verschwanden in der kaledonischen Synklinale (lat. Caledonia = Schottland), die bis zum Silur einsank. Ihre Sedimente wurden eingeengt und verfaltet. Im Devon stiegen die verfalteten Schichten als Kaledonisches Gebirge auf. Es bedeckte Teile des heutigen Nordeuropa als weites hügeliges Land und war das erste Gebirge der Erdgeschichte, das nicht mehr ausschließlich aus Sedimenten mechanischer Herkunft bestand, sondern zu erheblichen Teilen aus organogenen (vom Leben herrührenden) Ablagerungen. Seine Schichten können deshalb auch, anders als die Schichten präkambrischer Gebirge, anhand von Leitfossilien gegliedert werden.

Der Sauerstoffgehalt war zu der Zeit, als die Schichten des Kaledonischen Gebirges in der Geosynklinale abgelagert wurden, im Meer und in der Atmosphäre noch gering. Deshalb verwesten die Organismen damals überwiegend anaerob. Die Schichten, in denen sie abgelagert wurden, bestanden, wie der Untere Schiefer in der Schwäbischen Alb, teilweise aus Bitumen. Ferner hatte sich Eisen aus den Organismen in Schwefeleisen verwandelt. Als das Kaledonische Gebirge an die Atmosphäre gehoben wurde, war deren Sauerstoffgehalt beträchtlich höher. Der Sauerstoff oxydierte das Schwefeleisen des Abtragungsschutts. Dadurch färbte sich der Schutt intensiv rot. Die Gesteine, zu denen dieser rote Schutt heute verfestigt ist, werden in England Old Red, das Alte Rot, genannt.

Hier hatte das Leben also nicht mehr nur das Material verändert, aus dem sich Gebirge bilden, auch das geologische Schicksal der abgetragenen Sedimente war anders als in Zeiten, als das Leben noch keine so beherrschende Rolle spielte. Ohne das Leben wäre die Erdgeschichte eine eintönige Folge von einander sehr ähnlichen Gebirgsbildungen geblieben wie im Präkambrium. Nachdem das Leben seinen Siegeszug angetreten hatte, wurde jedes Gebirge mächtiger als das vorige. Denn in den Geosynklinalen lagerten sich immer mehr organogene Sedimente ab.

Auch die Verwitterung trägt seitdem die Handschrift des Lebens. Von der chemischen Verwitterung durch freien Sauerstoff war schon die Rede. Nach dem Old Red ändert sich die Farbe der Sedimente in Grau: durch Humus, der auf dem Festland in den Gebieten, die von Pflanzen bewachsen waren, aus verwittertem Gestein und aerob (mit Sauerstoff) verwesten organischen Produkten entstanden war. Es gab jetzt Inseln aus fruchtbarem Boden. Davor waren die Festländer Wüsten aus nacktem Fels und mechanischen Verwitterungsprodukten.

Der Verwitterungsschutt des Kaledonischen Gebirges sammelte sich in dessen Vorland und bildete u. a. den Old-Red-Sandstein Schottlands. Sein größter Teil wurde jedoch ins Meer geschwemmt und verschwand in einer neuen Geosynklinale, die im Meeresboden einsank, als das Kaledonische Gebirge aufstieg: in der variskischen Synklinale (nach den Variskern, die früher in der Gegend von Hof, Bayern, lebten). Hier bereitete sich die nächste große Gebirgsbildung vor.

Das Variskische Gebirge wurde im Unter- und Oberkarbon herausgehoben. Es war größer als jedes andere Gebirge zuvor. In weiten Gebieten enthielt es metamorphe Gesteine aus Old-Red-Ablagerungen mit einem hohen Gehalt an Eisenoxyd. Deshalb hatte das Variskische Gebirge lange Bergketten aus rotem Gestein. Es erstreckte sich vom östlichen Nordamerika über Europa bis nach Asien. Das französische Zentralmassiv, die Vogesen, der südliche Schwarzwald und die böhmischen Höhenzüge sind Gegenden, in denen heute Gesteine aus der Innenzone des Variskischen Gebirges an der Erdoberfläche liegen. Die nördliche Randzone finden wir im Rheinischen Schiefergebirge, in den Ardennen und im Harz. Vor dem Gebirge lag ein Trog, in welchem sich die abgetragenen roten Schuttmassen in einer Schichtenfolge sammelten, die heute als Rotliegendes bezeichnet wird (siehe Tabelle S. 119).

Wir sehen aber weder in der Zentral- noch in der Randzone mehr die ursprüngliche Oberflächengestalt des Variskischen Gebirges. Sie wurde durch spätere erdgeschichtliche Vorgänge vielfach überformt. Nur die innere Struktur der Gesteinsschichten offenbart ursprüngliche Faltungen, aus denen sich die Bögen des Gebirges rekonstruieren lassen. Das gleiche gilt für die Überreste des Kaledonischen Gebirges und aller früheren präkambrischen Gebirgsbildungen. Sie zeigen nirgends mehr das ehemalige Relief.

Wie aber war es möglich, daß sich das Variskische Gebirge über den Atlantik erstreckt hat? Die Antwort ist sehr einfach: Es gab noch keinen Atlantik.

Damit sind wir bei den geologischen Revolutionen, die sich während des Erdaltertums abgespielt haben. Sie verliefen sicher weitgehend unbeeinflußt von der Entwicklung des Lebens. Das Leben mußte jedoch auf sie reagieren und sich ihnen anpassen wie späteren geologischen Revolutionen auch.

Am Ende des Präkambriums hatte es zwei Kontinente gegeben: Laurasia im Norden und Gondwana im Süden. Im Kambrium zerbrach Laurasia in drei Teile. Zwischen Nordamerika und Nordeuropa sank die kaledonische und zwischen Asien und Europa eine Synklinale ein, aus der später der Ural entstehen sollte. Der Druck, der das Kaledonische Gebirge emportrieb, kam von Nordamerika, das auf Europa zudriftete und mit ihm schließlich durch das fertige Gebirge ein zweites Mal verschweißt wurde. Der Druck, der das Variskische Gebirge heraushob, kam von Süden. Gondwana stieß mit Nordamerika/Nordeuropa zusammen und wurde mit ihm durch das Variskische Gebirge verbunden.

Wir werden die Beweise, die es heute für das Driften der Kontinente gibt, im Zusammenhang mit der Vorgeschichte und dem gegenwärtigen Bild der Erde besprechen. Hier sei nur die Feststellung vorweggenommen, daß es bisher keine andere befriedigende Erklärung für den einseitigen Druck gibt, der auf eine Geosynklinale ausgeübt wird, außer durch den Zusammenstoß von wandernden Platten der Erdkruste. Seine Gewalt ist später im

fertigen Gebirge an den Deckenüberschiebungen und an der Vergneisung der Metamorphite abzulesen, die unter hohem einseitigem Druck bei Temperaturen über 700 Grad in der Geosynklinale stattfindet.
Nach dieser Theorie der Plattentektonik (griech. tektonikos = zum Bau gehörig; sinngemäß Lehre vom Aufbau der Erdkruste aus Platten) ereignet sich, schematisch dargestellt, folgendes: Die Erdkruste besteht aus einer Anzahl von kleineren und größeren Platten. Sie werden durch Strömungen in der Zone, die sich unter der Erdkruste befindet, dem Erdmantel, aufeinander zu und voneinander weg bewegt und auch gedreht.
Wenn Krustplatten zusammenstoßen, gleitet eine Platte unter der anderen in die Tiefe und wird durch die Bewegung im Erdmantel immer weiter hinabgesogen. So entsteht ein Tiefseegraben, eine Synklinale (siehe Skizze a).

BILDUNG EINER SYNKLINALE DURCH STRÖMUNGEN IM ERDMANTEL

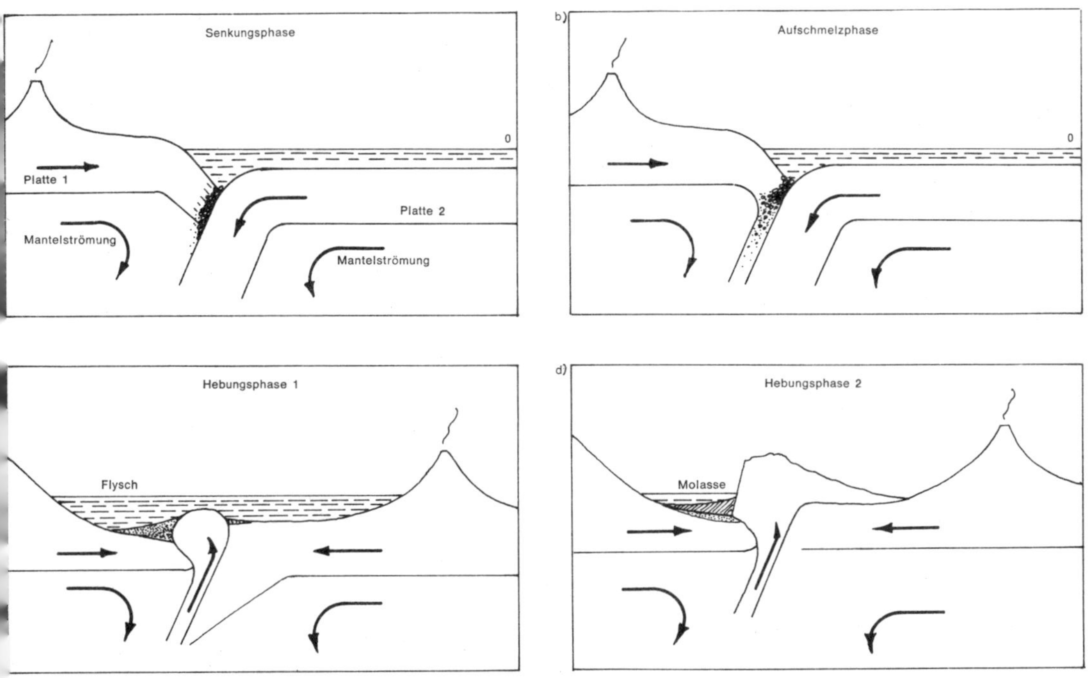

Hat die untertauchende Platte eine Tiefe von 20 bis 30 Kilometern erreicht, beginnt die Umwandlung ihrer Gesteine in Metamorphite. Von etwa 400 Kilometern Tiefe ab ist damit zu rechnen, daß in der Platte zunächst die Sedimente und dann die sauren Gesteine teilweise aufschmelzen. Deshalb gibt es in den Innenzonen der Faltengebirge Granite. Die Ränder von hinabtauchenden Platten sind heute durch Untersuchungen an Erdbebenherden bis in Tiefen von 700 Kilometern nachgewiesen. Erst dort dürften also die silikatarmen basischen Gesteine schmelzen (siehe Skizze b).

Die hinabgleitende Krustenplatte gelangt in eine Umgebung von schwereren und dichteren Gesteinen. Sie bekommt dort einen starken Auftrieb. Dadurch schwimmen Teile der Platte und Sedimente der Synklinale in der nächsten Phase langsam empor. Während sich das aufsteigende Gebirge noch unter Wasser befindet, werden die Schuttmassen, die sich bei seiner Hebung ablösen, an der Vorder- und Rückseite als Flysch abgelagert. Flysch ist eine Folge von kalkigen, mergeligen und sandigen Sedimenten (siehe Skizze c, S. 131).
Schließlich wird das Gebirge an die Atmosphäre gehoben und verwittert schon während des Aufsteigens. Gleichzeitig schieben es die Strömungen im Mantel näher an die Platte heran. Dabei können auch Flyschablagerungen gefaltet und zu Vorbergen werden. Flüsse tragen den Verwitterungsschutt jetzt als Molasse in die noch immer von Wasser bedeckte Vortiefe. Molasse ist in der Nähe des Gebirges ein grobes Konglomerat (Nagelfluh). In etwas größerer Entfernung vom Gebirge besteht sie hauptsächlich aus Sandstein. Am weitesten entfernt werden feine Sedimente (Flinz) abgelagert (siehe Skizze d, S. 131).
Während der folgenden Zeit schiebt die Bewegung der abtauchenden Platte das Gebirge etwas auf die andere Platte hinauf. Dabei wird es noch weiter herausgehoben. Auch der Molassetrog wird eingeengt und steigt empor. Schließlich läuft das Meer aus dem Trog ab. Die Molasse ist zum Vorland geworden, in das die Gebirgsflüsse den Verwitterungsschutt der Berge verfrachten. Hält der Druck auf das Gebirge an und wird auch das Vorland zusammengeschoben, so entstehen durch Druck und Hitze aus pflanzlichen Ablagerungen Kohle und aus tierischen Erdöl. Kohle und Erdöl findet man deshalb stets in den Vortiefen ehemaliger oder gegenwärtiger Gebirge.
Nach diesem Schema sind alle Faltengebirge der Erde entstanden, die präkambrischen Ketten, das Kaledonische, das Variskische Gebirge und auch der Gürtel von Faltengebirgen, der heute die Erde vom Himalaja bis zur spanischen Sierra Nevada umspannt.
Im Karbon driftete die sibirische Tafel von Osten her auf die nordeuropäische Platte zu und preßte bis zum Ende des Oberkarbons den Ural empor. Damit war zu Beginn des Perms ein Superkontinent entstanden, dem alle Landmassen außer China angehörten. Dieser Superkontinent Pangaea, wie ihn amerikanische Geologen auf Grund neuester Forschungsergebnisse rekonstruiert haben, bietet freilich einen anderen Anblick als die von Wegener nur nach dem Augenschein der heutigen Landmassen in Richtung Südpol geschobenen Kontinente. Die für uns befremdliche Erdkarte blieb während der ganzen Zeit des Perms gültig (siehe Skizze S. 133). Nun war die Tethys die neue große Geosynklinale. Das U, das der Superkontinent um sie bildete, bog sich langsam auf; denn Sibirien wanderte nordwärts und Gondwana südwärts. Dadurch konnte sich die Tethys immer weiter nach Westen in den Superkontinent hineinfressen.
Im Karbon gab es, ausgelöst durch die Heraushebung des Variskischen

PANGAEA (nach Bakker)

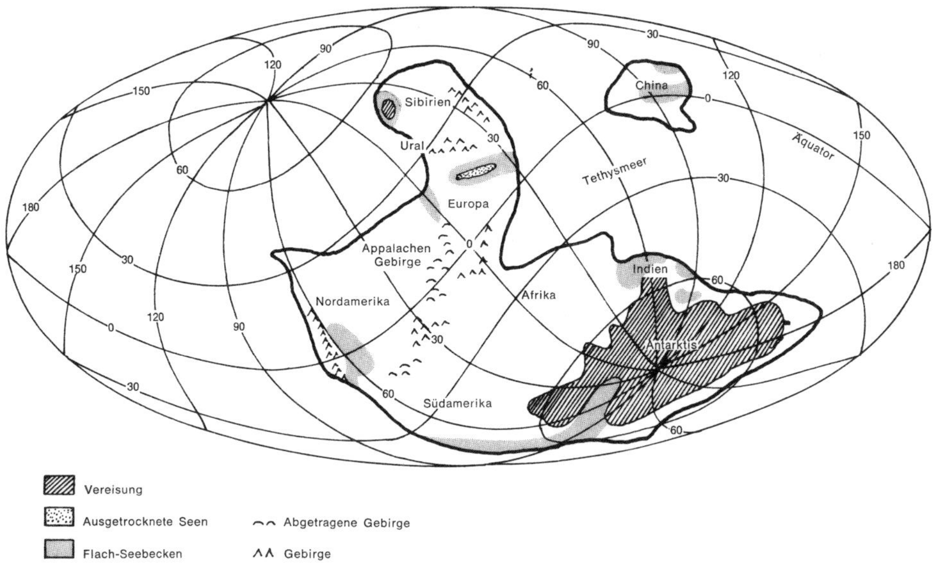

Gebirges, eine Vielzahl von Vulkanen. Wahrscheinlich ist durch ihre Ausdünstungen der bereits sinkende Gehalt der damaligen Atmosphäre an Kohlendioxyd wieder gestiegen, und die Pflanzen konnten wuchern wie später nie wieder. In den Molassetrögen vor dem Variskischen Gebirge versanken ungeheure Urwälder und riesige Moore. Diese gewaltigen Pflanzenfriedhöfe gerieten, als sich das Gebirge weiter hob, unter starken Druck und verkohlten. Auf diese Weise entstand die Steinkohle, die heute in Nordamerika, Frankreich, Deutschland und Polen abgebaut wird.

Der Superkontinent Pangaea bot den Landtieren die einzigartige Entwicklungschance eines von den nördlichen mittleren Breiten bis zum Südpol zusammenhängenden Lebensbereichs. Gondwana, der südliche Teil von Pangaea, erlebte im Unteren Perm das Maximum der permokarbonen Vereisung. Die Vereisung ging im Mittleren Perm zurück und war im Oberen Perm beendet. Aber auch zu dieser Zeit herrschte auf dem südlichen Kontinent noch ein kühles Klima. Der nördliche Kontinent hatte währenddessen je nach der geographischen Breite ein tropisch-feuchtes bis subtropisch-trockenes Klima.

Im großen Lebensraum Pangaea stiegen die Saurier zur beherrschenden Tiergattung auf. Bisher hat man geglaubt, sie seien sämtlich wechselwarme Tiere gewesen wie die heutigen Echsen. 1951 zeigte jedoch der deutsche Paläontologe F. Schuh, daß einige Saurier einen Körperbau hatten, wie er nur bei Warmblütern vorkommt. 1969 untersuchte der französische Paläontologe A. de Ricqlès Dünnschliffe von Saurierknochen und entdeckte, daß es Saurierarten gab, bei denen die Knochen Jahresringe hatten wie bei heutigen wechselwarmen Tieren, deren Knochen in der kühlen Jahreszeit langsamer wachsen als in der warmen Jahreszeit. Andere Saurierarten zeigten diese Jahresringe nicht. Sie müssen Warmblüter gewesen sein. 1975 wies der amerikanische Paläontologe Robert T. Bakker auch anhand weiterer Befunde nach, daß sich ein Teil der Saurier von Anfang an den rauhen klimatischen Verhältnissen des südlichen Kontinents angepaßt und die Fähigkeit erworben hatte, seine Bluttemperatur unabhängig von den Einflüssen der Umwelt konstant zu halten. Warmblütigkeit ermöglicht auch, die Nahrung rationeller auszunutzen. Bakker schreibt, man wisse heute genau, wer damals wen gefressen hat, und könne aus den Funden das Beute-Räuber-Verhältnis berechnen. So sei der Nachweis möglich, daß fleischfressende wechselwarme Saurier ein Vielfaches der Beute benötigten, mit der die warmblütigen auskamen. Außerdem haben einige Saurierarten ganzjährig in der Nähe der Eisgebiete gelebt. Das sei für wechselwarme Tiere unmöglich.

Meiner Meinung nach müssen auch die Flugsaurier und die Ichthyosaurier Warmblüter gewesen sein. Von einigen Flugsauriern glaubt man zu wissen, daß sie nur auf besonderen Plätzen (spitzen Felsen oder ähnlich exponierten Orten) landen konnten und den größten Teil ihres Lebens geflogen sind, sogar während des Schlafes. Die dafür erforderliche gleichmäßige Kraftentfaltung ist bei Wechselwarmen kaum denkbar. Die Ichthyosaurier wären als Wechselwarme sicher nie zu Tieftauchern geworden; die kühlen Wasserschichten am Meeresboden hätten sie bewegungsunfähig gemacht.

Die Saurier, unter denen es wie später bei den Säugetieren sowohl Pflanzenfresser als auch Raubtiere gab, brachten während der 163 Millionen Jahre des Erdmittelalters eine solche Fülle von Lebensformen hervor, daß man sagen kann, nahezu jeder Bauplan heutiger Säugetiere sei schon einmal von ihnen verwirklicht worden. Die Welt wimmelte damals von Sauriern in allen Größen, von winzigen und solchen mit Riesenwuchs. So war der Brachiosaurus, der ungefähr 40 Tonnen schwer wurde, das größte Landtier, das jemals auf Erden gelebt hat; nach Bakker übrigens ein Kaltblüter. Andere Saurier sahen wie Nilpferde oder Nashörner aus oder hatten bizarre Formen mit gezackten Rückenkämmen.

Als die Könige der Saurier gelten die Dinosaurier. Auch bei ihnen gab es Pflanzenfresser und Raubtiere. Die Dinosaurier waren, wie Bakker und andere bewiesen haben, Warmblüter. Als Warmblüter verfügten sie durch ihren verbesserten Stoffwechsel über genügend Energie, um sich lange Zeit schnell zu bewegen. Wechselwarme können das nur kurze Zeit und müssen dann innehalten, um neuen Sauerstoff ins Blut zu hecheln. Man kann das heute noch an jeder Eidechse beobachten. Die konstante Körpertemperatur ermöglichte es den Dinosauriern, auch kühle Klimagebiete als Lebensraum zu erobern. Die Pflanzenfresser unter ihnen konnten sich dort von spärlichem Bewuchs ernähren, weil sie bei der Nahrungssuche entsprechende Strecken zurückzulegen vermochten. Die fleischfressenden Dinosaurier machte die raschere Beweglichkeit des Warmblüters zu den fürchterlichsten Räubern ihrer Zeit. Manche hatten eine Art aufrechten Gang

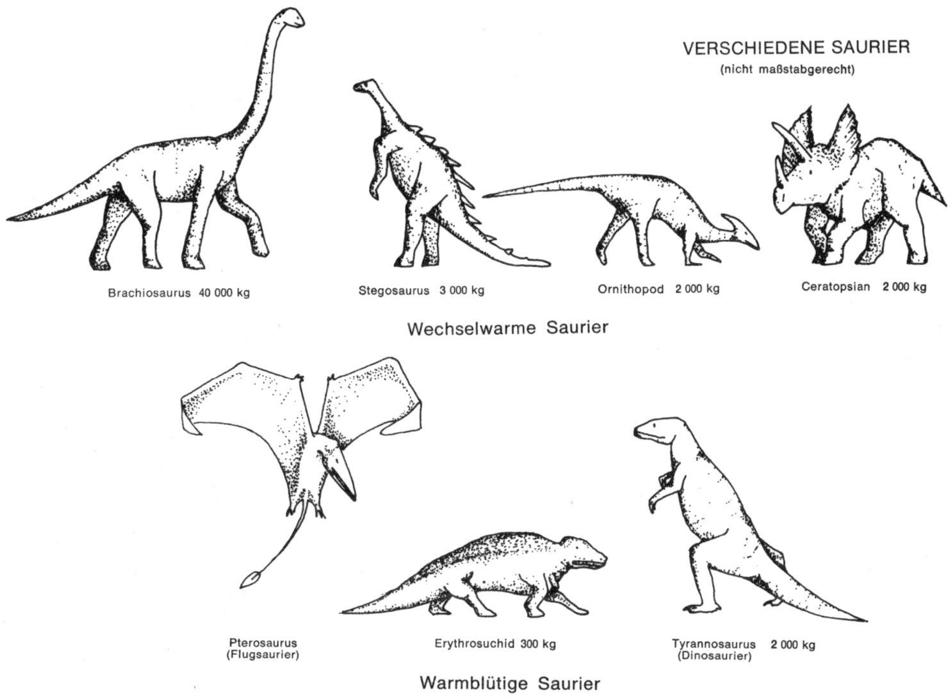

erfunden und rannten nur auf den Hinterfüßen. Dadurch erreichten sie eine größere Wendigkeit, die ihnen gegenüber ihrer Beute weitere Vorteile brachte.

Interessant ist die Tatsache, daß bei den Dinosauriern, die aufrecht gingen, die vorderen Gliedmaßen verkümmerten. Die Dinosaurier wußten offensichtlich nichts mehr mit ihnen anzufangen. Man kann das mit dem winzigen und noch wenig differenzierten Gehirn der Saurier in Zusammenhang bringen. Die Dinosaurier waren wahrscheinlich noch nicht intelligent genug, um die Vordergliedmaßen als Greiforgane zu benutzen. Das heißt aber nicht, sie seien lebensuntüchtig gewesen. Intelligenz ist keineswegs mit Lebenstüchtigkeit gleichzusetzen. Lebenstüchtigkeit kann auch auf andere Weise erreicht werden. Die Lebenstüchtigkeit der Saurier beruhte offenbar auf einer Organisation des Nervensystems, die sich von der Organisation des Nervensystems bei den Säugetieren, ihren Nachfolgern in der Herrschaft über die Erde, wesentlich unterschied. Die Hauptschaltstelle kann bei den Sauriern nicht in dem kleinen Gehirn gelegen haben. Wir müssen sie in den mächtig ausgebildeten Nervenknoten der Lendenwirbelsäule suchen. Diese Knoten waren bei manchen Sauriern zwanzigmal größer als das Gehirn. Vielleicht hatten die Saurier dort so perfekte Instinkte gespeichert, daß sie noch kein lernfähiges Gehirn entwickeln konnten.

In den Dinosauriern sind auch die Drachen zu erkennen, die durch unsere Sagen und Kinderträume geistern. Ihre Warmblütigkeit, die sie von anderen Sauriern unterschied, wird darin meist etwas übertrieben als heißer, oft sogar als feuriger Atem dargestellt. Zu weit hergeholt? Vorfahren von uns, Säugetiere, in deren genetisches Gedächtnis sich das Bild der furchtbaren Feinde tief eingeprägt haben muß, lebten schon zur Saurierzeit. Sie gaben das Feindbild mit den Genen an ihre Nachkommen weiter. So ist es bis zu uns gelangt.

Die ersten primitiven Säuger lebten bereits während der Trias. Es waren etwa rattengroße Tiere, Warmblüter, die sich von Insekten ernährten. Sie hatten keine lichtschützende Chitinhaut mehr wie die Saurier, sondern ein Haarkleid. Während des Erdmittelalters war es ihnen offensichtlich noch nicht möglich, sich gegen die alles beherrschenden Saurier durchzusetzen. Sie blieben klein und unscheinbar.

Es muß aber bei ihnen von Anfang an eine Linie gegeben haben, in deren genetischem Programm die Tendenz enthalten war, den Lebenskampf weniger durch eine immer zweckmäßigere Anpassung des Körpers und seiner Gliedmaßen an die Verhältnisse der Umwelt als durch einen immer besseren Gebrauch des unspezialisierten Körpers zu bestehen. Oder sollte man vielleicht sagen, sie waren zur Anpassung weniger begabt und mußten deshalb eine andere Begabung entwickeln, nämlich mit dem unspezialisierten Körper immer etwas zweckmäßiger zu reagieren als rein instinktgebundene Wesen?

Diese Schlüsse sind aus einem biologischen Gesetz zu ziehen, das an der ganzen Entwicklungsgeschichte des Lebens abzulesen ist: Spezialisierungen lassen sich nicht rückgängig machen. Der Mensch kennt nur zwei Spezialisierungen. Die eine betrifft den Fuß als Organ des zweibeinigen Gehens. Sie machte die Hand frei für den Gebrauch als universelles Werkzeug. Die zweite betrifft das Gehirn. Es spezialisierte sich als immer leistungsfähigeres Lernorgan, das die angeborenen Verhaltensweisen durch erlernte Verhaltensweisen nach und nach in den Hintergrund drängte. Jede andersartige Spezialisierung in der langen Kette unserer tierischen Vorfahren hätte von der Menschwerdung weggeführt und sie unmöglich gemacht. In diesem Sinne muß die Menschwerdung schon zur Saurierzeit begonnen haben. Sie hatte damals aber noch nichts mit Werkzeuggebrauch zu tun, sondern bestand im wesentlichen erst in der Möglichkeit, die riesigen instinktgebundenen Ungeheuer listig anzugehen, ihnen durch flexibleres Verhalten zu entkommen oder sie gar zu besiegen. Und in der Tat finden wir auch in den Drachensagen fast immer das Motiv des Überlistens.

Wir erkennen diese und andere genetische Erinnerungen an die Zeit des Erdmittelalters, die noch heute in manchem unser Tun mitbestimmen, nur schwer als Erinnerungen. Dem genetischen Gedächtnis fehlt die Zeitperspektive, die das Lerngedächtnis auszeichnet. Es übermittelt nur Bilder, durch die Freund und Feind unterschieden wurden, und Verhaltensmuster, die sich in langen Generationen als biologisch richtig erwiesen hatten, weil man mit ihnen überlebte. Vielleicht bot der Vernichtungsdruck der

Saurier gegen die winzige warmblütige Konkurrenz sogar einen der frühen Anreize auf dem Wege zur Menschwerdung: als unspezialisierte Säuger durch gelernte Verhaltensweisen gegen die Kolosse zu bestehen.
Weder die Entwicklung der Säuger noch die Menschwerdung wären möglich gewesen ohne die stetig verbesserte Tätigkeit der Pflanzen. An den Landpflanzen des Erdmittelalters ist die interessante Erscheinung zu beobachten, daß sie immer raffiniertere Organe ausbildeten, um das Sonnenlicht für die Assimilation von Kohlendioxyd nutzbar zu machen. Diese Entwicklung beruhte auf dem sinkenden Gehalt der Atmosphäre an Kohlendioxyd. Gleichzeitig stieg ihr Gehalt an Sauerstoff. Vielleicht war er gegen Ende des Mesozoikums vom heutigen Wert (21 Prozent) nicht mehr sehr weit entfernt. Die Filterwirkung der Ozonschicht war bereits so gut, daß die Säugetiere keinen besonderen Lichtschutz mehr benötigten. Sie konnten ihr Haarkleid als Organ zur Regulation der Körperwärme ausbilden und es den Klimaverhältnissen anpassen. Die unspezialisierten Säuger kamen in die Lage, sich immer mehr Gehirn zu leisten. Das Gehirn ist das Organ mit dem höchsten Sauerstoffbedarf. Seine Höherentwicklung war nur bei einem entsprechenden Gehalt der Atmosphäre an Sauerstoff möglich.
Vermutlich überstanden die Saurier im Erdmittelalter nicht nur alle Anfechtungen der Säuger, sondern auch alle geologischen Umschwünge der damaligen Zeit, solange sie in »ihrer« Atmosphäre lebten, an die sie von Anfang an angepaßt waren. Der steigende Sauerstoffgehalt der Atmosphäre begünstigte aber schließlich die Entwicklung der Säuger und besiegelte möglicherweise das Schicksal der Saurier.
Die geologischen Veränderungen des Erdmittelalters hingen mit zwei großräumigen Vorgängen zusammen: Einmal brach der Superkontinent Pangaea auseinander, zum anderen weitete sich die Geosynklinale der Tethys zu einem erdumspannenden System von Tiefseegräben aus. Zur Zeit des Superkontinents herrschte ausgesprochene Geokratie. Der Spiegel des Weltmeeres hat wahrscheinlich nie wieder so tief gelegen wie während der permokarbonen Vereisung. Als das Eis schmolz, überflutete das Meer weite Landstriche. Andere gingen beim Auseinanderbrechen des Kontinents unter.
Als erster Teil trennte sich Australien von Pangaea. Manche Geologen vertreten die Ansicht, das sei schon 50 Millionen Jahre nach der Bildung des Superkontinents geschehen, also noch vor dem Ende des Perms. Von der Entwicklung der Säuger her ist dieser frühe Zeitpunkt jedoch kaum glaubhaft. Australien kann nicht eher von Pangaea weggedriftet sein als es primitive Säuger gab, d. h. erst am Ende der Triaszeit. Denn in Australien haben die primitiven Säuger, hauptsächlich Beuteltiere, überlebt und eine Vielzahl von Arten hervorgebracht, ohne dabei ihren Bauplan noch wesentlich zu verbessern. Die Biologen sprechen hier von einem Inseleffekt, der bewirkt, daß sich eine altertümliche Lebensform erhält, weil sie nicht der Konkurrenz höher entwickelter Lebensformen ausgesetzt ist.

Der gleiche Inseleffekt ist in Südamerika zu beobachten. Dort entwickelte sich im Tertiär ebenfalls eine artenreiche Beuteltierfauna. Daneben gab es in Südamerika aber noch zahlreiche Arten von primitiven Huftieren. Daraus muß man schließen, daß Südamerika später als Australien von Pangaea weggedriftet ist, aber noch bevor die echten Säuger entstanden waren. (Mit dem Wegdriften begann sich der Südatlantik zu öffnen.) Die heutigen echten Säuger Südamerikas sind erst am Ende des Tertiärs eingewandert, als Nord- und Südamerika verbunden wurden. Danach starben die Beutel- und primitiven Huftiere in Südamerika aus.

Auf allen übrigen heutigen Kontinenten wurden in der Erdneuzeit die primitiven von den echten Säugern gleichzeitig verdrängt. Bis zu diesem Zeitpunkt müssen die Platten wenigstens noch über Landbrücken und Inselbögen zusammengehangen haben.

Die ersten echten Säuger, die Pantotherien, lebten im Dogger. Sie waren etwa rattengroß, ähnelten den heutigen Spitzhörnchen und ernährten sich von Insekten.

Wahrscheinlich im Malm begann Nordamerika von Nordeuropa und Afrika wegzudriften. (Nun öffnete sich auch der Nordatlantik.) Etwas später, in der Kreidezeit, brachen die Nähte zwischen Eurasien und Afrika. Man darf sich diese Vorgänge aber nicht als eine Aufeinanderfolge von weltweiten Katastrophen vorstellen. Zwischen den Platten des ehemaligen Superkontinents sanken Gräben ein, die nur sehr allmählich breiter wurden, vergleichbar dem heutigen Oberrheingraben (Abb. 15) oder dem Roten Meer mit dem ostafrikanischen Grabensystem. Die Katastrophen, die von den Plattenbewegungen ausgelöst wurden, waren mehr örtlicher Natur. Es gab große Überschwemmungen, Vulkane entstanden, die Erdbeben häuften sich.

Bis zur Oberkreidezeit hatten sich die örtlichen Katastrophen aber schließlich zu einer weltweiten Veränderung summiert. Während keiner anderen Epoche der Erdgeschichte standen so wenig Festländer so großen Ozeanen gegenüber wie damals. Diese extreme Thalattokratie hing mit der Auffaltung der Alpen und der anderen neuen Faltengebirge zusammen, die in der Oberkreidezeit zu unterseeischen Gebirgen gehoben wurden und die Tiefen zum Festland mit Flysch auffüllten. Die gewaltige Meerestransgression der Oberkreidezeit war eine Folge der Wasserverdrängung durch die neuen Faltengebirge.

Vom Beginn der Erdneuzeit an wurde der weltumspannende Gebirgsgürtel in Etappen an die Atmosphäre gehoben: als das größte und höchste Gebirgssystem, das je auf der Erde existiert hat. Denn nie zuvor sind solche Massen von organogenen Sedimenten wie die mächtigen Ablagerungen vom Perm bis zur Unterkreide mit ihren Kalken, Mergeln und Tonen in einer Geosynklinale versenkt und zu Gebirgen zusammengeschoben worden. Man schätzt, daß seit der Oberkreidezeit bis heute etwa 10 000 bis 20 000 Meter Flysch, Molasse und derzeit noch unverfestigte Trümmer von dem Gebirgssystem abgetragen wurden. Das Gebirge ist aber sicher nie höher gewesen als jetzt. Von einer gewissen Höhe ab werden Berge schneller abgetragen, als sie aufsteigen.

Der Einschnitt zwischen Erdmittelalter und Erdneuzeit ist früher vielfach als eine Epoche ungeheurer Katastrophen mißverstanden worden. In die richtige Zeitperspektive gestellt, geschahen die meisten Veränderungen nur allmählich. Auch die Saurier, die Ammoniten und die Belemniten starben nicht von einem Tag auf den anderen aus, sondern während der letzten zwei Millionen Jahre der Oberkreidezeit. Die Säugetiere traten an die Stelle der Saurier. Sie entfalteten sich binnen kurzem zu einem ähnlichen Formenreichtum, wie es ihn zuvor bei den Sauriern gegeben hatte, und wurden die beherrschenden Tiere des Landes. Der Stammbaum des Lebens, wie wir ihn heute zeichnen können (siehe Skizze S. 140), war zu Beginn der Erdneuzeit mit allen Pflanzen- und Tierstämmen fertig. Seitdem haben sich zwar immer wieder neue Arten entwickelt, aber weder ein neuer Pflanzen- noch ein neuer Tierstamm.

Die Pflanzen zu Beginn der Erdneuzeit gleichen in etwa schon denen, die wir auch heute auf den Festländern finden. Als »moderne« Pflanzen haben sie weiter verbesserte Organe zur Assimilation von Kohlendioxyd. Aber viele Arten sind kleiner geworden; sie leiden inzwischen merklich an Kohlendioxydmangel. Das läßt sich in jedem Treibhaus nachprüfen. Wenn man dort die Atmosphäre mit Kohlendioxyd anreichert, wachsen die meisten Pflanzen schneller, werden größer und tragen mehr Früchte.

Da diese modernen Pflanzen bereits an eine kohlendioxydarme und sauerstoffreiche Atmosphäre angepaßt sind, muß sich der Kohlendioxydgehalt der Atmosphäre seit ihrem Entstehen nochmals verringert haben. Wahrscheinlich würde er auch in unserer Zeit weiter sinken (heutiger Gehalt nur noch 0,03 Volumenprozent), hätte nicht der Mensch begonnen, in der Erde in Form von Kohle und Erdöl stillgelegten Kohlenstoff aus der früheren Erdatmosphäre in großen Mengen zu verbrennen und so den Kohlendioxydgehalt der Atmosphäre wieder zu erhöhen.

Das langsame Steigen des Sauerstoffgehalts der Atmosphäre hatte einst den Schritt des Lebens vom Wasser aufs Land ermöglicht. Seine sprunghafte Vermehrung im Karbon führte zum Aussterben vieler früherer Pflanzen. Das sollte uns auf den Gedanken bringen, daß möglicherweise auch der Wechsel der Fauna an der Wende vom Erdmittelalter zur Erdneuzeit mit dem steigenden Sauerstoffgehalt der Atmosphäre und der höheren Filterwirkung der Ozonschicht zusammenhing. Bei den Ammoniten und Belemniten hatte die Vergiftung des Meerwassers durch Sauerstoff möglicherweise einen Schwellenwert überschritten, der für ihren Organismus jenseits der Erträglichkeitsgrenze lag. Den Sauriern dürfte der steigende Sauerstoffgehalt selbst nichts ausgemacht haben. Aber sie waren vielleicht auf eine Mindestmenge von ultraviolettem Licht angewiesen und benötigten es für einen wichtigen Lebensprozeß. So etwa wie der Mensch nur

STAMMBAUM DES LEBENS

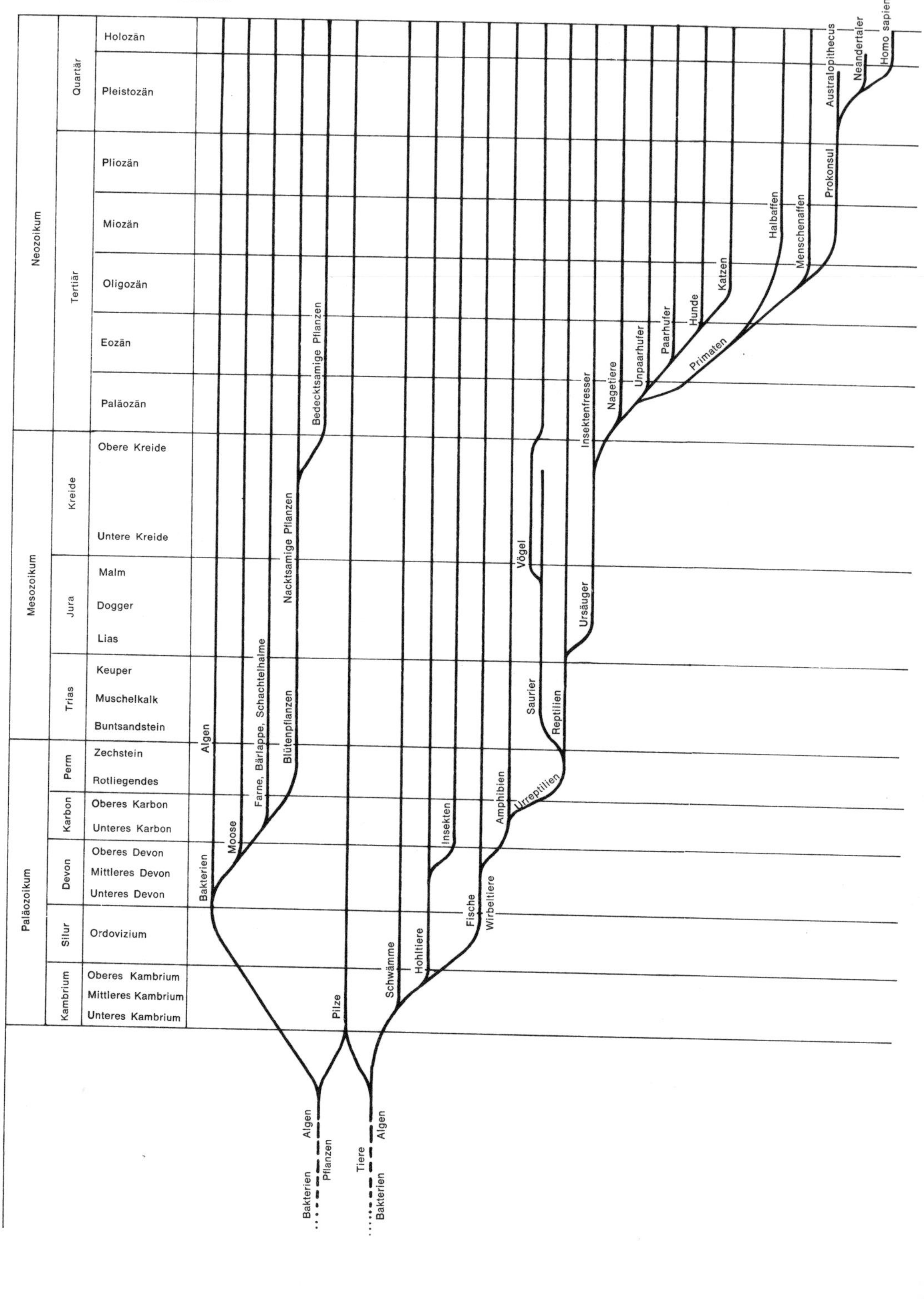

dann Vitamin D in seiner Haut bildet, wenn er sie dem Licht aussetzt. Wir können Vitamin D, das uns fehlt, mit der Nahrung aufnehmen. Möglicherweise gab es den Stoff, den die Saurier unter dem Chitinpanzer erzeugten, in ihrer Nahrung nicht, und sie mußten schließlich zugrunde gehen.

Freilich sind nicht alle Saurier ausgestorben, sondern nur die Großsaurier. Einfachere Formen wie Krokodile und Schildkröten leben als Nachfahren der wechselwarmen Saurier noch heute. Einige warmblütige Dinosaurier haben, laut Bakker, ihre Schuppen in Federn verwandelt und das Fliegen gelernt: Ihre zwergwüchsigen Nachfahren sind die Vögel.

5. DIE LANGE VORGESCHICHTE DER ERDE

Das Bild der Erdgeschichte, wie es hier in den wichtigsten Zügen dargestellt wurde, ist so erst in den siebziger Jahren unseres Jahrhunderts sichtbar geworden und noch keineswegs endgültig. An seinen Konturen, die durch das Zusammenwachsen von Krustenplatten zu Kontinenten und das darauffolgende Auseinanderbrechen der Kontinente gegeben sind, wird sich im Grunde kaum noch etwas ändern. Die Forschungen jedoch, welche Wege einzelne Krustenplatten zu verschiedenen Zeiten eingeschlagen haben, stehen erst ganz am Anfang. Da ist man künftig vor keiner Überraschung sicher.

Kürzlich haben Paläontologen begonnen, mikroskopisch kleine Lebewesen in den Ablagerungen der Kreidezeit weltweit zu erfassen, ihre Daten in Komputern zu speichern und unter stratigraphischen Gesichtspunkten auszuwerten. Dabei stellte sich, wie der Tübinger Geologe und Paläontologe Dietrich Herm berichtet, u. a. folgendes heraus: »So weisen etwa Tiersippen, die auf ein relativ enges Verbreitungsgebiet beschränkt gewesen sind, auf direkte Zusammenhänge zwischen ehemaligen Ablagerungsgebieten hin, obwohl diese Gebiete durch tektonische Bewegungen — wie Kontinentaldrift-Vorgänge — später unter Umständen weit voneinander entfernt wurden. Die Kreideablagerungen im Gebiet von Südmarokko stehen z. B. mit den Kreidegesteinen im Mittelwesten Nordamerikas in engerer Beziehung als mit denen des benachbarten Atlasgebirges.«

Bis solche und andere moderne Untersuchungsmethoden möglich wurden, konnten die Geologen nur angeben, welche Teile der heutigen Kontinente zu welcher Zeit Meeresböden und zu welcher Zeit Festland waren. Alle diese Teilgeschichten zu einem ersten befriedigenden und sicher noch in vielem verbesserungsbedürftigen Gesamtbild der Erdgeschichte zusammenzufügen gelang erst, nachdem man begonnen hatte, die Böden der Ozeane mit den neuesten technischen Geräten zu untersuchen. In allen früheren Bildern der Erdgeschichte wurden die Teilgeschichten weniger durch Tatsachenbefunde als durch gedankliche Konstruktionen verknüpft. Das bedeutete: Der Mensch mit seinen Denkzwängen und Denkgewohnheiten war in ihnen allgegenwärtig, insbesondere mit seinem (vielfach unbewußten) Bestreben, sich nicht selbst den festen Boden unter den Füßen wegzuziehen. Die Wahrheit, die heute kaum noch bezweifelt werden kann, ist, daß die zahlreichen größeren und kleineren Platten, aus denen die Erdkruste besteht, nicht nur gehoben, gesenkt und horizontal verschoben werden, sondern auch Drehbewegungen ausführen.

Die gleichen Belege von den Ozeanböden, die eine neue sinnvolle Ordnung der Erdgeschichte ermöglichten, haben auch etwas Licht in die lange Vorgeschichte der Erde gebracht, in die Zeit, bevor das Kambrium begann. Eine plausible Gliederung des Präkambriums anhand von Schichtfolgen und Diskordanzen wie in der Erdgeschichte wollte nie so recht gelingen. Es fehlen ja im frühen Präkambrium ganz und im späten Präkambrium noch weitgehend die Fossilien, die sonst für die erdgeschichtliche Einordnung die wesentlichen Anhaltspunkte geben. Die Möglichkeit, mit atomphysikalischen Meßverfahren das genaue Alter von Gesteinen zu bestimmen, brachte die Forscher einen ersten Schritt weiter. Das Präkambrium erschien jetzt als eine monotone Folge von Gebirgsbildungen und Gebirgsabtragungen, die sich im Zyklus von etwa 300 Millionen Jahren wiederholten.

Die Erforschung der Ozeanböden hat zu zwei Modellvorstellungen geführt, die etwas Inhalt in dieses ewige Einerlei der Vorgeschichte bringen. Allerdings sind die Modellvorstellungen gegensätzlich und haben zur Zeit noch ungefähr denselben Wahrscheinlichkeitsgrad. Die eine besagt, die Erdkruste werde zunehmend mobiler und in immer kleinere Platten zerstückelt; die andere: die Erdkruste werde zunehmend stabiler, und die Landmassen müßten sich zu immer größeren Kontinenten konsolidieren.

Beide Denkmodelle verleihen den Ereignissen der Erdvorgeschichte einen gewissen Einmaligkeitscharakter. Damit besteht aber auch die Möglichkeit, die Vorgeschichte der Erde nicht mehr bloß als rhythmische Aufeinanderfolge physikalischer und chemischer Prozesse zu verstehen, sondern als geschichtlichen Ablauf. Diesen Ablauf zu erfassen ist aber außerordentlich schwierig; denn bei der Erdvorgeschichte handelt es sich um einen Zeitraum, der das menschliche Vorstellungsvermögen bei weitem überschreitet.

Man nimmt heute an, daß die Erde vor etwa 5,5 Milliarden Jahren entstanden ist – auf welche Weise, wissen wir nicht. Sagen wir vorsichtig: Sie hat sich aus kosmischer Materie etwa zur selben Zeit zusammengezogen wie die Sonne, die übrigen Planeten und Monde und schon bald eine erste feste Kruste bekommen, von der heute nichts mehr übriggeblieben ist. Wenn wir eine geologische Uhr konstruieren und die gesamte Zeitdauer, seit der die Erde existiert, mit einer Umdrehung des Stundenzeigers gleichsetzen, dann dauert die Erdgeschichte von zehn Uhr vierzig bis zwölf Uhr, alles davor, die ersten gut zehneinhalb Stunden, waren Vorgeschichte, Präkambrium.

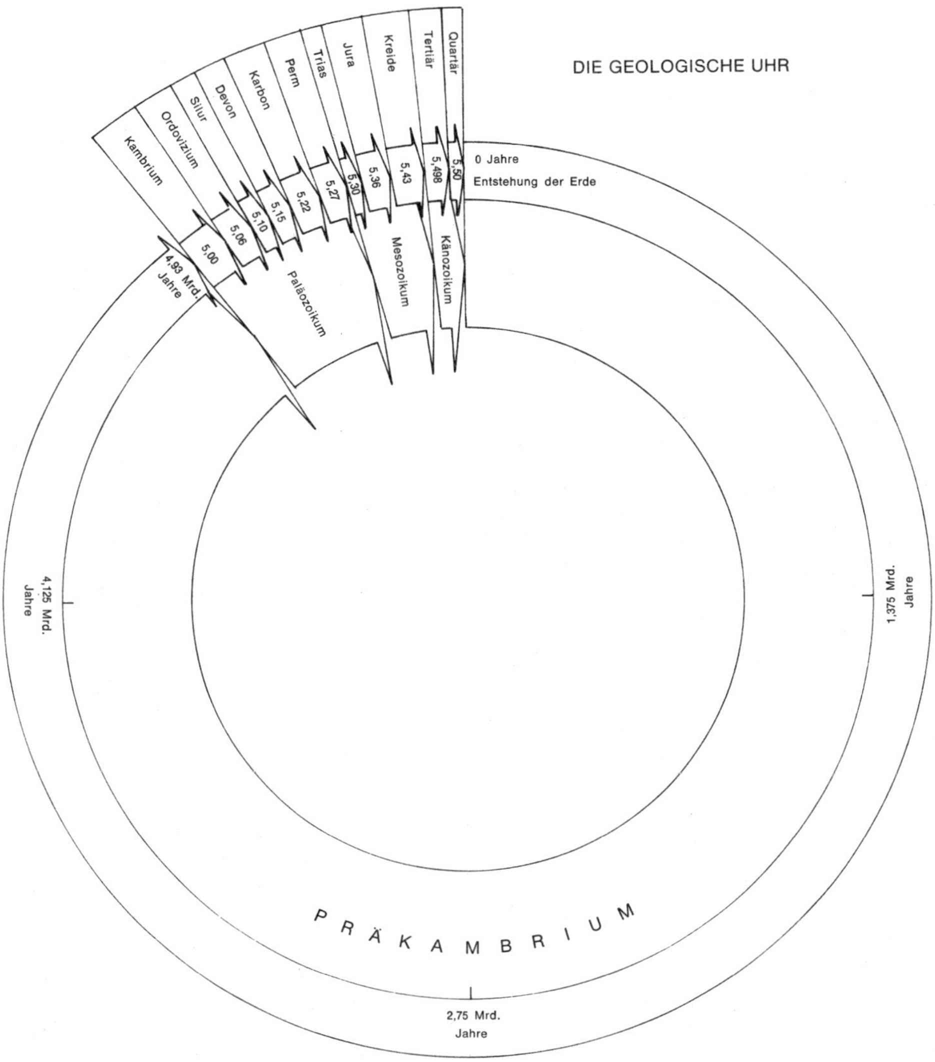

Man hat sich überlegt: In dieser langen Zeitspanne von über fünf Milliarden Jahren dürfte es am Anfang kein Leben gegeben haben. Also müßte sich das Zeitalter des Azoikums (griech. = unbelebt) vom Zeitalter des verborgenen Lebens, des Kryptozoikums (griech. kryptos = verborgen), trennen lassen. Andere Autoren versuchten, ein Archaikum (Zeitalter des urtümlichen Lebens) von einem Proterozoikum (Zeitalter der ganz frühen Lebewesen) zu unterscheiden. Aber es war unmöglich, diese rein theoretischen Begriffe mit irgendwelchen Erdschichten in Zusammenhang zu bringen und Anhaltspunkte für eine Datierung der Abschnitte zu finden. In der folgenden Tabelle sind die wichtigsten Gliederungsversuche des Präkambriums zusammengestellt.

Gliederungsvorschläge für das Präkambrium

	Beginn vor Mill. Jahren	Gliederungvorschläge I	II	III		IV
	600		Eokambrium (Spätes Präkambrium)		Oberes	
	1000					Riphaikum
	1500				Mittleres	
	2000			Proterozoikum	Unteres	Proterozoikum
	2500					Archaikum
	3000					
	3500	Kryptozoikum	Frühes Präkambrium	Archaikum		Katarchaikum
	4000					
Präkambrium	5500	Azoikum				
Entstehung der Erde						

Keiner der vier Gliederungsvorschläge dieser Tabelle kommt, was die Einteilung angeht, ohne Willkürlichkeiten aus. Selbst die Annahme eines Azoikums, die allen gemeinsam ist, scheint fraglich, seit Astrophysiker in Wolken interstellaren Gases mehrere einfache und einige kompliziertere organische Moleküle nachgewiesen haben. Zudem ist in der Biologie die Grenze zwischen belebter und toter Materie unscharf geworden. Viren sind weder eigenständiges Leben, denn sie können sich nur in lebenden Organismen vermehren, noch anorganische Materie. Anorganische Materie kann sich überhaupt nicht vermehren. Wahrscheinlich hat es auch am Anfang der Erdgeschichte einen fließenden Übergang von unbelebter zu belebter Materie gegeben.

Die Erörterung solcher Fragen war bis vor kurzem rein spekulativ. Aussagen, die wenigstens in den Grundzügen richtig sein dürften, gibt es erst, seit bei der Erforschung der Ozeanböden die Antriebsmechanismen sichtbar wurden, welche die Platten der Erdkruste über den Globus bewegten, und seit die Molekularbiologie die Entstehung des Lebens als einen Prozeß der Selbstorganisation von Materie erklärt hat. Auf dieser Basis scheint es heute möglich, auch Beziehungen zwischen der Vorgeschichte der Erde und der Vorgeschichte des Lebens herzustellen.

Beginnen wir mit den Ergebnissen der Ozeanforschung. Im Jahre 1913 erfand der deutsche Physiker Alexander Behm (1880–1952) das Echolot, das anhand der Laufzeit von Schallwellen die Tiefe des Ozeanbodens mißt. Damit war ein Verfahren geschaffen, die Gestalt der Meeresböden zu erkennen. Sie sind keineswegs einförmige tiefe Mulden, wie man früher angenommen hatte, sondern durch unterseeische Gebirge gegliedert und von Ketten unterseeischer Vulkane durchbrochen. An vielen Stellen versinken sie jäh in Tiefseegräben.

Vielleicht die wichtigste geologische Entdeckung der neueren Zeit ist der Mittelatlantische Rücken, ein Gebirge, für das es vom Bauplan her auf dem Land zunächst kein Gegenstück zu geben schien. Sie gelang den Wissenschaftlern, die auf dem deutschen Forschungsschiff Meteor I in den Jahren 1925–1927 den Atlantik vermaßen. Die Echolotpeilungen zeigten ein Gebirge, dessen Basisbreite zwischen 500 und 1 000 Kilometern schwankt und dessen Gipfel sich 4 000 bis 5 000 Meter über den Meeresboden erheben. Es zieht sich in einer S-förmigen Kurve ungefähr parallel zu den Küstenlinien Nord- und Südamerikas einerseits und Europas und Afrikas andrerseits von Island bis in die polaren Regionen des Südatlantiks. Die Insel Island ist ein über den Meeresspiegel ragender Teil dieses Gebirges.

Die aufregendsten Entdeckungen am Mittelatlantischen Rücken gelangen aber erst, als moderne elektronische Geräte es erlaubten, auch in Tausenden von Metern Meerestiefe den Magnetismus der Gesteine zu messen. Diese Forschungen wurden ergänzt durch Bohrproben, die vom Grund der Ozeane heraufgeholt wurden. Sie gaben Aufschluß über die Gesteinsarten, aus denen der Meeresboden besteht, über ihr Alter und ihre Magnetisierung.

Island ist durch ausquellendes Magma entstanden und völlig aus Lava aufgebaut. Die Vermutung lag deshalb nahe, daß auch die übrigen Teile des Mittelatlantischen Rückens vulkanischen Ursprungs sein könnten. Das wurde durch die Bohrkerne bestätigt, die darüber hinaus auch noch eine nicht erwartete Tatsache verrieten: Der Boden des Atlantiks ist nicht überall gleich alt. Die jüngsten Gesteine findet man beiderseits des Mittelatlantischen Rückens, die ältesten vor den Schelfen der Kontinente. Da der Mittelatlantische Rücken deutlich in zwei Hauptkämme geteilt ist, ließen diese Befunde nur eine Deutung zu: Hier steigt Magma aus dem Erdinneren auf, während die Platten, die Europa und Afrika, und die Platten, die Nord- und Südamerika tragen, voneinander wegdriften. Im Mittelatlantischen Rücken entsteht aus Magma neuer Ozeanboden.

Die Erdkruste wird hier nur von Sima gebildet, auf dem eine dünne Schicht von Lockersedimenten lagert. Die Kruste erreicht unter den Ozeanen nur eine Dicke von fünf bis zehn Kilometern. Erst an den Schelfen der Kontinente beginnt die auf dem Sima liegende Sialschicht. Unter den Flachländern hat die Kruste (Sima und Sial zusammen) eine Stärke von 25 bis 40 Kilometern, unter den Hochgebirgen bis zu 60 Kilometern. Sie ist also um so dicker, je höher sie über den Meeresspiegel aufragt. Man führt das darauf zurück, daß die spezifisch leichteren Krustenteile ähnlich wie Eisberge auf dem spezifisch schwereren zähplastischen Material des Oberen

Erdmantels schwimmen und um so tiefer einsinken, je größer ihr Gewicht an der betreffenden Stelle ist. Das wird als Isostasie (Lehre vom Verdrängungsgleichgewicht zwischen Kruste und Oberem Mantel) bezeichnet.
Durch die weltweite Zusammenarbeit der Wissenschaftler im Rahmen des Internationalen Geophysikalischen Jahres 1958 und durch die Erforschung des Pazifiks und des Indiks in den Jahren 1959–1965 ergab sich, daß der Mittelatlantische Rücken kein auf den Atlantik beschränktes Bauelement der Erdkruste ist, sondern in anderen Ozeanen Fortsetzungen findet, in einem weltweiten System untermeerischer Gebirge vom Bautyp des Mittelatlantischen Rückens. In allen diesen Gebirgen entsteht neuer Meeresboden.
Wenn sich irgendwo Meeresboden neu bildet, muß irgendwo anders Erdkruste im Erdinneren verschwinden. Die Stellen, wo das geschieht, sind die Tiefseegräben. Hier wird eine Platte unter die andere geschoben, in die Tiefe gedrückt und schmilzt dort schließlich auf. Das geht natürlich nicht ohne Störungen ab. Wenn die Krusten aneinander hängenbleiben und sich ruckartig wieder voneinander lösen, gibt es Erdbeben (Abb. 45 bis 47). Wo in den höheren Zonen das Gestein durch Druck- und Zugspannungen aufschmilzt, speisen Magmaherde Vulkane (Abb. 55) oder bilden sich Plutone. Damit war erklärt, warum sich sowohl Erdbeben wie Vulkane in bestimmten Zonen der Erde häufen, z. B. rund um den Pazifik und im Mittelmeerraum. Überall dort werden Platten der Erdkruste unter die Blöcke der Kontinente geschoben, überall dort verschwindet Meeresboden im Erdinneren.
Über den Mechanismus, der das Ganze antreibt, herrschte lange Zeit Unklarheit. Zunächst dachte man daran, das Magma, das in den unterseeischen Rücken aufsteigt, drücke die Platten auseinander. Aber Rechnungen zeigten sehr bald, daß Magma, das aus Spalten austritt, keineswegs solche Seitendrucke aufbauen könnte. Dann gab es die Theorie, die Platten bewegten sich selbst über die tieferen Erdschichten und würden dabei durch Kräfte aus der Erdrotation und durch Gezeitenkräfte angetrieben. Aber auch hier ergaben die Rechnungen: Auf diese Weise können Kräfte in der benötigten Größenordnung nicht erzeugt werden.
So blieb als letztes die Modellvorstellung, daß in der Zone der Erde, die unter der Kruste liegt, im Erdmantel, vertikal kreisende Konvektionsströmungen heiße Materie zur kühlen Oberfläche transportieren. Dort wird sie abgekühlt und sinkt wieder nach unten. Man kann das etwa mit einem Wassertopf vergleichen, der auf einer Wärmequelle steht. Von seinem Boden steigt heißes Wasser in kreisenden Bewegungen auf, gibt an der Oberfläche Wärme ab und sinkt wieder nach unten. Wenn sich Schaum auf der Oberfläche befindet, ist zu beobachten, daß er von den Konvektionsströmungen an einigen Stellen zusammengeschoben, an anderen verdünnt und auseinandergetrieben wird.
Bei diesem Modell ergaben sich rechnerisch für die Erde Kräfte von einer Größenordnung, wie man sie »braucht«, wenn Platten vom Gewicht

Amerikas verschoben werden sollen. Die Schwierigkeit dieser Theorie besteht in folgendem: Nach Untersuchungen von Erdbebenwellen verhält sich der Erdmantel Schwingungen gegenüber wie feste Materie. Konvektionsströmungen sind aber nur in flüssiger Materie denkbar.

Die (heute noch umstrittene) Lösung des Problems scheint darin zu liegen, daß sich ein Körper schnellen Schwingungen gegenüber wie feste Materie, über sehr lange Zeiträume hin aber dennoch wie zähflüssige Materie verhalten kann. Diese Theorie entwickelte der Edinburgher Geologe Arthur Holmes schon 1928. Ob sie auf den Erdmantel zutrifft oder nicht, hängt von dessen chemischer Zusammensetzung und dem Temperaturgefälle ab, das in ihm herrscht. Beide sind bis heute unbekannte Größen. Man kann also das Holmessche Prinzip der »säkularen Plastizität« eines sonst festen Körpers als Antriebsgrundlage der Krustenbewegung mit ebenso wenigen Gründen für richtig wie für falsch halten. Nur – ein plausibleres ist bisher noch nicht gefunden worden.

Beiderseits der Ozeanrücken nimmt nicht nur das Alter der Meeresböden mit dem Abstand vom Rücken zu. Auch die Magnetisierung der Gesteine ändert sich. Basalt, der die Ozeanböden bildet, enthält Eisen. Wenn Basalt erstarrt, behalten die Eisenatome in ihm die zu dieser Zeit am Ort herrschende Richtung des erdmagnetischen Feldes wie eingefrorene Kompaßnadeln bei. Die Untersuchung der Bohrproben und Bodenmessungen von Forschungsschiffen aus brachten ein weiteres von niemandem erwartetes Ergebnis: Die Richtung des erdmagnetischen Feldes hat sich in unregelmäßigen Zeitabständen umgepolt. Wo vorher der erdmagnetische Nordpol des Feldes war, baute sich, nachdem das Feld für kurze Zeit verschwunden war, der erdmagnetische Südpol auf. (Warum das geschieht, ist noch völlig unbekannt.)

Außerdem wandern, wie man schon länger wußte, die Magnetpole, so daß sich die erdmagnetische Achse auch zwischen Umpolungen dauernd verändert. Alle diese Bewegungen des erdmagnetischen Feldes sind in den Ozeanböden wie auf Tonbändern gespeichert. Und da man heute weiß, wie alt das Gestein in einem bestimmten Abstand von dem Rücken ist, läßt sich feststellen, wie das erdmagnetische Feld zu einer bestimmten Zeit ausgerichtet war (siehe Skizze S. 148).

Nun treten eisenhaltige Laven nicht nur auf den Böden der Ozeane auf, sondern auch auf den Kontinenten. Sie verzeichnen dort genauso wie auf den Ozeanböden die Richtung des erdmagnetischen Feldes zur Zeit ihres Erstarrens. Untersuchungen über den Paläomagnetismus (Magnetismus früherer Erdzeitalter) auf den Kontinenten führten oft zu dem Ergebnis, daß Teile von Festländern, die heute in einem Kontinent vereinigt sind, für die gleiche geologische Zeit verschiedene Richtungen des Magnetfeldes zeigen. Das Magnetfeld ist aber für die ganze Erde dasselbe. Die Krustenteile hatten demnach zu verschiedenen Zeiten verschiedene Stellungen zueinander. Wenn man sie so zusammensetzt, daß zu einer gegebenen Zeit

DER MITTELATLANTISCHE RÜCKEN (nach Wunderlich, vereinfacht)

die magnetischen Richtungen überall übereinstimmen, erhält man z. B. für das Perm den Superkontinent Pangaea, wie wir ihn im vorigen Kapitel kennengelernt haben. Auf diese Weise kommen im Modell Krustenplatten im Sinne des magnetischen Feldes aneinander. Wenn die angenommene Lage auch durch stratigraphische Befunde bestätigt wird, ist das Modell um vieles wahrscheinlicher. Wo Gebirgsteile, die heute weit auseinander liegen, für die Zeit ihrer Entstehung als einheitliches Gebilde erscheinen oder Lücken zwischen Sedimentationsräumen, die sonst unerklärlich bleiben, geschlossen werden, dürfte das Modell von der früheren Wirklichkeit nur noch wenig entfernt sein.

Weitere wichtige Beiträge zu den Fragen, wie die Erde heute aufgebaut ist, welche Bewegungen die Krustenplatten in der gegenwärtigen Zeit ausführen und wie man sich ihren Antriebsmechanismus vorstellen soll, leistete die Erdbebenforschung.

Bei einem Erdbeben werden zwei Arten von Schwingungen im Erdbebenherd ausgelöst: Longitudinalwellen, abgekürzt P-Wellen, und Transversalwellen, abgekürzt S-Wellen genannt. Longitudinalwellen sind wie Schallwellen Kompressionswellen. In ihnen breiten sich Druck und Unterdruck rhythmisch aus; die Teilchen schwingen dabei in der Fortpflanzungsrichtung. Transversalwellen entsprechen den Wellen, die entstehen, wenn man eine Geigensaite zupft oder streicht. In ihnen breiten sich elastische Schwingungen der Teilchen senkrecht zur Fortpflanzungsrichtung aus. Erdbebenwellen, die entlang der Erdoberfläche verlaufen, werden als Oberflächenwellen, abgekürzt L-Wellen, bezeichnet. Sie haben einen longitudinalen und einen transversalen Anteil. In den Forschungsinstituten werden die Erdbebenwellen jeweils von drei unabhängigen Seismographen (griech. seismos = Erdbeben) registriert, die getrennt die vertikale, die Nord-Süd- und die Ost-West-Komponente der Wellen aufzeichnen. Durch einen Vergleich von Messungen mehrerer Erdbebenstationen, die bestimmte Mindestentfernungen voneinander haben müssen, läßt sich die Lage des Erdbebenherdes ermitteln.

P-Wellen werden sowohl von festen als auch von flüssigen Stoffen weitergeleitet, denn feste wie flüssige Stoffe sind zusammendrückbar. Dagegen pflanzen sich S-Wellen ausschließlich in festen Stoffen fort. Nur in festen Stoffen können die Teilchen elastisch um ihre Mittellage schwingen. In Flüssigkeiten gleiten sie aneinander vorbei und schwingen nicht zurück.

Die Geschwindigkeit, mit der sich Erdbebenwellen ausbreiten, hängt von der Dichte des Mediums ab. Sie werden auch an den Grenzen verschieden

AUFBAU DES ERDKÖRPERS MIT DIAGRAMM DER ERDBEBENWELLEN
(nach A. Cailleux)

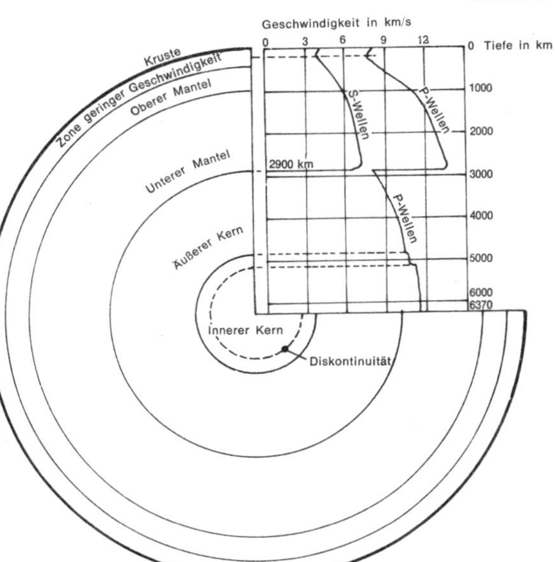

dichter Medien je nach Einfallswinkel reflektiert oder gebeugt. Auf diese Weise ist es möglich, die Dichteverhältnisse im Erdkörper zu errechnen und die Grenzzonen (Diskontinuitäten) zwischen verschieden dichten Medien zu orten. Das Ergebnis dieser Forschungen ist in der Skizze S. 149 dargestellt.

Die Erdbebenforschung hat, wie aus der Skizze ersichtlich, den Aufbau des Erdkörpers aus Kugelkalotten, der schon von früheren Forschern vermutet wurde, zur gesicherten wissenschaftlichen Erkenntnis gemacht. Allerdings wissen wir bis heute nicht, welche chemische Zusammensetzung die einzelnen Schalen und der Kern haben. Die Erdbebenwellen geben darüber keine Auskunft. An Materialproben aus Hunderten und Tausenden Kilometern Tiefe können wir nicht gelangen. Und alle Versuche, in Komputermodellen für bestimmte mögliche Zusammensetzungen eine größere Wahrscheinlichkeit zu errechnen, haben bisher zu keinen überzeugenden Ergebnissen geführt.

Die Mehrzahl der Geologen nimmt heute an, der Erdmantel bestehe aus Olivin, einem Magnesium-Eisen-Silikat, das zu 66 Prozent in Peridotit enthalten ist. Andere Wissenschaftler haben Eklogit vorgeschlagen, das schwerste Silikatgestein. Eklogit ist dem Gabbro verwandt und dadurch bekannt, daß er im östlichen Sibirien und in Südafrika Diamanten führt. Diamanten entstehen nur bei so hohem Druck, wie er erst im Erdmantel zu erwarten wäre.

Beide Annahmen führen aber zu Schwierigkeiten. Sollte der Erdmantel aus Olivin bestehen, dann ist nicht zu erklären, wie aus einer aufsteigenden Olivinschmelze die chemisch anders zusammengesetzten Tiefengesteine Peridotit und Gabbro ausdifferenzieren könnten. Geht man von Eklogit als Material des Erdmantels aus, dann besteht eigentlich kein chemischer Unterschied mehr zwischen Mantel und unterer Kruste; denn im Hochdrucklabor hat sich zeigen lassen, daß bei sehr hohem Druck Basalt in Eklogit übergeht. Bei einem Mantel aus Eklogit würde sich an der Grenze zwischen Kruste und Mantel nur die physikalische Beschaffenheit ändern; die Grenze wäre eine Zone gleichen Druckes. Das führt wiederum zu Widersprüchen mit der durch seismische Messungen ermittelten Gestalt der Kruste. Sie ist unter den Kontinenten erheblich dicker als unter den Ozeanen und übt dort einen größeren Druck auf den Mantel aus.

Noch unsicherer sind die Annahmen über die chemische Zusammensetzung des Erdkerns. Die Vorschläge reichen von reinem Eisen über Nickeleisen oder Schweifeleisen bis zu Solarmaterie (Wasserstoff und Helium), die unter hohem Druck zu einer Dichte von 10 zusammengepreßt ist. Eine weitere Hypothese unterstellt, Mantel und Kern bestünden aus demselben Material, nur die physikalische Beschaffenheit sei verschieden. Gegen keinen dieser Vorschläge läßt sich ein ernsthaftes Argument vorbringen. Denn wir wissen über diese Erdregionen durch die Analyse der Laufzeiten, der Brechungs- und Beugungswinkel von Erdbebenwellen eigentlich nur, wie dicht die Materie dort ist. Aus der Tatsache, daß

S-Wellen vom Erdkern ausgelöscht werden, muß man wenigstens für seinen äußeren Teil auf einen flüssigen Zustand schließen. Eine Diskontinuität innerhalb des Kerns zeigt ein sprunghaftes Ansteigen der Dichte nach innen an. Wegen seiner hohen Dichte wird für den inneren Kern ein fester Zustand vermutet.
Für den Aufbau der Erde aus einem Nickel-Eisen-Kern und einem Silikatmantel könnte ein astronomisches Argument sprechen. Die Erde hätte dann nämlich dieselbe chemische Zusammensetzung, die sich im Durchschnitt für Meteoriten ergibt. Die meisten Meteoriten stammen aus dem Sonnensystem und gelten als Überreste eines zerstörten Planeten zwischen Erde und Mars. Denn ihrer Kristallstruktur nach müssen sie unter so hohem Druck und bei so hohen Temperaturen entstanden sein, wie sie im Inneren eines Planeten herrschen. Gegen dieses Argument ließe sich jedoch sagen, daß wir nach den bisherigen Ergebnissen der Astronomie und der Raumfahrt keinen Anlaß für die Annahme haben, die Planeten seien von gleicher chemischer Beschaffenheit. (Mondgesteine z. B. enthalten bis zu elf Prozent Titan, irdische Basalte höchstens 2,5 Prozent.)
Mit anderen Worten: Wenn es ums Erdinnere geht, ist beim heutigen Stand der Geologie außer den Laufzeiten der Erdbebenwellen noch alles umstritten. Und Boschke *(Das Unerforschte)* spottet in diesem Zusammenhang: »Was wir über die Erde und ihr Inneres mit einiger Sicherheit wissen, ist so wenig, daß man sich wirklich fragen muß, ob die Wissenschaft gut beraten war, sich mit diesen Problemen so wenig zu beschäftigen. Wie es aussieht, ist die Erde nicht nur ein kleiner und wackeliger Weltkörper, sondern auch instabil und zerbrechlich. Um es gleich in einem Satz zu sagen: Niemand weiß bis heute, was sich im Inneren der Erde, in ihrem Kern, befindet. Wenn ein Schüler, im Abitur danach gefragt, sagen würde: ›Eisen‹, so ließe sich dagegen nur wenig einwenden. Würde er sagen: ›eine Eisen-Nickel-Legierung‹, so wäre das weder viel besser noch schlechter. Gäbe er als Antwort: ›Solarmaterie‹, so müßte auch das anerkannt werden. Für die Auskunft ›eine Schwefel-Eisen-Verbindung‹ würde er seit 1970 sogar eine ›Eins‹ verdienen. Wenn ein Lehrer nun fragen würde, ob der Erdkern fest, weich oder flüssig ist, so wäre jede Antwort wiederum mit ›Eins‹ zu bewerten, denn alles das ist durchaus möglich.«
Der französische Geologe André Cailleux bemerkt dazu lakonisch: »Der Druck an der Kern-Mantel-Grenze beträgt etwa 1,3 bis 1,4 Millionen Atmosphären. Die heutigen Kenntnisse über den Zustand der Materie unter diesen Bedingungen reichen jedoch noch nicht aus, um hier Genaueres sagen zu können.«
Es liegt aber nicht ausschließlich an den Grenzen der heutigen Hochdruckphysik. Und die wissenschaftliche Forschung war auch weder gut noch schlecht beraten, sich so wenig um das Erdinnere zu kümmern, daß unsere exakten Kenntnisse in etwa zehn Kilometern Tiefe aufhören. Hier hat sich wohl nur noch einmal die alte Crux mit der Raumorientierung des Men-

schen bemerkbar gemacht, die das wissenschaftliche Interesse auf die wie dick auch immer gedachte Erdoberfläche beschränkte. Was wir bis heute über tiefer liegende Schichten wissen, sind Nebenprodukte der Oberflächenforschung. Wir sehen die Erde eben doch noch nicht ganz mit den Augen von Weltraumfahrern oder wenn, dann erst eine viel zu kurze Zeit. Dabei wäre es gar nicht so müßig, das Erdinnere genau zu erforschen. Die Ergebnisse könnten vielleicht u. a. die Frage klären, warum der Planet, dessen Teile als Meteoriten herabregnen, zerplatzt ist und ob das bei der Erde auch zu erwarten wäre.

Sogar das bisher aussichtsreiche Projekt, etwas über die chemische Beschaffenheit wenigstens des Oberen Mantels zu erfahren, das Mohole-Projekt, wurde schon nach wenigen Probebohrungen eingestellt. Der Name ist zusammengesetzt aus den Wörtern Moho (Bezeichnung für eine von dem jugoslawischen Geophysiker Mohorovičić entdeckte Diskontinuität zwischen Kruste und Mantel) und hole (engl. = Loch). Bei dem Projekt sollte an einer Stelle des Ozeans in der Nähe der Hawaii-Inseln, wo die Kruste besonders dünn ist, eine Bohrung durch die Moho-Diskontinuität bis in den Oberen Mantel hinabgebracht werden, um herauszufinden, woraus er besteht.

Der Plan, der in den sechziger Jahren großes Aufsehen erregte, wurde schließlich aus Geldmangel aufgegeben. Im Klartext heißt das doch wohl: Die Wissenschaftler hatten damals noch keine Argumente, mit denen sie den Geldgebern hätten plausibel machen können, was denn »da unten« so interessant ist.

Wahrscheinlich werden wir nicht mehr allzu lange auf derartige Argumente zu warten haben. Seit Jahren bereichert nahezu jede neue geologische Entdeckung unser Wissen von der Mobilität der Erdkruste. Wir erfahren jedoch nur, wie die Bewegungen der Krustenplatten ablaufen. Die Antwort auf die Frage, warum das so geschieht, muß die Geologie vorerst noch schuldig bleiben. Denn die Ursachen liegen im Mantel und im Kern. Die beiden Modellvorstellungen, von denen anfangs die Rede war, stimmen in folgendem überein: Der Motor, der die Erdkruste bewegt, ist eine Wärmekraftmaschine im Kern. Sie bezieht ihre Energie aus dem Zerfall radioaktiver Elemente. Als Getriebe zwischen Kern und Kruste fungiert der Mantel und als Schleifkupplung zwischen Mantel und Kruste die Moho-Schicht. Solange diese Vorstellungen aber nicht wenigstens in den wichtigsten Zügen wissenschaftlich gesichert sind, bleiben auch alle Versuche, zu Voraussagen über künftige Erdbeben und Vulkanausbrüche zu kommen, reine Wahrsagerei. Beim heutigen Stand der Technik wäre es durchaus möglich, den Erdmantel anzubohren und zu erfahren, was sich da unten befindet. Erst wenn wir das wissen, läßt sich entscheiden, welche Modellvorstellung die richtige ist. Und das würde die Wissenschaft in die Lage versetzen, künftige Plattenbewegungen vorauszusagen.

Als Abfallprodukte von Krustenforschungen liegen heute immerhin schon

einige Ergebnisse vor, durch die manche Vorstellungen der Plattentektonik und der Isostasie bestätigt werden.
So bilden die Erdbebenherde, deren Lage man am Rand des Pazifiks ermittelt hat, die Form der unter die Kontinente hinabgedrückten pazifischen Platte bis in Tiefen von 700 Kilometern ab, wo die Platte offensichtlich aufgeschmolzen wird. Denn in dieser Tiefe hören die Erdbeben, die durch die Bewegung der Platte ausgelöst werden, plötzlich auf. Skizze a zeigt ein solches Herdtiefendiagramm für den Westpazifik, Skizze b für den Ostpazifik.

LAGE DER ERDBEBENHERDE IM OST- UND WESTPAZIFIK

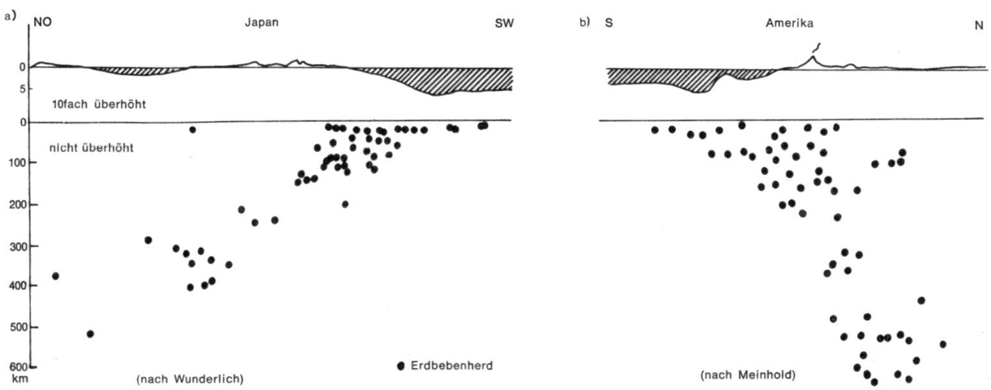

Beobachtungen rund um den Pazifik haben ergeben, daß die Erdbebenherde dort überall in Zonen gehäuft sind, die sich mit einem Neigungswinkel zwischen 15 und 45 Grad unter die Kontinente erstrecken. Diese Zonen werden nach ihrem Entdecker, dem kalifornischen Geophysiker Hugo Benioff, »Benioff-Zonen« genannt. Benioff konnte außerdem nachweisen: Die pazifische Platte rotiert in bezug auf die Kontinente, die sie umgeben, entgegengesetzt dem Uhrzeigersinn. Auf diese Drehbewegung, nicht auf das Hinabtauchen, sind u. a. die zahlreichen Erdbeben entlang der San-Andreas-Verwerfung in Kalifornien (Abb. 22) zurückzuführen. Hier schrammen die pazifische und die nordamerikanische Platte aneinander vorbei, wie neuere Messungen gezeigt haben, mit einer Geschwindigkeit von durchschnittlich sieben Zentimetern pro Jahr. Wenn die Platten aneinander hängenbleiben und sich plötzlich wieder lösen, entstehen so verheerende Erdbeben wie das von San Francisco im Jahre 1906.
Ähnliche Drehbewegungen mit unterschiedlichen Geschwindigkeiten muß man auch für andere Krustenplatten im Verlaufe der Erdgeschichte und in der heutigen Zeit annehmen. Der Stuttgarter Geologe Hans Georg Wunderlich ist überzeugt, daß Drehbewegungen darüber hinaus bei der Gebirgsbildung eine Rolle spielen. Die jungen Faltengebirge bestehen aus einer Reihe von Bögen, die besonders in den Alpen an die Spiralform eines atmosphärischen Tiefdruckgebietes erinnern. Wunderlich schließt daraus:

Die Konvektionsströmungen im Erdmantel steigen nicht nur vertikal auf und sinken vertikal wieder nach unten, sondern sie sind zusätzlich im Drehsinn der Erdrotation verwirbelt. (Man hatte auch dem Wettergeschehen früher nur auf- und absteigende Konvektionsströmungen der Luft zugrunde gelegt. Erst Satellitenphotos bewiesen: Diese Konvektionsströmungen sind durch die Erdrotation so stark verwirbelt, daß in Wirklichkeit horizontale Spiralbewegungen vorherrschen.) Wenn man sich vorstellt, daß Konvektionsströmungen, die im Erdmantel spiralig rotierend aufsteigen, den Krustenplatten über eine Art Reibkupplung in der Moho-Diskontinuität ihren Drehsinn mitteilen, dann werden die S-Form des Mittelatlantischen Rückens, die abgebogenen Enden der südlichen Kontinente und die Bögen der Faltengebirge wie der Tiefseegräben als Abbilder dieser Bewegungen verständlich.
Welche Schlüsse sollen wir aus solchen Erkenntnissen für die Vorgeschichte der Erde ziehen? Wie soll man sich ihren Ablauf vorstellen?
Wir wissen nicht, wie das Sonnensystem entstanden ist. Aller Wahrscheinlichkeit nach hat es sich aus einer Wolke von interstellarem Gas und Staub gebildet, deren Zusammensetzung der Häufigkeit der Elemente im Kosmos entsprach, d. h., sie bestand zu 98 Prozent aus Wasserstoff, der mit etwas Helium verunreinigt war, und zu zwei Prozent aus den übrigen chemischen Elementen. Die Wolke rotierte. Durch ungleiche Anziehungskräfte in verschieden dichten Teilen gab es Wirbel, in der Mitte einen Hauptwirbel, aus dem die Sonne entstand, und in gewissen Abständen kleinere, in denen sich die Materie der Planeten zusammenzog. Die Sonne wurde durch das Ineinanderströmen ihrer Materie immer heißer, bis in ihrem Mittelpunkt die thermonukleare Reaktion zündete, mit der sie seitdem Wasserstoff in Helium verbrennt.
Die aufflammende Sonnenstrahlung blies binnen kurzem den größten Teil der Gase und Staubteilchen, die sich noch nicht zu Planeten zusammengeballt hatten, aus dem Sonnensystem. Zu dieser Zeit hatte die Erde noch eine Atmosphäre aus den Gasen der ursprünglichen kosmischen Wolke, d. h. überwiegend aus Wasserstoff und Helium. Diese Uratmosphäre wurde durch die Sonnenstrahlung von außen und durch die Erdwärme von innen aufgeheizt. Sie verdampfte verhältnismäßig rasch in den Weltraum. Die Anziehungskraft der Erde reichte nicht aus, um die warmen leichten Gase längere Zeit zu halten.
Zurück blieb eine Erde, die aus den schweren Elementen der Staubteilchen und aus schweren Gasen bestand. Unter den festen Bestandteilen gab es eine Vielzahl radioaktiver Elemente, deren Zerfallswärme den Erdkörper erhitzte. Innen bildete sich ein flüssiger Kern. Für die nächste Phase gibt es zwei Versionen.
Version 1: Unter einer sehr dichten und sehr schweren Atmosphäre aus Wasserdampf, Methan, Ammoniak und Kohlendioxyd schmolz der Erdkörper von innen her auf. Die Atmosphäre verdampfte zu einem Teil in

den Weltraum und führte dabei so viel Wärme ab, daß in kurzer Zeit eine dünne feste Erdkruste entstand. Kurze Zeit besagt hier vielleicht: in wenigen hunderttausend Jahren.
Version 2: Die äußere Hülle der Erde aus kalten Gesteinsbrocken wurde durch die Erdwärme unter der dichten Atmosphäre bis auf etwa 70 Grad aufgeheizt. In der Tiefe bildeten sich zahllose Magmaherde. Aufsteigendes Magma kittete die kosmischen Brocken und Trümmer der Erdoberfläche zusammen, Lavaströme ergossen sich über die Oberfläche. Immer wieder schlugen große Meteoriten ein.
Inzwischen waren die radioaktiven Elemente mit kurzer Halbwertszeit im Erdkörper verbraucht, der Wärmefluß von innen ließ nach, die Kruste verfestigte sich weiter, der Mantel und der innere Kern wurden fest. Das Stocken der Wärmeabstrahlung von innen führte zu einem schnellen Abkühlen der Atmosphäre. Wasserdampf fiel als Regen aus und bildete den Urozean. Soweit ist die Geschichte Hypothese. Es gibt aber keine andere, die wahrscheinlicher wäre.
Spätere Ereignisse können wir teilweise schon aus Tatsachen ableiten. So haben astronomische Berechnungen ergeben, daß der Mond sehr nahe bei der Erde entstanden sein muß als eine Art kleinerer Zwillingsplanet. Seine Gezeiten haben von Anfang an die Erdrotation abgebremst und bremsen sie auch weiterhin ab. Dadurch entfernte sich der Mond bis auf seinen heutigen Abstand und treibt langsam weiter fort.
Einige Forscher nehmen an, die Erde habe sich in ihrer Urzeit, als der Mond sie etwa 30 000 Kilometer entfernt umkreiste, in fünf (heutigen) Stunden einmal um ihre Achse gedreht. Sie muß deshalb zu dieser Zeit stärker abgeplattet gewesen sein als heute. Auch die Gezeitenkräfte, die der Mond damals auf die Erde ausübte, waren größer. Wie groß, läßt sich in beiden Fällen nicht genau beantworten. Denn weder die damalige Masse des Mondes noch die damalige Masse der Erde sind bekannt. Sowohl Erde als auch Mond haben seitdem einen nicht zu schätzenden Massenzuwachs durch Meteoriteneinschläge und kosmischen Staub erlebt. (Derzeit sammelt die Erde zwischen 1 000 und 10 000 Tonnen kosmischer Materie pro Tag ein.) Andrerseits hat die Erde von Anfang an Gase an den Weltraum verloren und verliert auch heute noch nicht zu schätzende Mengen von Wasserstoff. Wenn die damaligen Massen nicht bekannt sind, lassen sich auch die damaligen Drehmomente, Abplattungen und Gezeitenhöhen nicht berechnen. Man kann nur schätzen: Sowohl Abplattung als auch Gezeiten müssen erheblich stärker gewesen sein als heute.
Der Mond entfernte sich infolge der großen Gezeitenkräfte zunächst sehr schnell und dann zunehmend langsamer von der Erde. Er bremste damit auch die Rotation zuerst sehr schnell und dann zunehmend langsamer ab. Die Gezeitenkräfte verringerten sich mit dem Quadrat der Entfernung.
Heute reichen die Gezeitenkräfte des Mondes noch aus, um die steinerne Erdkruste zweimal am Tag um 30 Zentimeter zu heben. Wenn die Gezeiten

sie in der Urzeit um ebensoviel Meter gehoben haben, dann ergibt das einen solchen Durchwalkeffekt, daß man eigentlich auf die Vorstellung einer völlig aufgeschmolzenen Erde verzichten kann und (im Modell) die nötige Entmischung der Kruste auch ohne Glutflußtemperaturen erreicht. Wenn man ferner annimmt, daß die Kruste schon sehr früh eine gewisse Festigkeit hatte, dann ist am Anfang der Äquatorwulst sicher nicht in dem Maße zurückgegangen, wie die Rotation der Erde langsamer wurde. Er war sicher längere Zeit noch sehr viel dicker, als es der jeweiligen Rotation entsprochen hätte. Sind wir hier auf den Grund gestoßen, warum überhaupt je ein Kontinent über den Urozean aufragte, nämlich als Äquatorwulst aus verfestigtem Gestein, während sich das Wasser sofort der sinkenden Umdrehungszahl der Erde anpaßte und niedriger stand? Begann so das Spiel von Abtragung, Sedimentation und Auffaltung von Gebirgen? Niemand weiß das zu sagen.

Sicher ist, daß es im Mantel Konvektionsströmungen gegeben haben muß, seit sich im Erdinneren ein heißer Kern und an der Erdoberfläche eine kalte Kruste und ein Ozean gebildet hatten. Man kann sich auch die Entstehung der ersten Kontinente ähnlich vorstellen wie im Beispiel vom Kochtopf mit dem Schaum auf dem Wasser. Die Konvektionsströmungen haben die Kruste da zusammengeschoben und dort verdünnt. Nur, wie groß war die Zahl der Konvektionsströmungen damals, wie groß ist sie heute? Anders formuliert lautet diese Frage, ob sich die Größenverhältnisse von Kern und Mantel im Laufe der Zeit geändert haben.

Man ist heute ziemlich sicher, daß es auch im flüssigen äußeren Erdkern Konvektionsströmungen gibt und der Erdmagnetismus in ihnen seine Ursache hat. Der flüssige Erdkern, für den ein Material von hoher elektrischer Leitfähigkeit angenommen wird (Nickeleisen, Eisensulfid), wirkt dabei wie ein selbsterregter Dynamo. Aus Störungen des magnetischen Feldes, die sich mit einer Geschwindigkeit von 18 Kilometern pro Jahr nach Westen bewegen, schließen Geophysiker: Der Erdkern dreht sich langsamer als Mantel und Kruste. Die magnetischen Störungen bilden dabei Wirbel ab, die an der Grenzschicht des flüssigen Kerns zum festen Mantel entstehen. Solche Wirbelströme wären aber auch mit Wärmeentwicklung verbunden, und man folgert weiter, daß der flüssige Kern den Mantel langsam von unten aufschmilzt und auf seine Kosten wächst.

Der neuseeländische Geophysiker Ronald Fraser schreibt dazu in seinem Buch *Die Erde:* »Setzt man die Existenz von Konvektionszellen im Mantel voraus, dann taucht natürlich die Frage auf, um wieviel Konvektionszellen es sich handelt. Wir haben schon in Erwägung gezogen, daß der flüssige Kern seit Bestehen der Erde mit aller Wahrscheinlichkeit auf Kosten des Mantels gewachsen ist. Deshalb ist es berechtigt zu fragen, ob die Zahl der möglichen Konvektionszellen konstant geblieben ist, obwohl sich die Dicke des Mantels verringert hat. Dieses Problem beantwortete der englische Geophysiker Runcorn, indem er theoretisch nachwies, daß die Anzahl der

Konvektionszellen in vier getrennten Sprüngen zunimmt. Der erste Sprung (n = 1) findet statt, sobald das Verhältnis des Radius des flüssigen Kerns r_K zu dem der Erde r_E einen Wert von 0,06 angenommen hat. Der zweite (n = 2) bei $r_K : r_E = 0{,}36$, der dritte (n = 3) bei $r_K : r_E = 0{,}49$ und der vierte (n = 4) bei einem Verhältnis von $r_K : r_E = 0{,}54$. Nach der Untersuchung tiefer Erdbeben beträgt der derzeitige Wert 0,55.«
Runcorn nahm weiter an, die Menge an Eisen, die im Mantel aufgeschmolzen wird und in den Kern übergeht, hinge von der Größe der Kernoberfläche und von der restlichen, im Mantel noch verbliebenen Eisenmenge ab. Dadurch erhielt er eine Kurve, die zuerst linear ansteigt und sich dann asymptotisch dem Endzustand n = 5 annähert. Die Sprünge von einem Zustand in den nächsten liegen bei dieser Kurve vor 2,6 Milliarden Jahren, vor 1,8 Milliarden Jahren, vor 1 Milliarde Jahren und vor 250 Millionen Jahren. Im Präkambrium sollen zu diesen Zeiten Gebirgsbildungen stattgefunden haben. Dagegen finden wir in der Erdgeschichte vor 250 Millionen Jahren den Beginn des Auseinanderbrechens von Pangaca. Fraser folgert aus der Anzahl der Konvektionszellen für die Entwicklung der Erde die in der folgenden Skizze wiedergegebene Verteilung von Land und Wasser seit dem früheren Präkambrium.

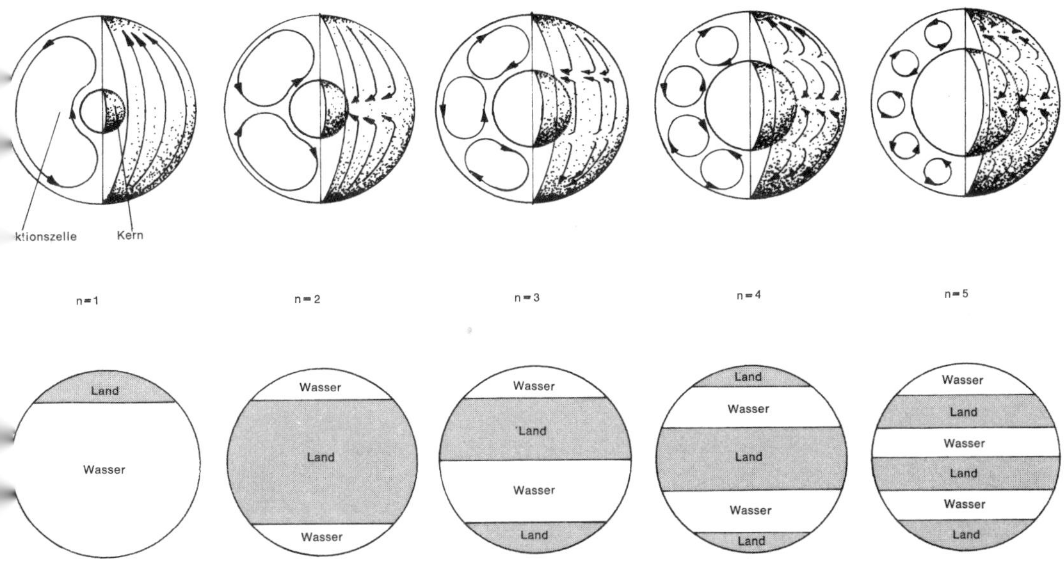

Aus seinen Berechnungen ergäben sich also für die Zeit vor drei Milliarden Jahren ein Kontinent im Norden, vor zwei Milliarden Jahren ein Kontinent am Äquator, vor einer Milliarde Jahren ein Kontinent nördlich des Äquators und ein zweiter am Südpol, für die Zeit um 250 Millionen Jahre vor jetzt ein Kontinent am Südpol, einer am Nordpol und einer am Äquator. Die Sache hat also irgendeinen Fehler. Denn die errechnete Verteilung von Land und Wasser in früheren Zeiten stimmt nicht mit den paläomagnetischen Forschungsergebnissen überein. Vielleicht deshalb nicht, weil hier im Modell nur an vertikale Konvektionsströmungen gedacht ist, nicht aber an ihre horizontale Verwirbelung, die zudem in früherer Zeit wegen der schnelleren Rotation größer gewesen sein muß als heute. Für eine ehemals schnellere Rotation gibt es auch paläontologische Hinweise. Korallen aus dem Kambrium z. B. zeigen eine Bänderung, die man als Tagesringe auffassen könnte. Träfe das zu, dann hätte noch im Kambrium das Jahr 428 Tage gezählt, und der Mond wäre im Jahr 13mal um die Erde gekreist; jedenfalls deuten manche Paläontologen die Bänderung so.

Zu einer völlig anderen Theorie der Erdentwicklung gelangte der Stuttgarter Geologe Hans Georg Wunderlich. Er geht davon aus, daß der feste Kern und der Erdmantel auf Kosten des flüssigen Kerns wachsen, der flüssige Kern also kleiner wird. Die Ursache dafür sei in der langsam sinkenden Energieproduktion im Erdinnern zu sehen. Für den heutigen Zustand der Erde nimmt auch Wunderlich vier Konvektionszellen an, in denen sowohl vertikale als auch horizontale Bewegung stattfindet. »Der überwiegende vertikale Anteil der Mantelkonvektion«, schreibt Wunderlich in *Das neue Bild der Erde,* »vollzieht sich in Form weitgespannter Rotationskörper mit vertikalen Achsen, in welchen heißes Substrat von der Kernmantelgrenze spiralartig in die Höhe steigt. Über diesen Rotationskörpern liegen die rotierenden Felder der pazifischen und der afrikanischen Lithosphärenkalotte, die sich auffälligerweise genau um 180° auf der Höhe des Äquators einander gegenüberliegen. Es kommen jedoch offenbar noch zwei weitere rotierende Aufstiegszonen hinzu, beide ebenfalls mit charakteristischer Anordnung, nämlich im Bereich der Rotationsachse der Erde: Die antarktische und die arktische Lithosphärenkalotte, in deren Untergrund aufsteigendes Mantelsubstrat rotationell allseits ausfließt. Die gegenwärtige Mantelkonvektion zeichnet sich demnach offensichtlich durch vier bedeutende Konvektionszellen aus, deren Anordnung zu je zwei und zwei (an den Polen und am Äquator) eine vergleichsweise hohe, nämlich tetraedrische Symmetrie verkörpert. Dabei ist der Rotationssinn der äquatorialen Aufstiegszentren entgegen, derjenige der polaren mit dem Uhrzeigersinn gerichtet.«

Diesen vier Konvektionszellen stehen heute zwei Systeme gegenüber, in denen Gebirge entstehen (Orogene), die jungen Faltengebirge von Asien bis zur spanischen Sierra Nevada und die ozeanischen Rücken. Daraus schließt Wunderlich, die Zahl der Konvektionszellen sei auch in der Vergangenheit immer doppelt so hoch gewesen wie die Zahl der Orogene.

In der Zeit des älteren Präkambriums sieht Wunderlich mindestens fünfzehn, an der Wende zum Erdaltertum sieben Orogene, die er mit damaligen Kontinenten gleichsetzt, am Ende des Erdmittelalters nur nur noch drei. Vor 150 Millionen Jahren habe es eine Zweigliederung der Kontinente gegeben, die während der letzten 120 Millionen Jahre durch die Öffnung des Atlantiks und die Auffaltung der alpidischen Gebirge umgestaltet wurde.

»Nach dieser Entwicklung zu urteilen«, fährt Wunderlich fort, »muß der Schluß gezogen werden, daß der Erdmantel in der geologischen Vorzeit in eine weit größere Zahl konvektiver Bewegungszellen gegliedert war, was zweifellos einer insgesamt höheren Bewegungsintensität und damit auch Wärmeabgabe aus dem tiefen Erdinneren entsprach. In einem Zeitraum von einigen Millionen Jahren dürfte danach auch die Aktivität der heute noch verbliebenen aktiven Gürtel erlahmen, während andrerseits vor mehr als drei Milliarden Jahren praktisch jeder Abschnitt der Erdoberfläche von orogener Aktivität betroffen wurde, so daß uns keine älteren, nicht überprägten Krustenteile erhalten geblieben sind.«
Wunderlich kommt zu dem Ergebnis, seit dem frühen Präkambrium sei die Zahl der Konvektionszellen von damals 30 auf heute vier zurückgegangen. Ein Superkontinent Pangaea habe sich wegen dieser früher höheren Aktivität der Erde niemals bilden können. Vielleicht sei er in Zukunft möglich, wenn die Zahl der Konvektionszellen auf zwei abgenommen hat. Pangaea also als Endzustand einer erstarrenden Erde.
Zwischen der Theorie der zunehmenden Zahl der Konvektionszellen und der Theorie der abnehmenden Zahl der Konvektionszellen gibt es vorerst noch keine Brücke. Beide können geologische Argumente für sich ins Feld führen, und beide stehen mit einer Grundforderung der biologischen Entwicklung in Widerspruch, nämlich daß von der Saurierzeit an bis zur Entstehung der echten Säugetiere eine einheitliche Landmasse existiert haben muß, von der sich nur Australien, Südamerika und allenfalls noch die Antarktis vor der Eroberung des Lebensraumes durch die echten Säuger getrennt haben dürfen. Andernfalls müßten mehr Inseleffekte als nur der australische und der südamerikanische in der Ahnenreihe und im heutigen Bild der Säugetierfauna zu beobachten sein.
Vielleicht ist das Falsche an beiden Theorien, daß sie seit Anfang der Erde einsinnige Entwicklungen annehmen, nur eine steigende oder nur eine sinkende Zahl der Konvektionszellen. Wir haben schon öfter gesehen: In der Geologie waren gerade solche Theorien falsch, die erdgeschichtliche Entwicklungen zu einfach und nur aus einem Prinzip erklärten.
Es könnte durchaus sein, daß es in der Erdvorgeschichte keine einsinnigen Entwicklungen gegeben hat, sondern Zeiten mit wachsender Zahl der Konvektionszellen auf Zeiten mit abnehmender Zahl der Konvektionszellen folgten. Die Entscheidung solcher Fragen wird sicher erst in den Bereich der Möglichkeit rücken, wenn die Erforschung des Erdinneren über die heutigen Anfangsstadien hinaus ist.
Es läßt sich auch noch nicht abschätzen, ob und in welchem Maße Veränderungen der Erdkruste durch erdäußere Kräfte auf das Kräftespiel im Erdinneren zurückwirken. Auszuschließen ist das wahrscheinlich nicht bei der Umwandlung der Erdatmosphäre durch das Leben. Dabei wurden auch die Intensität und das Spektrum der Sonnenstrahlung verändert, die auf die Erdoberfläche gelangt, und infolgedessen auch die Energiebilanz der

Atmosphäre und der Erdoberfläche. Ob das aber die Bewegungen im Erdmantel beeinflußt hat, wissen wir nicht.
Im vorigen Kapitel haben wir das Leben als eine der maßgebenden erdäußeren Kräfte kennengelernt, die unseren Planeten in vielfacher Weise umgestaltet haben. Wie konnte das Leben eigentlich auf der Erde Fuß fassen?
Bis zur Mitte unseres Jahrhunderts gab es auf die Frage, wie Leben entsteht oder wie es auf die Erde gekommen ist, noch keine Antwort. Wenn man sagte: durch Urzeugung, dann war das ein leerer Begriff, der soviel wie »ich weiß nicht, wie« bedeutete. Sagt man: das Leben sei durch Keime, Sporen oder tiefgefrorene Bakterien aus dem Weltall auf die Erde gekommen, so wurde der Ort, wo man die Antwort schuldig bleiben mußte, nur nach draußen in den Weltraum verlegt.
Eine Reihe von Laborversuchen, die Anfang der fünfziger Jahre unseres Jahrhunderts unternommen wurden, bewiesen dann eindeutig, daß selbst komplizierte organische Moleküle auf anorganische Weise, d. h. aus einfachsten Bausteinen und ohne die Mitwirkung von Organismen, entstehen können. Den Schlüssel zum Verständnis der Lebensvorgänge fand aber erst der amerikanische Biochemiker James D. Watson zusammen mit den britischen Wissenschaftlern Francis H. C. Crick und Maurice H. F. Wilkins, als sie 1953 die Struktur der Erbsubstanz, der Nukleinsäuren, entdeckten. Etwa fünfzehn Jahre später hatten andere Wissenschaftler den Weg abgesteckt, auf dem eine Selbstorganisation toter zu belebter Materie möglich schien und so etwas wie Fortpflanzung und Vererbung in Gang gekommen sein konnte. Zu Beginn der siebziger Jahre fand der Göttinger Nobelpreisträger Manfred Eigen eine mathematische Formulierung für die Theorie der Selbstorganisation von anorganischer Materie zu lebenden Organismen. Diese Theorie, die sich auf zahllose Laborversuche stützt, kommt zu dem Ergebnis, daß Leben überall dort mit naturgesetzlicher Notwendigkeit entsteht, wo die Bedingungen dafür vorhanden sind.
Was ich im folgenden sehr stark vereinfacht wiedergebe, ist also nicht eine Kette von Spekulationen, sondern ein naturwissenschaftlich weitgehend abgesichertes Bild von den Vorgängen am Anfang des Präkambriums.
Die Erde unterscheidet sich von den anderen Planeten des Sonnensystems, die offensichtlich unbelebt sind, durch ihren Ozean.
Damit Leben entstehen kann, muß genügend Wasser mit einer Temperatur von zunächst etwa 70 Grad zur Verfügung stehen, ferner eine Atmosphäre aus Wasserdampf (H_2O), Methan (CH_4), Ammoniak (NH_3) und Kohlendioxyd (CO_2) sowie Energie in Form von ultravioletter Strahlung, Wärme, elektrischen Entladungen und kosmischer Korpuskularstrahlung. Freier Sauerstoff darf nicht anwesend sein. Er würde die notwendigen chemischen Reaktionen unmöglich machen. Dies sind nicht etwa nur willkürlich angenommene Bedingungen, wie man sie gerade für die Experimente braucht. Auch aus astrophysikalischen Modellrechnungen folgt, daß am Anfang des Präkambriums eben diese Verhältnisse auf der Erde geherrscht

Abb. 40
Westküste von Nordamerika (San Francisco):
Multispektrale Aufnahme, vom Forschungssatelliten „Landsat 1“ (früher ERTS-1) in vier Spektralbereichen aufgenommen.
Die Farben bedeuten: Rot: Vegetation (dunkelrot: Nadelwald; helleres Rot: Laubwald und Felder; lichtes Rosa gegen Weiß zu: Siedlungen und verbaute Flächen).
Grau: Felsen ohne Vegetation.
Dunkelgrau: Sümpfe, besonders hohe Bodenfeuchtigkeit.
Blau: Meer; hellere Einschlüsse gegen Weiß zu: Verschmutzung des Meeres.

Abb. 41 (links oben):
Tropfsteinbildung im Freien ist in feuchten Kalksteingebieten oft zu beobachten (Positano, Italien).

Abb. 42 (oben):
Einer der längsten Stalaktiten der Welt in der Höhle bei Nerja, Spanien.

Abb. 43
Stalaktiten und Stalagmiten sind in Millionen von Jahren zusammengewachsen (Nerja, Spanien).

Abb. 44
Ein besonders schöner Stalagmit. Das kalkhaltige Wasser tropft auf seine Spitze (Nerja, Spanien).

Abb. 45 (unten):
Vielleicht infolge eines Erdbebens ist vor mehreren hunderttausend Jahren ein Teil der Tropfsteine in der Höhle von Nerja durcheinandergeworfen worden. Die senkrechten Stalaktiten sind seitdem nachgewachsen.

Abb. 46
Vor Jahrhunderten von Erdbeben zerstört: das bedeutendste antike Kult- und Kurzentrum des Asklepios in Epidauros, Griechenland.

Abb. 47 (unten): Heute vom Erdbeben zerstört: Gibellina, eine von sechs gleichzeitig betroffenen Städten im Westen Siziliens.

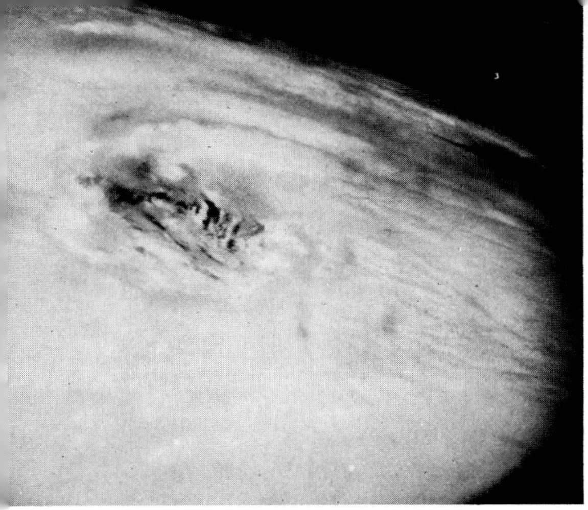

Abb. 48 (oben):
Das »Auge« des Hurrikans Debbie, aufgenommen aus der Mercury-Raumkapsel am 27. September 1961. Das Zentrum des Sturms lag ca. 160 km östlich von Miami (Florida).

Abb. 49 (rechts):
Der »Trichter« eines Tornados senkt sich ur Erde. Wenige Sekunden später vernichtete der Sturm eine Farm nahe Manhattan (Kansas).

Abb. 50 (unten):
Die Folgen eines Tornados über Holland.

51 (links):
chlag eines Eisenmeteoriten vor
)0 Jahren bei Winslow in Arizona, USA
terdurchmesser 1,2 km, Tiefe 175 m).

52 (rechts):
1501 (Beginn der Kleinen Eiszeit) sinkende
wassermarken an einem Haus am Donauufer
Melk, Niederösterreich.

53 (unten):
linger Ries, Bayern. Vor 15 Millionen Jahren
g hier ein Meteorit von etwa 1 km Durchmesser
ig auf und verdampfte explosionsartig
erdurchmesser 25 km).

Abb. 54
Ausbruch des Vesuvs im Jahre 79 n. Chr. Die Höhe des neuen Hauses über der Ausgrabung gibt eine Vorstellung von der Dicke der ausgeworfenen Lavamassen (Herculanum, Italien).

Abb. 55
Ausbruch des Stromboli (Liparische Inseln, Italien). Alle 18 Inseln dieser Gruppe sind aus dem Meer ragende Vulkangipfel.

Abb. 56
Katastrophenopfer — von heißer Vulkanasche beim Vesuvausbruch des Jahres 79 n. Chr. konserviert und als Hohlform erhalten (Pompei, Italien).

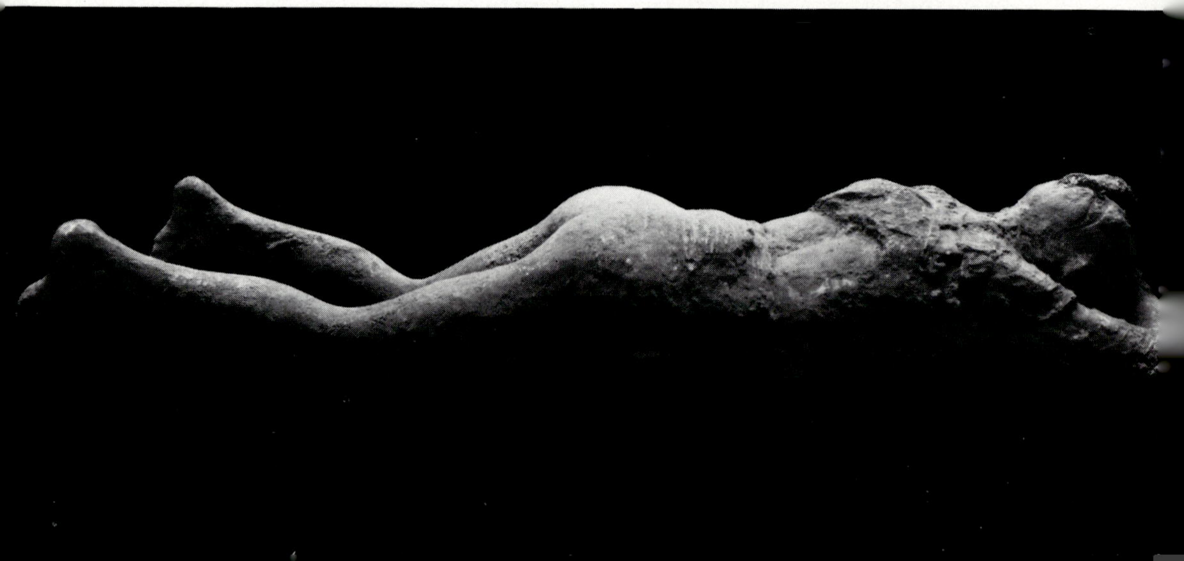

haben müssen. Dabei wäre es günstig, wenn die Version zuträfe, daß die Erdoberfläche niemals glutflüssig war. In diesem Fall hätte es schon einen gewissen Grundbestand an organischen Molekülen aus der ursprünglichen Gaswolke gegeben. Ferner hätte der Materie mehr Zeit für die Selbstorganisation zur Verfügung gestanden. Sollte sich herausstellen, daß die Erde doch eine glutflüssige Phase durchgemacht hat, dann wären die organischen Moleküle aus der Gaswolke zerstört worden, und die Selbstorganisation hätte erst beginnen können, nachdem die Erde entsprechend abgekühlt war, und zwar ohne einen gewissen schon vorgegebenen Bestand an organischen Molekülen. Viele Biochemiker sind heute der Ansicht, in diesem Fall wäre die Zeit für die Selbstorganisation etwas zu kurz gewesen, und plädieren deshalb für eine kalte Entstehung der Erde.
Man hat im Labor zeigen können, daß unter den Bedingungen, wie sie für den Beginn des Präkambriums wahrscheinlich sind, ein großes Spektrum von organischen Verbindungen entsteht, angefangen von einfachen Bausteinen über so komplizierte Moleküle wie die Aminosäuren, aus denen die Proteine (Eiweißstoffe), und die organischen Basen, aus denen die Nukleinsäuren (Erbsubstanz) bestehen, bis hinauf zu den Proteinen und den Nukleinsäuren selbst. Je komplizierter die Verbindungen sind, desto geringer ist naturgemäß die Ausbeute bei den Reaktionen. Schon aus diesem Grund benötigt man lange Zeiträume.
Der Tübinger Molekularbiologe Gerhard Schramm hat geschätzt, daß während der ersten Jahrmilliarde, nachdem die Erde die geeignete Temperatur erreicht hatte, im Urozean ungeheure Mengen solcher Stoffe angehäuft worden sind. Der Urozean habe bis zu zehn Prozent organische Verbindungen enthalten. Die Molekularbiologen bezeichnen ihn deshalb in dieser Phase als die Ursuppe.
Die einfachen und die komplizierten Verbindungen reagierten miteinander und bildeten immer neue Verbindungen. Dabei waren einige Reaktionen chemisch begünstigt. Sie spielten sich häufiger ab. Andere waren seltener. Eine der seltenen Reaktionen beruhte auf der Fähigkeit der Nukleinsäuremoleküle, die organischen Verbindungen, aus denen sie aufgebaut sind, aus der Umgebung an sich anzulagern und sich so selbst zu verdoppeln. Waren zufällig bestimmte Eiweißstoffe anwesend, so wurde durch ihre Gegenwart die Reaktion beschleunigt. Schnellere Reaktion bedeutete bevorzugte Bildung: Es verdoppelten sich mehr Nukleinsäuren, für die passende Katalysatoren (Reaktionsbeschleuniger) anwesend waren, als andere. Der nächste Schritt bestand darin, daß solche Nukleinsäuren bevorzugt gebildet wurden, die ihrerseits die Bildung der zu ihnen passenden Eiweißstoffe beschleunigten. Dadurch wurden Nukleinsäuren und Eiweißstoffe zu chemischen Systemen zusammengekoppelt, die aufeinander angewiesen waren. Von den Systemen waren diejenigen begünstigt, die ihre gegenseitige Synthese besonders gut vollbrachten. Dabei spielten die Nukleinsäuren die Rolle von Informationsträgern. Sie waren ein Code, wie die Eiweißstoffe aus-

sehen sollten. Die Eiweißstoffe spielten die Rolle von Enzymen, mit deren Hilfe die Vermehrung der Nukleinsäuren sicherer und schneller gelang.
Höchstwahrscheinlich haben sich am Anfang eine Vielzahl solcher chemischer Systeme gebildet. Das Rennen machte aber nur ein System, vermutlich weil es unter den damals gegebenen Umweltbedingungen der Ursuppe zur größten Vermehrungsrate befähigt war. Von diesem einen System stammt das gesamte irdische Leben ab. Denn alle Organismen auf der Erde, ob Bakterium, Pflanze, Tier oder Mensch, steuern ihre Vermehrung und ihre Lebensprozesse mit demselben genetischen Code, der damals das eine System favorisiert hat.
Dies alles geschah nicht etwa erst, nachdem sich im Ozean die zehnprozentige Ursuppe aus organischem Material gebildet hatte, sondern zur gleichen Zeit neben den vielen anderen Reaktionen, die zur Anhäufung von unbelebten organischen Verbindungen in der Ursuppe führten. Die Ursysteme, die Protobionten (griech. protos = der erste; bios = Leben) genannt werden, nahmen die Bausteine für ihre Vermehrung aus dem unbelebten Material der Ursuppe. Sie verleibten sich diese Stoffe ein, soweit sie für ihren chemischen Prozeß verwendbar waren. Wahrscheinlich waren die höheren organischen Verbindungen der Ursuppe binnen wenigen Millionen Jahren verbraucht. Nun wurden unter den Protobionten zwei Arten von Systemen begünstigt. Die einen konnten auf Grund ihrer chemischen Beschaffenheit zufällig andere Protobionten für den Aufbau ihrer Substanzen gebrauchen, während die anderen befähigt waren, nicht nur komplizierte, sondern auch einfache organische Stoffe zu verwerten.
Dabei entstand ein neues Problem. Wenn Protobionten die Stoffe, die sie benötigten, nicht mehr fertig der Ursuppe entnehmen konnten, sondern andere Verbindungen umwandeln oder komplizierte aus einfachen aufbauen mußten, so benötigten sie Energie. Das heißt, in dieser Phase überlebten nur Systeme, die schon eine Stufe höher organisiert waren: die auf die Protobionten folgenden Eobionten (griech. eos = früh). Sie konnten bereits selbst Energie erzeugen. Das Problem war bei verschiedenen Eobionten auf verschiedene Weise gelöst. Einige von ihnen haben Nachfahren bis heute. Es gibt Bakterien, die Eisenoxyd, Schwefelwasserstoff, Stickoxyd oder Kohlenwasserstoffe zur Energiegewinnung nutzen. Die spätere Entwicklung zeigt, daß zwei Systeme damals favorisiert waren: Vergärung von Zuckern zu CO_2 und H_2O und Assimilation von CO_2 mit Hilfe von Licht, wobei Zucker aufgebaut werden. Dazu benötigten solche Eobionten einen Farbstoff, der die Lichtenergie absorbierte und in chemische Energie verwandelte. Derartige Farbstoffe waren in der Ursuppe genügend vorhanden. Es ist in Laborversuchen nachgewiesen, daß chlorophyllähnliche Verbindungen auf anorganische Weise entstehen.
Nachdem das Problem der Energieversorgung bei den Eobionten zu einer Vielzahl von Lösungen geführt hatte, stieg ihre Vermehrungsrate wieder sprunghaft an. In dieser Phase waren die genetischen Informationen, die

von Generation zu Generation weitergegeben werden mußten, schon recht kompliziert und die Nukleinsäuren entsprechend lang. Deshalb hatten nun diejenigen Eobionten einen Vorteil, die sich auf Grund ihrer inneren Struktur in zwei gleiche Teile spalteten, wenn sie eine gewisse Größe überschritten. Eobionten, die sich in verschieden große Stücke teilten, produzierten lebensunfähige Nachkommen, weil im kleineren Teil nicht mehr die ganze Nukleinsäurekette Platz hatte und damit Informationen für die Lebensprozesse fehlten. Die ersten Eobionten mit dieser Fähigkeit der Zellteilung hatten noch keinen Zellkern. Man bezeichnet sie deshalb als Prokaryonten (griech. sinngemäß: vor der Kernbildung). Ein Teil von ihnen überlebte in dieser Form bis heute: die Blaualgen und die Bakterien. Ein anderer Teil der damaligen Systeme, die Eukaryonten (griech. eu = gut, wohl), ballte die Nukleinsäure innerhalb einer schützenden Kernmembran zusammen und bildete einen Mechanismus zur exakten Teilung von Kern- und Zellsubstanz aus. Zu ihren Nachfahren gehören heute Einzeller, Pilze, Pflanzen, Tiere und Menschen.

Der Weg des Lebens am Anfang des Präkambriums, wie er hier nach der Darstellung des Frankfurter Molekularbiologen Reinhard W. Kaplan sehr vereinfacht beschrieben wurde, ist durch zwei Besonderheiten gekennzeichnet: Zunächst waren es nur Mangelsituationen, in denen neue Systeme Überlebensvorteile hatten; und jede Lebensform überlebte, solange es die Umweltbedingungen irgend zuließen. Überlebensvorteile durch bessere Baupläne und Organisationsformen scheint es dagegen erst von den Eukaryonten an gegeben zu haben.

Man kann die Sache auch so sehen: Die Lebensprozesse haben von Anfang an immer wieder zu Mangelzuständen geführt, in denen die Existenz des Lebens auf dem Spiel stand. Zuerst sind alle organischen Verbindungen aus der Ursuppe verbraucht worden. Zur Zeit, da die Prokaryonten entstanden, war der Ozean wahrscheinlich noch mit einer dicken Schicht aus Kohlenwasserstoffen bedeckt, die von der jahrmilliardenlangen anaeroben Zersetzung organischer Verbindungen herrührte. Die Vorfahren der heutigen erdölfressenden Bakterien haben diese Kohlenwasserstoffe restlos verbraucht. Weiter müssen wir annehmen, daß es Nahrungsmangel war, weswegen schließlich nur drei Arten von Eukaryonten überlebten: Die einen verwerteten organische Verwesungsprodukte. Ihre Nachfahren sind die Pilze. Die anderen fraßen lebende Organismen. Von ihnen stammen die Tiere ab. Die dritte Art entwickelte die Fähigkeit, ausschließlich von anorganischen Stoffen zu leben. Auf sie gehen die Pflanzen zurück.

Bis zum Ende des Präkambriums hatten die Tiere einen größeren Artenreichtum und höhere Formen entwickelt als die Pflanzen. Wir wissen noch nicht, warum. Möglicherweise war der Weg der Pflanzen bis zur völligen Unabhängigkeit von organischer Nahrung am Anfang schwieriger als der Weg der Tiere, und die Pflanzen konnten sich erst höher entwickeln, nachdem die chemischen Verfahren verbessert waren, mit denen sie anorganische Materie in organische umwandelten.

Was die Zeitmarken angeht, so gelangt Kaplan zu der Schlußfolgerung daß die Protobionten vor etwa vier, die Eobionten vor etwa dreieinhalb und die Prokaryonten vor etwa drei Milliarden Jahren entstanden sein dürften. Von der Zeit der Prokaryonten an gibt es dann durch Funde gesicherte Zeitmarken.

Die frühesten bekannten Fossilien von Prokaryonten sind die Stromatolithen, knollige oder in Lagen angeordnete Kalkgebilde, »Riffe« von versteinerten Blaualgen. Sie wurden in Südrhodesien und in der Sahara gefunden. Die ältesten von ihnen haben ein Alter von 2,7 Milliarden Jahren. Die frühesten Eukaryonten wurden in Südostkalifornien entdeckt, in einer Schicht, die Crystal-Spring-Formation genannt wird, mit einem Alter zwischen 1,2 und 1,4 Milliarden Jahren.

Versuchen wir, kurz zusammenzufassen. Die Erde war zu Beginn des Präkambriums wärmer als heute. Ihr Ozean hatte eine Temperatur von etwa 70 Grad. In ihm entstand das Leben in einem Prozeß der Selbstorganisation, der bis zu der Zeit der ersten kernlosen Einzeller etwa 2,5 Milliarden Jahre dauerte. Die Nachfahren dieser Prokaryonten sind noch heute an die frühere Temperatur der Erde angepaßt. Man muß Bakterien auf mindestens 80 Grad erhitzen, um sie zu töten. Manche überleben mehr als 100 Grad. Zur Zeit der frühen Eukaryonten herrschten dagegen auf der Erde schon Klimaverhältnisse wie heute. Ihre Nachfahren vertragen sämtlich keine so hohen Temperaturen.

Aus den Gebirgsbildungen im Präkambrium müssen wir schließen, daß die Erdkruste schon damals von Konvektionszellen im Erdmantel bewegt worden ist. Ob man den Rhythmus der präkambrischen Gebirgsbildungen, die einen Abstand von ca. 300 Millionen Jahren hatten, mit einer Änderung der Anzahl der Konvektionsströmungen in Zusammenhang bringen kann, muß vorerst noch offenbleiben.

Höheres Leben, das sich aus den Eukaryonten entwickelt hat, ist im Gegensatz zu niederem Leben an enge Temperaturgrenzen angepaßt. Darin spiegelt sich die eigentümliche Tatsache, daß das Klima der Erde seit der Mitte des Präkambriums konstant war, obwohl sich die Zusammensetzung der Atmosphäre geändert hat. Auf etwa 300 Millionen Jahre lange Warmzeiten, während der auch die Pole eisfrei blieben und bis in hohe Breiten ein ausgeglichenes Klima herrschte, folgten kurze Vereisungen einer Halbkugel von maximal wenigen Millionen Jahren Dauer.

Diese Konstanz des Klimas über einen Zeitraum von mehr als drei Milliarden Jahren berechtigt zu der Erwartung, daß sich daran auch in Zukunft nicht so bald etwas ändern wird.

Teil III

DIE ZUKUNFT DER ERDE

1. GEOLOGISCHE GRÖSSENORDNUNG DER TECHNIK

Der Anblick, den die Erde aus dem Weltall bietet, war selbst für Wissenschaftler überraschend. Man hatte sich unseren Planeten früher etwa wie einen frei im Raum schwebenden Schulglobus vorgestellt, auf dem die Farben Grün und Braun vorherrschen – die Farben der Festländer. Der Wiener Geologe Eduard v. Sueß (1831–1914) sprach in seinem um die Jahrhundertwende erschienenen dreibändigen Standardwerk *Das Antlitz der Erde* sogar davon, daß selbst die Wolken einem Betrachter aus dem Weltall rötlichbraun erscheinen würden. v. Sueß war seiner Zeit jedoch insofern voraus, als er damals schon sagte, der Beobachter aus dem Weltall müßte gewissermaßen die Wolken beiseite schieben, um die Oberfläche des Erdballs zu überblicken. In vielen Büchern, die vor dem Zeitalter der Raumfahrt geschrieben wurden, ist dagegen zu lesen, man könnte die Konturen der Kontinente auch aus großer Entfernung noch erkennen. Die Landmassen seien nur zeitweilig und immer nur teilweise unter Wolken verborgen.

Zur großen Überraschung zeigten die ersten Bilder der Erde aus dem Weltall den Menschen ein weitgehend verhülltes Antlitz ihres Heimatplaneten (Abb. 1). Die Erdatmosphäre ist keineswegs sehr durchsichtig. Und sie strahlt in einer eigenen Farbe: intensiv blau. Eigentlich hätte man sich das denken können, denn bei Sonnenschein sehen wir den blauen Himmel. Aber dessen ungeachtet wurde die Atmosphäre früher meist für farblos gehalten. Die Überraschung war so überwältigend, daß der Astronom und wissenschaftliche Publizist Heinz Haber seitdem von »unserem blauen Planeten« spricht.

Das Wort »unser« in diesem Zusammenhang verrät, daß die Raumfahrt die Einstellung des Menschen der Erde gegenüber verändert hat. Seit alters her lebte der Mensch zwar in »seiner« Landschaft und interessierte sich für alle möglichen Einzelheiten der Erdoberfläche, aber er hat nie so recht den Erdkörper selbst als seine Heimat empfunden. Das beweisen auch viele Religionen, die dem Menschen ein Jenseits als Heimat anbieten. Durch die Raumfahrt wurde uns die Erde als ein kleiner Planet auf dem Fernsehschirm gezeigt. Zahlreiche Menschen sehen in der Erde seitdem einen sehr begrenzten Lebensraum, empfinden sie als das winzige Raumschiff des Menschen im All, das es in Ordnung zu halten gilt, wenn der Mensch nicht eines Tages mit ihm untergehen soll. Die Furcht vor einer Verwüstung unseres Planeten hat sich in den Bemühungen um einen Schutz der Umwelt vor dem Menschen niedergeschlagen.

»Umweltschutz« ist ebenfalls ein verräterisches Wort. Es besagt nicht mehr und nicht weniger, als daß man jetzt die gesamte Erde für »die Welt um den Menschen« erklärt, die nicht verändert werden darf, oder allenfalls minimal, wenn sich der Mensch nicht selbst seiner Lebensmöglichkeiten berauben will. An dieser Vorstellung ist viel Richtiges und viel Falsches. Einerseits ist der Mensch heute durchaus in der Lage, die Erde als Lebensraum, d. h. ihre Biosphäre, zu zerstören. Man braucht dabei nicht gleich an einen Atomkrieg zu denken. Die Zerstörung kann auch langsam und zunächst unmerklich geschehen, etwa durch Giftstoffe, die man für beseitigt hält, weil sie ins Meer geschüttet wurden. Andrerseits ist der Mensch in vielen Bereichen nur als zusätzlicher Faktor ins Kräftespiel der Natur getreten, und man sollte dies nicht von vornherein für gefährlich halten, sondern von Fall zu Fall prüfen, ob Erdkörper und Biosphäre das Einwirken des Menschen »verkraften«. Das ist selbst dort denkbar, wo menschliches Tun zu tiefgreifenden Veränderungen führt.

Man muß, mit anderen Worten, die Frage nach der geologischen Größenordnung der Technik stellen. Nur durch die Technik unterscheidet sich das Wirken des Menschen von dem anderer Säuger. Diese Feststellung ist selbst dort richtig, wo natürliche Ausscheidungen des Menschen zum Problem werden. Die unnatürliche Häufung solcher Stoffe ist nur eine Folge des dichten Zusammenlebens. Und Siedlungsanhäufungen sind technische Vorrichtungen, Wohnmaschinen.

Um zu brauchbaren Maßstäben zu gelangen, möchte ich einige wenige, aber exemplarische Auswirkungen der Technik mit dem geologischen Geschehen im Tertiär vergleichen. Das Tertiär ist die Epoche der Erdgeschichte, die dem Erscheinen des Menschen im Quartär unmittelbar vorausging. Es liefert insofern Maßstäbe, als es eine Zeit einschneidender geologischer Veränderungen war, deren Ergebnis die heutigen Verhältnisse auf der Erde sind. Außerdem lag im Tertiär die Blütezeit der Säugetierfauna. Die Erde bot also trotz oder wegen der geologischen Revolution, die sie durchmachte, zu dieser Zeit Wesen von unserem biologischen Bauplan die besten Entwicklungsmöglichkeiten. Die Tabelle S. 167 zeigt die Gliederung des Tertiärs und die Dauer seiner einzelnen Stufen.

Einige Anmerkungen zu der Tabelle. Die Bezeichnung Paläogen (griech. palaios = alt; genesis = Entstehung), die häufig für das Alttertiär gebraucht wird, heißt soviel wie »Zeit der alten Säuger«, Neogen (griech. neos = neu) für Jungtertiär »Zeit der neuen Säuger«. Von einer fast poetischen Verzückung angesichts menschenähnlicher Baupläne müssen die Geologen erfaßt gewesen sein, die im vorigen Jahrhundert anhand von Knochen älterer Säuger die unteren Stufen des Tertiärs benannten. Als Gliederungsprinzip diente die Übereinstimmung der jeweiligen Fauna mit der heutigen. Alle Namen der Stufen enden auf »zän« (griech. kainos = neu), das Neue

Gliederung des Tertiärs

Erdzeitalter	Systeme	Abteilungen	Stufen	Beginn vor (in Millionen Jahren)	Dauer (in Millionen Jahren)
	Quartär	(siehe Tabelle S. 183)		2	
		Jungtertiär (Neogen)	Pliozän	11	9
			Miozän	26	15
			Oligozän	35	9
		Alttertiär (Paläogen)	Eozän	53	18
Känozoikum	Tertiär		Paläozän	67	14

oder sinngemäß: Neuzeit. Als unterste Stufe wurde zunächst das Eozän (griech. eos = Morgenröte) angenommen, die Morgenröte der Neuzeit. Als später noch eine Stufe davorgesetzt werden mußte, nannte man sie das Paläozän, die Alte Morgenrötezeit. Die mittlere Stufe der ursprünglichen Einteilung, das Miozän (griech. meion = weniger), und die obere, das Pliozän (griech. pleion = mehr), bedeuten schon prosaischer »Zeit der weniger neuen« und »Zeit der neueren Säuger«. Später wurde es nötig, zwischen Eozän und Miozän noch das Oligozän (griech. oligos = wenig), also die »Zeit der wenig neuen Säuger«, einzuschieben.

Das Tertiär war, wie die vorhergehende Kreidezeit, mit seiner Dauer von etwa 67 Millionen Jahren eine lange geologische Epoche. Als das wichtigste Ereignis dieser Zeit müssen wir die Heraushebung der Alpen und der anderen jungen Faltengebirge von Asien bis Südspanien ansehen. Die meisten übrigen geologischen Veränderungen im Tertiär waren unmittelbare oder mittelbare Folgen dieser Vorgänge. Nur die Bildung des Mittelatlantischen Grabens und der übrigen Grabensysteme, die damals aufbrachen, folgte anderen Regeln.

Die Orogenese der Ostalpen hatte schon in der Oberkreidezeit begonnen. Zu Beginn des Tertiärs wurde sie auf dem Gebiet der Westalpen fortgesetzt. Durch die Kraft, mit der die afrikanische Platte auf Europa stieß, entstand in der Tethysgeosynklinale ein ungeheurer Druck von Südwesten nach Nordosten. Die Schichten, die in der Geosynklinale abgelagert und im Laufe der Zeit mit der hinabtauchenden afrikanischen Platte bis in den oberen Erdmantel gelangt waren, wurden beim isostatischen Ausgleich (beim Aufschwimmen infolge ihres geringeren spezifischen Gewichts) zusammengepreßt, übereinandergeschoben, gefaltet und zerbrochen. In jeder Phase des Auftauchens drückte die afrikanische Platte die Alpen weiter nach Norden. Dabei gaben Schichten, die weniger fest mit ihrer Unterlage verbacken waren, leichter nach als die Kerngebiete, in denen aufsteigende Granitmagmen die Gesteine fest verkittet hatten. So kam es zu Deckenüberschiebungen zwischen 100 und 300 Kilometern.

Vor dem aufsteigenden Gebirge sanken riesige Tröge ein, in denen zuerst Flysch und später, als das Gebirge der atmosphärischen Verwitterung ausgesetzt war, Molasse abgelagert wurde. Die Flysch- und Molasseablagerungen erreichten Höhen von jeweils mehr als 5 000 Metern und wurden teilweise selbst wieder zu Vorbergen verfaltet. Nahezu ganz Mitteleuropa war damals eine aus mehreren Trögen bestehende gewaltige Vortiefe der aufsteigenden Alpen. Entsprechendes gilt für die Gebiete vor den anderen Teilen der neuen Faltengebirge. Im Osten stieß Indien auf Asien und hob das höchste Gebirge der Welt heraus, den Himalaja.
Während des gesamten Erdmittelalters hatte es keine Gebirgsbildung und deshalb auch keinen Vulkanismus gegeben. Im Tertiär schmolzen vor den aufsteigenden Gebirgen zahllose Magmaherde auf, Krustenteile zerbrachen, manche von ihnen wurden noch weit vor dem Gebirge schräg gestellt. Durch die Risse und Klüfte stieg Magma auf. Nach mehr als 160 Millionen Jahren der Ruhe im Erdmittelalter brachen im Tertiär so viele Vulkane auf wie nie zuvor im Zusammenhang mit einer Gebirgsbildung. Manche hatten nur eine oder nur wenige Eruptionen wie die Maare in der Schwäbischen Alb und in der Eifel. Meist aber wurden ganze Landschaften durch die Tätigkeit der Vulkane umgestaltet.
Der Höhepunkt der Vulkanausbrüche lag im Oligozän und im Miozän, also etwa zwischen 35 und 11 Millionen Jahren vor der Jetztzeit, an der Wende vom Alttertiär zum Jungtertiär. In Frankreich entstanden damals die Vulkane der Auvergne. Von dort zog sich ein breiter Gürtel von Vulkanen durch die Gebiete West- und Süddeutschlands bis zu den böhmischen Mittelgebirgen. Im Norden reichte der Vulkanismus bis nach Schottland. Zu dieser Zeit war auch der Vogelsberg (Abb. 21), der größte Schildvulkan Mitteleuropas, tätig.
Man weiß nicht, wie die jungen Gebirge damals aussahen. Sie hatten aber mit Sicherheit eine andere Form als heute. Die Täler, durch welche die damaligen Flüsse das verwitterte Geröll in die Molassetröge verfrachteten, müssen vorwiegend nach Norden geöffnet gewesen sein. (Wenn man sich vorstellt, daß inzwischen etwa 10 000 bis 20 000 Meter von den Alpen abgetragen sind, dann waren die Teile, die heute als Berge aufragen, damals noch gar nicht über dem Erdboden.) Das Relief der Berge, wie wir es kennen, ist erst im Quartär entstanden und in vielen Gegenden nicht älter als 10 000 Jahre.
Überhaupt muß man sich die Landschaften zur Tertiärzeit anders als heutige Landschaften vorstellen. Die Hochgebirge wurden ja nicht mit einem Schlag, sondern während rund 70 Millionen Jahren in einzelnen Etappen herausgehoben. Anfangs guckten von ihnen nur Inseln aus dem Wasser, dann Inselbögen, dann schmale Festlandsbögen und schließlich lange, flache, hügelige Festländer. Das Klima war zu Beginn der Tertiärzeit etwas kühler, dann aber bis gegen Ende des Jungtertiärs selbst in hohen Breiten noch subtropisch warm und sehr feucht. Auf den Festländern

(es gab weniger als heute) lagen ausgedehnte Sümpfe zwischen flachen Hügeln. Die Pole hatten noch keine Eiskappen, und in den Gebirgen waren noch nirgends Gletscher entstanden.
Diese feuchtwarme Welt mit ihrem ausgeglichenen Klima, mit ihren heftigen Vulkanausbrüchen, häufigen Erd- und Seebeben und katastrophalen Überflutungen, war die Welt, in der die Säugetiere groß wurden. Für die Pflanzen, die Pioniere des Lebens, hatte die Erdneuzeit jedoch schon eine halbe Periode früher begonnen: mit der Entwicklung der Bedecktsamer während der Unteren Kreide.
Die älteren Nacktsamer, zu denen die Nadelhölzer gehören, haben freie, ungeschützte Samenanlagen in den Blüten und noch verhältnismäßig einfache Vorrichtungen zum Schutz der Pflanze gegen Austrocknung. Bei den Bedecktsamern sind die Samenanlagen in einem hohlen Fruchtknoten eingeschlossen. Aus den Fruchtknoten entstehen Früchte, die den Samen einen so hohen Schutz bieten, daß sie oft noch nach Jahren keimfähig sind. Ferner haben die Bedecktsamer die Fähigkeit, ihren Wasserhaushalt so zu regulieren, daß sich ihre Arten an nahezu jedes Klima anpassen konnten.
Bis zum Auftreten der Bedecktsamer, zu denen die blättertragenden Bäume, die Gräser und die Kräuter gehören, gab es noch keine geschlossene Pflanzendecke auf der Erde. Sporenpflanzen waren an feuchte Gegenden gebunden. Die Nadelbäume stellten noch verhältnismäßig hohe Ansprüche an die gleichmäßige Versorgung mit Wasser; sie bildeten seit dem Karbon lichte Wälder, in denen das Unterholz fehlte. Der Boden dieser grünen Inseln, auf die damals das pflanzliche Leben der Festländer konzentriert war, lag unter einer Schicht von vermodernden Nadeln und abgestorbenen Bäumen. Zwischen den grünen Inseln gab es nur Wüste, vom Leben noch unbesiedeltes Land.
Diese Verhältnisse änderten sich mit dem Auftreten der Bedecktsamer. Sie drangen im Alttertiär bis in den letzten Winkel der damaligen Festländer vor. Der Boden wurde von Gräsern und Kräutern überwuchert. In den Wäldern schlossen sich Bäume, Gräser und Kräuter dichter zusammen.
Durch diese immer lückenloser werdende Pflanzendecke mußte sich das Klima ändern. Pflanzen saugen mit ihren Wurzeln Wasser aus dem Erdboden. Das Wasser durchströmt ihre Organe. Die Blätter geben es an die Atmosphäre ab, und zwar in beträchtlichen Mengen: So verdunstet eine erwachsene Birke pro Tag bis zu 70 Liter Wasser. Bei einem Wald summieren sich solche Beträge zu riesigen Mengen. Ein Hektar Buchenwald gibt pro Sommer etwa drei Millionen Liter Wasser an die Atmosphäre ab. Insgesamt werden von einer lückenlos bewachsenen Landschaft ca. 70 Prozent der Niederschlagsmenge durch die Pflanzen wieder in die Atmosphäre gebracht. Eine Pflanzendecke, wie wir sie seit dem Alttertiär auf der Erde haben, reguliert also den Wasserhaushalt und verteilt die Niederschläge

gleichmäßig über das Jahr. Durch den gleichmäßig verteilten Niederschlag entstehen Flüsse, die das ganze Jahr über Wasser führen und deshalb mehr Materialien ins Meer verfrachten als die Flüsse früherer Erdzeitalter. Die alten Flüsse sind immer nur sporadisch nach dem Regen geflossen und dann wieder versiegt.

Das gleichmäßig feuchte Klima im Tertiär ist also zu einem wesentlichen Teil auf das Wirken der Bedecktsamer zurückzuführen. Sie schufen die Welt, in der sich Säugetiere, Vögel und höhere Insekten in kurzer Zeit zu einem großen Artenreichtum entwickeln konnten. Die Entfaltung der Tierwelt wirkte zurück auf die Pflanzen. Es entstanden jene komplexen Systeme von Lebensgemeinschaften aus Pflanzen, Säugern, Vögeln und Insekten, die seitdem das Geschehen in der Biosphäre bestimmen. In den Lebensgemeinschaften herrscht ein wechselseitiges Aufeinanderangewiesensein. Pflanzen brauchen Insekten zur Fortpflanzung. Insekten fressen den Blütennektar und bestäuben dabei den Fruchtknoten. Vögel leben von Samen und Insekten, kleine Tiere werden von größeren gefressen.

Diese Lebensgemeinschaften, die sehr empfindlich auf veränderte Umweltbedingungen und auf innere Störungen durch das Überhandnehmen oder Aussterben einzelner Arten reagieren, eroberten seit dem Tertiär jeden Quadratzentimeter Erde, auf dem eine Besiedelung möglich war.

Über längere Zeiträume betrachtet, gehörten den Lebensgemeinschaften stets langlebige und kurzlebige Arten an, d. h. Arten, die sich in Millionen von Jahren nur wenig veränderten, und Arten, die schon nach wenigen Jahrzehntausenden wieder ausstarben. Die langlebigen Arten sind meist an ein breites Spektrum von Umweltbedingungen angepaßt, die kurzlebigen steigen oft nur dadurch kometenhaft auf, daß sie sich auf sehr spezielle Umweltverhältnisse einrichten. Wenn sich die Verhältnisse ändern, ist das Schicksal der Hochspezialisierten meist rasch besiegelt.

Wir können uns heute ein recht gutes Bild von den Lebensgemeinschaften während des Tertiärs machen. Die Braunkohlewälder, die in den Molassetrögen vor den aufsteigenden Alpen versanken und dort durch den nordwärts gerichteten Druck des Gebirges verkohlten, haben die Pflanzen- und Tierarten überliefert, die damals in den feuchten Wäldern lebten. Knud v. Bülow in *Die Entwicklungsgeschichte der Erde:* »Bis ins einzelne lassen sich die wechselseitigen Beziehungen zwischen Blütenpflanzen, Warmblütern und heutigen Insekten nachweisen, es läßt sich nachweisen, wie die Entwicklung der einen Gruppe vom jeweils erreichten Stand der übrigen bestimmt und bedingt wurde – bezeichnend schon, daß die ersten Säuger Insektenfresser sind. Das gilt für die Tertiärzeit ebenso wie für das Pleistozän und auch für den Menschen, das Produkt der Eiszeiten. Es sind zeitliche Beziehungen, die wir nachweisen können. Aber sie entsprechen so genau dem Ablauf, wie er beim Vorliegen ursächlicher Beziehungen sein müßte, daß es schwer wird, nicht auch an solche, an kausale Zusammenhänge zu denken.«

Mit anderen Worten: Die Geologen können anhand der Fossilien erkennen, wer zuerst in einer Lebensgemeinschaft da war, in welcher Reihenfolge die übrigen dazugekommen und wieder aus der Lebensgemeinschaft ausgeschieden sind, sei es, daß sie in eine andere Lebensgemeinschaft wechselten oder ausstarben. Und da einer sich zum anderen passend entwickelt hat, muß man schließen, sie haben ihre Entwicklung gegenseitig begünstigt.

Die Säugetiere, die sich im Tertiär in solchen Lebensgemeinschaften zu großem Artenreichtum entfalteten, hatten früheren Wirbeltieren dreierlei voraus: Sie waren Warmblüter, brachten lebende Junge zur Welt, die einer mehr oder weniger langen Aufzucht bedurften, und sie hatten ein höher entwickeltes, lernfähiges Gehirn.

Über die Vorteile der Warmblütigkeit war schon im Zusammenhang mit den Dinosauriern die Rede. Die Aufzucht der Jungen durch die Eltern ermöglichte es, Erfahrungen von einer Generation auf die nächste weiterzugeben und das Verhalten der Jungen zu beeinflussen. In jedem Zoo können wir beobachten: Säugetiereltern belohnen richtiges Verhalten der Jungen mit Zärtlichkeit, bestrafen falsches durch Schläge oder Bisse und leiten die Jungen, indem sie es vormachen, zur Nachahmung des richtigen Tuns an. Interessanterweise haben sich dazu parallel ähnliche Brutpflegesitten bei den Vögeln herausgebildet. Offenbar erzwangen die komplizierten Lebensgemeinschaften im Tertiär solche Verfahren. Die Tiere mußten von Generation zu Generation flexibler auf die Veränderungen der belebten Umwelt reagieren.

Die ersten durch Fossilien überlieferten Säuger waren spitzmausähnliche Insektenräuber. Innerhalb kurzer Zeit entwickelten sich aus ihnen zu Beginn des Tertiärs die Vorläufer der heutigen Pflanzen- und Fleischfresser. Bereits im Eozän waren alle direkten Ahnen der heutigen Säugetierarten auf der Welt. Zu dieser Zeit tauchten auch primitive Halbaffen auf. Sie hatten beide Augen nach vorn gerichtet – ein erster sichtbarer Schritt in Richtung auf den Menschen. Bis dahin vollzog sich die Entwicklung auf einer gleichsam noch paradiesischen Erde. Feigen und Palmen wuchsen bis auf Spitzbergen. In den Tropen wurden die Temperaturunterschiede zwischen Tag und Nacht durch häufige Niederschläge gemildert. Wahrscheinlich war der Himmel damals stärker bewölkt als heute, vielleicht so sehr, daß keiner der frühen Säuger je die Sonne gesehen hat.

Im Oligozän waren die Alpen und die übrigen jungen Faltengebirge bereits so weit gehoben, daß sie das Klima merklich veränderten. Es begann eine Abkühlung der Polarregionen. Die subtropischen Lebensgemeinschaften zogen sich aus den hohen Breiten in Richtung Äquator zurück. In die frei werdenden Lebensräume drangen Gräser. An Stelle der Palmenhaine wuchsen dort jetzt Mischwälder aus Eichen, Birken, Buchen und Nadelhölzern. Viele Tiere starben durch die Klimaänderungen aus. Von den frühen Säugern überlebten nur Igel, Maulwürfe und Spitzmäuse. Für die Pflanzenfresser begann das Zeitalter des Riesenwuchses. Verschiedene

Titanotherien wurden mehr als vier Meter lang. Zu dieser Zeit traten die Ahnen der Hunde und der Katzen erstmals auf. Die Hunde spezialisierten sich auf die Jagd in Rudeln, die Katzen auf die Jagd als Einzelgänger. Die Beute der ersten Raubsäuger waren die frühen Unpaarhufer, von denen Pferde, Nashörner und Tapire abstammen, und die frühen Paarhufer, aus denen sich später Nilpferde, Giraffen, Hirsche, Antilopen, Ziegen, Schweine, Rinder und Schafe entwickelten.

Im Miozän kühlte sich das Klima weiter ab. Wahrscheinlich war dafür nicht nur die Heraushebung der Alpen verantwortlich. Die zahlreichen und heftigen Vulkanausbrüche, die riesige Mengen von Vulkanaschen in die Luft beförderten, minderten die Sonneneinstrahlung. Es gibt kaum eine Schichtenfolge dieser Zeit, in der keine vulkanischen Materialien nachzuweisen sind. (Tertiäre Ablagerungen findet man zwar nahezu in jedem Landstrich, der Griechenlandreisende hat jedoch die Möglichkeit, einen besonders schönen Aufschluß tertiärer Schichten zu bewundern. Sie bilden die 80 Meter hohen Wände des Kanals durch den Isthmus von Korinth – Abb. 31.)

Das kühlere Miozän wurde die große Zeit der Steppengräser. Sie drangen mit neuen Lebensgemeinschaften in die Gebiete vor, aus denen sich die subtropischen Lebensgemeinschaften zurückgezogen hatten. Das bedeutet: Zu dieser Zeit entwickelten sich auch die Steppentiere. Man darf hier nicht nur an Pferde, Rinder oder Kamele denken, sondern auch an die Raubtiere und die Vorfahren des Menschen, die auf Jagd nach Steppentieren gingen. Die Bedingungen der Steppe waren kärglicher als das Schlaraffenland der früheren Tropenwälder. So mancher ehemalige Pflanzenfresser mußte sich nun mit einer gemischten Kost aus pflanzlicher und tierischer Nahrung begnügen, darunter der Proconsul, ein Affe, der wahrscheinlich schon halb aufrecht ging. Mit der Entwicklung der Proconsul-Familie zu Allesfressern wurde eine weitere Weiche in Richtung auf den Menschen gestellt.

Im Pliozän erreichten die Gebirge langsam ihre heutige Höhe. Im Zusammenhang mit der Orogenese wurden auch andere Gebiete gehoben, so daß die Erde am Ende des Pliozäns mehr Land und weniger Ozeane hatte als selbst in der Zeit des Perms. Das Stadium der Geokratie war ein zweites Mal verwirklicht. Die Umgestaltung der Erdoberfläche blieb auf das Klima nicht ohne Einfluß. Die Polarregionen wurden kälter und vereisten. Die gemäßigten Zonen schoben sich weit in Richtung Äquator, die tropischen Zonen in Richtung der Pole vor. Zwischen ihnen wurden die subtropischen Zonen in enge Gürtel zusammengepreßt. Als Folge der verringerten Ozeanoberfläche nahmen die Niederschläge ab.

Auf die Klimaverschlechterungen des Pliozäns reagierten die Bedecktsamer mit der Entwicklung noch widerstandsfähigerer Arten. Bei vielen Säugetiergattungen ist Riesenwuchs zu beobachten. Über den Riesenwuchs gibt es zwei Theorien: Die eine sagt, Tiere bilden Großformen aus, wenn es der betreffenden Art so gut geht, daß sie einen optimalen Wuchs erreichen

kann. Die andere meint, Großformen entstehen vor allem in Zeiten, da die Tiere mit ihrer Energie haushälterisch umgehen müssen; denn die wärmeabstrahlende Oberfläche wächst mit dem Quadrat, das Volumen mit der dritten Potenz. Je größer ein Tier ist, desto weniger Wärme verliert es im Verhältnis zu seinem Gewicht an die Umwelt. War der Riesenwuchs dieser Säuger, von denen damals manche die Ausmaße mittlerer Saurier erreichten, also eine Antwort auf das Klima? Im Pliozän war es zwar kühler als früher im Tertiär, aber doch erheblich wärmer als heute. Es gab viele Savannen mit saftigen Gräsern, die in den regnerischen Sommern gut gediehen. Entwickelten die tertiären Säuger vielleicht Riesenformen, weil dies die optimalen Verhältnisse für Pflanzenfresser waren?
Am Ende des Pliozäns, als infolge jäher Klimastürze die nördlichen Teile der Kontinente binnen kurzem unter kilometerdickem Inlandeis begraben wurden und die Alpengletscher hundert und mehr Kilometer ins Vorland drangen, war es in den Tropen nur wenig kühler, aber noch regnerischer als in der vergangenen Zeit. Die tertiären Säuger starben aus. Nach der Oberflächen-Volumen-Theorie hätten sie unter klimatisch ungünstigen Verhältnissen bevorzugt überleben müssen. Und in den Tropen gab es sicher einen noch üppigeren, jedenfalls keinen geringeren Pflanzenwuchs, so daß die Riesensäuger, die dort lebten, weiterhin optimale Verhältnisse hatten.
Überall wurden jedoch die tertiären Riesensäuger abgelöst – durch quartäre Riesensäuger. Warum ging die Tendenz zum Riesenwuchs, ob in den Tropen oder in den kalten Zonen, auch unter veränderten Verhältnissen weiter? Nach der Eiszeit starben in der alten Welt sämtliche Riesensäuger aus. Man hat das wieder mit dem Klima in Zusammenhang gebracht. In Amerika überlebten sie aber das veränderte Klima und dachten nicht ans Aussterben, bis Menschen einwanderten.
Wir kennen also weder die Gründe, warum sich im Tertiär und im Quartär zweimal Riesensäuger entwickelten, noch die Gründe dafür, daß es heute keinen Riesenwuchs bei den Säugern mehr gibt. Dies ist eine der vielen ungeklärten Fragen der Paläontologie.
Während bei einem Teil der Säuger die Tendenz zum Riesenwuchs bis in die Eiszeit hinein anhielt, starben zahlreiche andere Säugetierarten nicht nur in den von der Vereisung betroffenen Gebieten, sondern in allen Teilen der Welt aus. Die heutige Säugetierfauna ist nur ein schwacher Nachklang der sehr viel artenreicheren Säugerfauna des Jungtertiärs.
Wie sollen wir nun das Wirken des Menschen mit seiner Technik in Beziehung setzen zu dem vielfältigen Geschehen im Tertiär? Allem Anschein nach ist der Mensch weder in der Lage, Gebirge aufzufalten, noch Amerika so weit von Afrika und Europa wegzuschieben, daß dazwischen der Atlantik entsteht. Vielleicht kann er nicht einmal das Klima verändern. Wo liegen also die Vergleichspunkte?
Das geologische Geschehen während des Tertiärs läßt sich in einigen Formeln zusammenfassen.

1. Geologische Vorgänge (hier Gebirgsbildung) verändern Lebensräume.
2. Frühere Lebensformen sterben aus, neue erobern einen größeren Raum als frühere Formen. Damit ändert sich die chemische Zusammensetzung der Sedimente.
3. Die neuen Lebensformen verändern die Abtragungsprozesse. Vor allem erhöhen sie die Menge Sedimente, die in den Meeren abgelagert wird.
4. Die vermehrte Sedimentation verstärkt die geologischen Prozesse. Geosynklinalen sinken tiefer ein, Gebirge steigen von Zyklus zu Zyklus höher. Die höheren Gebirge vermehren nochmals die Sedimentationsrate.
5. Die verstärkte geologische Entwicklung beschleunigt die Veränderung von Lebensräumen.

Wir haben demnach einen Kreisprozeß vor uns, in welchem das Leben dahin wirkt, daß die geologische Entwicklung verändert wird. Die veränderten geologischen Prozesse rufen eine beschleunigte Entwicklung des Lebens hervor, die auf die geologischen Prozesse wieder zurückwirkt usw.

Wenn wir das aufs Tertiär anwenden: Die explosionsartige Entfaltung von Lebensgemeinschaften wäre in einer Periode geringer geologischer Veränderungen entweder kaum in Gang gekommen oder hätte zumindest nicht so schnell oder nicht so vollständig zur Herrschaft der Bedecktsamer und der Säuger über die Erde geführt. Mit einer schubartigen Weiterentwicklung des Lebens ist somit vor allem dann zu rechnen, wenn sich die Erde verändert. Falls einmal (woran ich nicht glaube) alles zum Stillstand gekommen sein sollte, die Kontinente abgetragen und die endgültige Form der Erdkruste erreicht wären, müßte auch die Entwicklung des Lebens stagnieren. Keine neuen Arten würden mehr entstehen, alte, deren biologische Uhr abgelaufen ist, stürben aus. Das Leben müßte mehr und mehr verarmen, bis es vielleicht eines Tages erlischt.

Kommen wir zum Wirken des Menschen. Prüfen wir seine Technik anhand unseres Formelkatalogs. Dabei können wir uns auf die Fragen konzentrieren, ob Technik die Sedimentationsrate erhöht und die Sedimente in ihrer Zusammensetzung verändert. Beide Fragen sind, um es vorwegzunehmen, eindeutig mit Ja zu beantworten.

Als Jäger und Sammler übte der Mensch solche Wirkungen noch nicht aus. Es machte keinen Unterschied, ob er oder ein Raubtier Beute schlug, ob er sich wilde Früchte nahm oder ein Tier.

Vielfach wird gesagt, der erste große Eingriff des Menschen in die Natur sei die Ausrottung der Großsäuger gewesen. Für die Alte Welt ist das nicht nachzuweisen, denn hier sind zahlreiche Großsäuger ausgestorben, als die Vorfahren des Menschen erst primitive Jagdwaffen hatten. Nur in Amerika, wo es keine Menschen gab, haben Riesensäuger die Eiszeit überlebt. Dort sind sie erst ausgestorben, als etwa um 10 000 vor Christus Menschen über die Beringstraße, die damals eine Landbrücke war, von Asien nach Amerika einwanderten. Das lenkt den Verdacht, an der Ausrottung der quartären

Großsäuger auch in der Alten Welt nicht unbeteiligt gewesen zu sein, doch wieder auf den Menschen.

Die ersten sicher nachzuweisenden Eingriffe von geologischer Größenordnung gehen auf das Konto der alten Agrarkulturen des Mittelmeerraumes. Das Mittelmeergebiet war zu Beginn des Quartärs zwischen 10 000 und 5000 vor Christus dicht bewaldet, ebenso Nordafrika. Noch zur Zeit der Römer ist Nordafrika ein fruchtbares Land gewesen und lieferte den Hauptanteil des Getreides, das die Römer benötigten. Der Mensch hatte mit seiner Agrarkultur die Lebensgemeinschaften der Wälder durch Rodung vertrieben. Vielfach wurden die Wälder abgebrannt, so daß auch die Tiere der gerodeten Flächen umkamen. Es ist dann von geringer Bedeutung, welche Frucht auf den freigelegten Flächen angebaut wird, ob Getreide oder Gemüse. In jedem Fall wird das betreffende Land nicht mehr von natürlichen Lebensgemeinschaften bewohnt, sondern trägt Monokulturen. Jede Monokultur stört das biologische Gleichgewicht im Erdboden, den die natürlichen Lebensgemeinschaften in Jahrmillionen aufgebaut haben. Der Wasserhaushalt gerät durcheinander. Es entsteht schließlich ein Wasserdefizit, weil Gräser (Getreide) bei weitem nicht so viel Wasser an die Luft abgeben wie Bäume. Die Folge ist, daß weniger Niederschlag fällt und der Boden austrocknet. Ferner bieten abgeerntete Felder einen geringeren Schutz gegen die Erosion durch Regengüsse und gegen die Abtragung durch Wind. Irgendwann ist der fruchtbare Humus verschwunden, der nackte Fels kommt zum Vorschein; die Landschaft ist in Karst oder in Wüste verwandelt (Abb. 36 und 37).

Das typisch mediterrane Klima mit seiner ungleichmäßigen Verteilung der Niederschläge über das Jahr muß also als ein Ergebnis der antiken Agrarwirtschaft gedeutet werden. Zu Beginn der Antike selbst, als es dort noch dichte Wälder und erst wenig Getreideanbau gab, herrschte ein ausgeglicheneres, gemäßigtes Klima rund um das Mittelmeer. Unter Klimaverhältnissen wie den heutigen wären die alten Hochkulturen dort sicher nicht aufgeblüht. Hochkulturen sind immer nur in gemäßigten Klimazonen mit häufigen Niederschlägen entstanden. Offenbar brauchen Kulturen eine Art Reizklima.

Im Mittelmeerraum hat der Mensch demnach seit der Erfindung der Agrarwirtschaft, vor allem aber während der Antike, die Sedimentationsrate erhöht und die Zusammensetzung der Sedimente verändert. Nur könnte ein Geologe in 250 Millionen Jahren diese Schichten noch nicht eindeutig als »anthropogen« (griech. anthropos = Mensch) identifizieren, falls sie nicht zufällig Leitfossilien, wie Kulturpflanzen oder Knochen von Mensch und Haustier, enthielten. Denn Veränderungen der Vegetation, Versteppung und Verkarstung hat es seit dem Jungtertiär immer wieder gegeben. Der geologische Eingriff wäre zwar auf den Menschen zurückzuführen, er bewegte sich aber noch im Rahmen dessen, was sich auch ohne menschliches Zutun in der Natur immer wieder ereignet.

Anders verhält es sich mit der Industrie, angefangen von der frühesten Metallverarbeitung bis in die heutige Zeit. Zwei Arten von industriellen Vorgängen sind für die geologische Beurteilung wichtig: Einmal beutet der Mensch Rohstoffe aus, z. B. natürlich vorkommende Erze oder Mineralien, und reichert sie zu reinen Stoffen an (Metalle, Chemikalien), zum anderen schafft er aus natürlichen Materialien anorganischer oder organischer Natur Stoffe von einer Zusammensetzung oder Beschaffenheit, wie sie durch natürliche Prozesse nicht entstehen. Anhand dieser beiden Charakteristika werden Geologen in nächsten Erdzeitaltern — falls es dann noch welche geben sollte — Schichten als anthropogen erkennen: an der unnatürlichen Konzentration von natürlichen Stoffen und an Stoffen, die ihre Herkunft eindeutig einem Herstellungsprozeß verdanken.

Die Beispiele Landwirtschaft und industrielle Produktion haben bereits für den Nachweis gereicht, daß der Mensch sowohl die Rate der Sedimente gegenüber früheren Zeiten erhöht als auch ihre Beschaffenheit grundlegend verändert. Die Art der Veränderung läßt sich mit dem ersten Auftreten von Humus in den grauen Sedimenten nach dem Old Red vergleichen: Es ist etwas Neues auf der Erde entstanden, das es vorher noch nicht gegeben hat, nämlich die landwirtschaftlichen und industriellen Produktionsprozesse, mit deren Hilfe der Mensch seine Art am Leben erhält.

Die Anfänge dieser Entwicklung sind Vergangenheit und liegen nicht mehr in unserem Einflußbereich. Zur Debatte steht auch weniger die gegenwärtige als die zukünftige Wirksamkeit des geologischen Faktors Mensch. Die Zukunft scheint noch offen, soweit wir nicht durch alte Verhaltenszwänge in gewohnten Gleisen fortfahren müssen.

Aus früheren Weichenstellungen in der Geschichte des Lebens hat der Mensch wie alle derzeit lebenden pflanzlichen und tierischen Organismen zwei Grundtendenzen mitbekommen: die zur Maximierung der Fortpflanzungsrate und die zum Vordringen in jeden nur möglichen Lebensraum, wobei es offenbar kaum eine Rolle spielt, mit welchem Maß an Überlebenstechniken der Raum erobert werden kann.

Aber nicht nur die industrielle Produktion wird das Zeitalter des Menschen bestimmen. Wir wissen nicht, wie es die Saurier mit ihren Abfällen hielten. Wahrscheinlich haben sie sich bei ihrer geringen Intelligenz weder um die Abfälle ihrer Nahrungsaufnahme noch um ihre Exkremente gekümmert. Das alles blieb wie bei den heutigen Echsen liegen, wo es anfiel. Die Säuger haben das Liegenlassen offensichtlich übernommen, daneben aber noch eine zweite Verhaltensweise für Situationen entwickelt, in denen die Abfälle beseitigt werden mußten, um die Feinde nicht auf ihre Fährte zu bringen oder um den eigenen Lebensbezirk funktionsfähig zu halten: Die Abfälle wurden dazu entweder unter dichtem Pflanzenwuchs versteckt oder in der Erde verscharrt. Was versteckt oder verscharrt war, hatten die Säuger nach ihrem Empfinden »aus der Welt geschafft«. Liegenlassen, Verstecken und Verscharren von Abfällen praktiziert auch der Mensch bis

zum heutigen Tag. Lange Zeit hat er es überhaupt nicht als Problem empfunden, ob dieses Verhalten für seine Lebensweise noch einen Sinn hat oder nicht.
Die erste größere frühgeschichtliche Stadt, die wir aus Ausgrabungen kennen, Catal Hüyük in Anatolien, war allem Anschein nach eine Totenstadt, in der Bestattungsriten abgehalten wurden. Den Müll, der dabei anfiel, warf man einfach auf den Hof. Alle hundert Jahre erreichte die Müllhalde eine solche Höhe, daß sie den Gebrauch der Totenhäuser unmöglich machte. Daraufhin wurde nicht der Müll beseitigt, sondern auf die alten Häuser neue gebaut, und das Spiel begann von vorn.
Müllanhäufungen in der Landschaft und Vergraben von Abfällen, die man loswerden möchte, sind auch Kennzeichen unserer heutigen Industrieprozesse. Dabei ist eine Variante des Vergrabens hinzugekommen. Man versenkt seit einigen Jahren besonders gefährliche Abfälle – hochgiftige oder radioaktive Stoffe – im Meer. Ob vergraben oder ins Meer versenkt, »dort unten« sind sie für das Empfinden des Menschen aus der Welt. An diesem Empfinden ändern (vorerst) auch Berechnungen noch nichts, daß die Behälter, in denen Abfälle vergraben oder ins Meer versenkt wurden, nur einige Jahrhunderte bis einige Jahrtausende halten können. Vielfach verzichtet man sogar auf Behälter und lagert die Stoffe in ausgedienten Bergwerksstollen ein oder pumpt sie in ausgebeutete Öllagerstätten.
Auf diese Weise werden sich im Laufe der Zeit große Mengen industrieller Abfälle ansammeln, in den oberen Schichten der Kontinente wie auf den Meeresböden. Nun könnte man sagen: was bedeuten die paar hundert oder tausend Tonnen angesichts der Größe der Ozeane und der Festländer. Was sie bedeuten, ergibt sich, wenn man den Rechenstift ansetzt und die Zahlen mit der Größenordnung geologischer Zeiträume multipliziert.
Um zu einer Annahme zu kommen, mit welchen geologischen Zeiträumen wir zu rechnen haben, müssen wir die Lebenserwartung der Gattung Mensch schätzen. Am besten eignet sich dafür wohl ein Vergleich mit den Dinosauriern. Die Dinosaurier entwickelten sich vom Perm bis zur Oberkreide, also in einem Zeitraum von etwa 200 Millionen Jahren. Nach Beobachtungen, die man im Tertiär macht, beträgt die Lebensdauer einer Säugetierart einige Jahrzehntausende bis einige Jahrmillionen. Wenn wir annehmen, daß die heute lebende Menschenart noch nicht die letzte ist und sich als Folge erdgeschichtlicher Umschwünge weitere Menschenarten entwickeln könnten, die ihr nachfolgen, dann dürfen wir für die Lebenserwartung des Menschengeschlechts günstigstenfalls etwa denselben Zeitraum ansetzen wie für die Dinosaurier. Dabei ist unterstellt, daß sich die Lebensverlängerung der Gattung durch technische Manipulation und die Lebensverkürzung durch verstärkte erdgeschichtliche Vorgänge in etwa die Waage halten.
Nach Schätzungen von Experten dürften unsere chemischen Fabriken 1980 etwa 80 Millionen Tonnen Kunststoffe pro Jahr erzeugen, von denen viele

schwer und manche überhaupt nicht durch Verwitterung abgebaut werden. Rechnen wir überschlägig, daß sich die Erzeugungsrate der Kunststoffe für den Durchschnitt der Lebenszeit, die wir für die menschliche Gattung erwarten, nur verzehnfacht (die Futurologen bieten uns noch größere Zahlen an), die Weltbevölkerung sehr bald auf 40 Milliarden steigt und man in Zukunft Kunststoffe herstellen kann, von denen nur ein Zwanzigstel unverwittert bleibt statt wie heute etwa die Hälfte, dann kommen wir zu erstaunlichen Zahlen: Es würden sich nämlich während der 200 Millionen Jahre menschlichen Wirkens mindesens 80 Billiarden Tonnen Kunststoffabfälle zusätzlich zu den ohnehin anfallenden natürlichen Sedimenten in den Sedimentationsräumen ablagern. Nun dürften in Zukunft die meisten Rohstoffe, mit denen wir heute noch sehr sorglos umgehen, außerordentlich knapp werden. Wir müssen deshalb die Tendenz berücksichtigen, immer mehr Naturstoffe, vor allem Metalle, durch Kunststoffe zu ersetzen, an deren Ausgangsmaterialien Kohlenstoff, Wasserstoff, Schwefel und Silicium kein Mangel auftreten kann, und wollen vorsichtig schätzen, daß die Kunststofferzeugung um den Faktor 1 000 größer sein wird, als wir bisher angenommen haben. In diesem Fall ergäben sich Kunststoffablagerungen von 80 Trillionen Tonnen bis zum Ende der 200 Millionen Jahre.

Ich möchte noch eine weitere Überschlagsrechnung anstellen und nun voraussetzen: Wir können nicht wissen, wie hoch die Kunststoffabfälle oder andere Arten von Abfallprodukten sein werden. Deshalb wollen wir nur die Menge des anfallenden Mülls insgesamt schätzen.

Die Experten rechnen für 1980 mit 1,6 Tonnen Müll pro Kopf der Weltbevölkerung. Heute sind zwei Drittel der Weltbevölkerung noch »Niedrigmüllproduzenten« und nur ein Drittel »Hochmüllproduzenten«. Dieser Unterschied dürfte wegen der Tendenz, unseren Planeten bis in den letzten Winkel zu industrialisieren, bald, d. h. sicher schon in einigen Jahrhunderten, keine Rolle mehr spielen. Daraus ergäbe sich eine Steigerung der Müllrate um zwei Drittel. Wir wollen der Einfachheit halber annehmen, daß diese Zuwachsrate durch eine andere Tendenz aufgehoben wird, nämlich möglichst viel Müll zur Wiedergewinnung von Rohstoffen zu benutzen, und nur rechnen: Die Weltbevölkerung steigt sehr bald auf 40 Milliarden, die infolge einer höheren Industrialisierung pro Kopf der Bevölkerung zehnmal soviel Müll produzieren wie 1980. Daraus ergibt sich für die mögliche Lebenszeit der Gattung Mensch ein Betrag von 12,8 Trillionen Tonnen Müll. Wir müssen nun noch berücksichtigen, daß eine Gesellschaft von 40 Milliarden Menschen vielleicht nicht nur zehnmal soviel Industrieprodukte herstellen muß, um existieren zu können, sondern tausendmal soviel. Wir hätten also den anfallenden Müll um den Faktor 100 unterschätzt. In diesem Fall ergäben sich Müllablagerungen von 12,8 Trilliarden Tonnen.

Wir könnten solche Überlegungen auch für Stoffe anstellen, die nicht als Müll zählen, weil sie von Haushalten und Fabriken direkt in die Atmosphäre, in Flüsse oder, wenn die Städte an der Küste liegen, gleich in die

Weltmeere abgegeben werden. Dabei kämen wir jedesmal in Zahlenbereiche, die sich der menschlichen Vorstellung entziehen, und zwar in einem Maße, daß wir die Zahlen anders ausdrücken müssen, um ihre Bedeutung zu erkennen. Statt 12,8 Trilliarden kann man auch $12{,}8 \cdot 10^{21}$ schreiben. (Die Hochzahl 21 sagt, wieviel Nullen wir an eine Eins anzuhängen hätten, die wir mit 12,8 multiplizieren.) Nun läßt sich aus astronomischen Berechnungen ableiten, daß das Gewicht der gesamten Erde etwa $6 \cdot 10^{21}$ Tonnen beträgt. Die Menschheit hätte nach unserer Überschlagsrechnung demnach binnen 200 Millionen Jahren mehr als doppelt soviel Materie wie die Erde enthält in Müll verwandelt. Die Beträge für die Kunststofferzeugung lagen zwar niedriger, nämlich zwischen $8 \cdot 10^{16}$ und $8 \cdot 10^{19}$ Tonnen in 200 Millionen Jahren. Aber $8 \cdot 10^{19}$ Tonnen wären immerhin noch ein Fünfundsiebzigstel der Erdmasse.

Dies sind ganz und gar unmögliche Zahlen. Sie bedeuten aber nicht, daß unsere Rechnungen falsch waren, sondern: Der Menschheit stehen nicht so viel Stoffe zur Verfügung, um während ihrer Lebensdauer von 200 Millionen Jahren Industrieprodukte auf dieselbe Weise zu erzeugen wie heute. Das ist je nach Seltenheit oder Häufigkeit der Rohstoffe nur noch einige Jahrzehnte bis einige Jahrhunderte möglich. Deshalb wird es schon eines baldigen Tages nötig sein, den Müll zum kostbarsten Gut der Welt zu erklären und aus ihm alle jene chemischen Elemente und Verbindungen wiederzugewinnen, die der Mensch für die Herstellung seiner Produkte braucht.

Irgendwo werden solche Wiedergewinnungsverfahren aber auf Grenzen stoßen, sei es technischer oder finanzieller Art. Deshalb möchte ich vorsichtig schätzen, daß während der angenommenen Lebensdauer der menschlichen Gattung etwa dieselben Mengen an anthropogenen wie an organogenen Sedimenten anfallen werden, d. h., der Mensch dürfte in dieser Zeit etwa ebensoviel Sedimente erzeugen wie alle übrigen Lebewesen – Pflanzen und Tiere – zusammen.

Summarisch läßt sich aus alledem schließen: Die Ablagerungen der heutigen Hochgebirge dürften die Ablagerungen aller früheren Gebirge etwa um das Hundert- bis Tausendfache übertreffen. Dazu kommen die organogenen und die anthropogenen Sedimente. Ein großer Teil dieser Stoffe wird – über welche Umwege auch immer – in die neuen Geosynklinalen gelangen, die sich heute in den Systemen der pazifischen Tiefseegräben vor den Ostküsten Asiens abzeichnen. Während der Atlantik wächst, verkleinert sich der Pazifik. Entsprechende Teile seiner Kruste verschwinden mit den darauf abgelagerten Sedimenten im Erdmantel und werden vielleicht in etwa 230 Millionen Jahren, wenn es längst keine Menschen mehr gibt, als riesiges Nord-Süd-Gebirge am Rande von Asien zu Höhen von 10 000 bis 15 000 Metern aufsteigen. Etwa ein Drittel des Gebirges, wie es in dieser Größe noch nie auf der Erde existiert hat, könnte aus anthropogenen Sedimenten und deren Metamorphiten bestehen.

Vielleicht sind ganze Berge radioaktiv und für das Leben unbewohnbar. Es könnte aber auch sein, daß sich durch die erdgeschichtlichen Veränderungen beim Aufsteigen des Supergebirges Pflanzen- und Tierarten entwickeln, die eine höhere Strahlendosis vertragen, so wie heutige Organismen mit mehr Sauerstoff belastbar sind als die Pflanzen und Tiere, denen im Devon die ersten Schritte aufs Land gelangen.
Der Einwand: was kümmert uns das Schicksal unserer Sedimente in 230 Millionen Jahren, ist nicht ganz unberechtigt. Deshalb wollen wir uns noch mit einigen kurzfristigen Veränderungen beschäftigen, die auf das Konto des Menschen gehen. Sie betreffen in der Hauptsache Eingriffe in die Lebensgemeinschaften der Gegenwart. Von den Auswirkungen der Landwirtschaft haben wir schon gesprochen. Sie bewegten sich anfangs noch in einem Rahmen, wie er in der Erdgeschichte üblich war: daß Lebensräume eingeengt oder in ihrem Charakter verändert wurden und die Lebensgemeinschaften darauf reagieren mußten.
Heute erzeugt die Industrie eine Vielzahl von Stoffen, die nur sehr langsam oder gar nicht abgebaut werden. Manche (z. B. Quecksilber, Blei, DDT) reichern sich über die Nahrungsketten in lebenden Organismen an und können auf längere Sicht die Lebenbedingungen auf der Erde gegenüber den heutigen Verhältnissen erheblich verändern, sei es, daß neue Arten entstehen, die vielleicht gegen Quecksilber unempfindlicher sind oder die Fähigkeit erworben haben, DDT auszuscheiden, sei es, daß Arten aussterben, weil sie sich an die vom Menschen umgestaltete Welt nicht anzupassen vermögen.
Wenn wir zusammenrechnen, wie viele Pflanzen- und Tierarten der Mensch, seit es ihn gibt, besonders aber seit dem Beginn des technischen Zeitalters, ausgerottet hat, und diese Zahlen mit 70 Millionen Jahren, der Dauer des Tertiärs, multiplizieren, dann kommen wir zu dem Ergebnis, daß der Mensch im gleichen Zeitraum wahrscheinlich ein Vielfaches der Tierarten vernichten würde, die im Tertiär durch natürliche Ursachen ausgestorben sind.
Der Mensch vernichtet aber nicht nur, er züchtet auch neue Tier- und Pflanzenarten, und zwar seit etwa 10 000 Jahren. Wenn wir die Erfolge, die er auf diesem Gebiet hatte, für einen Zeitraum von 70 Millionen Jahren hochrechnen, so zeigt sich: in geologischen Zeiträumen wird der Mensch die Biosphäre vermutlich stärker verändern, als sie sich früher in vergleichbaren Zeiträumen durch natürliche Ursachen verändert hat.
Schon heute sind große Teile der Erdoberfläche vom Menschen umgestaltet. Wir brauchen das nicht bis zu einem Erdzeitalter hochzurechnen, sondern nur anzunehmen, diese Entwicklung ginge noch wenige Jahrtausende so weiter, dann sind wir bei dem Zeitpunkt, in dem der Mensch den letzten Quadratmeter Erdboden nach seinen Bedürfnissen umgestaltet hat.
Aus all diesen Gründen ist es richtig, im Menschen den wirksamsten geologischen Faktor zu sehen, der je auf die Oberfläche unseres Planeten eingewirkt hat. Am Ende der Lebenszeit, die der menschlichen Gattung bemes-

sen sein dürfte, wird die Erde vom Menschen mindestens in derselben Größenordnung umgestaltet sein, wie sie einst in einem dreimal so langen Zeitraum durch das Leben verändert worden ist.

2. AN DEN HEBELN DER KLIMAMASCHINE

Vor etwa zwei bis eineinhalb Millionen Jahren wurde es auf der Erde plötzlich kälter. Schon im Pliozän waren an den Polen Eiskappen entstanden. Nun weiteten sich die kühlen Klimazonen um die Pole stark aus, in Asien bis zum 60., in Europa bis zum 50. und in Nordamerika sogar bis zum 40. Breitengrad. Binnen kurzem waren diese Zonen von Inlandeis bedeckt.
Heute ist es möglich, durch Messungen an Bohrproben aus den Eiskappen um die Pole festzustellen, wie plötzlich es so kalt wie in einer Eiszeit werden kann: in etwa 100 Jahren. Wir wissen aber nicht, wodurch ein so gewaltiger Klimaumschwung auf der Erde bewirkt wird. Bekannt ist nur, daß seit dem Präkambrium Eiszeiten in Abständen von etwa 300 Millionen Jahren aufgetreten sind, und zwar stets nach einer Gebirgsbildung. Dieses zeitliche Nacheinander muß aber nicht notwendig als Ursache und Wirkung gedeutet werden. Wir haben keine Ahnung, warum seit dem Präkambrium ebenfalls alle 300 Millionen Jahre neue Gebirge herausgehoben wurden. Gebirgsbildung und Eiszeiten könnten zufällig denselben Rhythmus haben. Es wäre aber auch denkbar, daß ein uns noch unbekannter Vorgang in der Erde, der einen Rhythmus von 300 Millionen Jahren hat, Gebirgsbildung wie Eiszeiten auslöst.
Das Inlandeis, unter dem Nordamerika, Nordeuropa und das nördliche Mitteleuropa sowie das nördliche Asien begraben wurden, erreichte auf den Höhepunkt der Vereisungen in Kanada eine Dicke von etwa 5 000 Metern und in Europa bis zu 3 500 Metern. Insgesamt war damals etwa ein Drittel aller Landmassen der Erde mit Eis bedeckt (heute acht Prozent). In den Gebirgen Mitteleuropas lag die Schneegrenze im Sommer etwa bei 1 000 Metern. Die Alpengletscher drangen nach Norden bis München und Augsburg vor, nach Süden bis zum Garda- und Comer See. Die Mittelgebirge trugen ganzjährig Schneekappen. Die Gletscher des Schwarzwaldes erreichten 40 und die Gletscher der Vogesen 25 Kilometer Länge.
Zwischen dem Inlandeis im Norden und dem vergletscherten Vorland der Alpen entstand eine spärlich bewachsene Tundra. Heftige Winde wehten fein zermahlenen Staub aus den Endmoränen der Gletscher und aus der Schmelzzone des Inlandeises in die eisfreien Gebiete und lagerten ihn dort als Löß ab.
Der Meeresspiegel sank in Zeiten, als die Vereisung ihre größte Ausdehnung hatte, um mehr als 100 Meter. Dadurch wurden weite Gebiete der Kontinentalschelfe trockenes Land. Klimatisch war die Vereisung keine lokale

Angelegenheit der Nordhalbkugel. Es wurde weltweit, auch in den Tropen und Subtropen, kälter. Im Mesozoikum hat – so schätzt Wunderlich – die mittlere Jahrestemperatur der Erde zwischen 24 und 25 Grad gelegen. Heute beträgt sie 15,5 Grad. Auf den Höhepunkten der Vereisung sank sie auf 11 Grad.

»Im ganzen gesehen«, schreibt Wunderlich in *Die Eiszeit ist noch nicht zu Ende,* »ist also weniger die Temperaturdifferenz zwischen Hochstand der Vereisung und Gegenwart, sondern zwischen Warmzeit und Eiszeit entscheidend. Nun wird man vielleicht auf den ersten Blick eine Temperaturdepression um 12 bis 13° C für nicht eben viel halten. Man sollte dabei aber nicht vergessen, daß es sich um Jahresmittelwerte handelt. Ein praktischer Vergleich macht uns dies sofort klar: Mit einer Jahrestemperaturverschiebung von 12,3° C gelangt man im Seeklima des Nordatlantiks von Reykjavik auf Island (64,8° nördlicher Breite), mit nur 4,1° C mittlerer Jahrestemperatur, nach Lissabon (38,42° nördliche Breite) mit 16,4° C! Ob man in Reykjavik oder Lissabon lebt, macht schon einen beträchtlichen Unterschied hinsichtlich der Garderobe und der Heizungsrechnung aus, von der sonstigen Umgebung einmal ganz abgesehen. Mit einer Temperaturverschiebung im positiven Sinne um etwa 26 Breitengrade gelangte Mitteleuropa in den Temperaturbereich Nordafrikas, das Nordkap in denjenigen Mitteleuropas, der Nordpol in den von Island. So gesehen waren die Warmzeiten der Erde doch etwas anderes als die Vereisungsepochen. Mit einer Verharmlosung des eiszeitlichen Klimasturzes wird man dem Problem also offenbar nicht gerecht.«

Hinsichtlich der Großwetterlage scheint zwischen Warmzeiten und Eiszeiten ein grundlegender Unterschied bestanden zu haben. In den Warmzeiten herrschte vermutlich eine meridionale Luftzirkulation vor, d. h. Luftbewegungen parallel zu den Längenkreisen sorgten für eine ständige Zufuhr von polarer Kaltluft bis in die Äquatorgegenden und von warmer Luft aus niederen Breiten bis in die Polarregionen. Auf diese Weise wurden die Pole mit warmer Äquatorluft beheizt und die heißen Tropenregionen mit Polarluft gekühlt. Das meridionale Zirkulationsmodell erklärt demnach das ausgeglichene Klima während der Warmzeiten, als die Vegetation am Nordkap sich nicht wesentlich von der Vegetation subtropischer Gegenden unterschied.

Die Großwetterlage in Kaltzeiten muß dagegen überwiegend zonal gewesen sein, also mit Luftströmungen parallel zu den Breitenkreisen. Bei diesem Modell bauen sich große Klimagegensätze zwischen den heißen Äquatorgegenden und den kalten Polarregionen auf.

Theoretisch wäre für die Erde das meridionale Zirkulationsmodell das normale, wobei man noch die Verwirbelung der Strömungen durch die Erdrotation zu berücksichtigen hätte. Das zonale Modell scheint eigentlich nur dann wahrscheinlich, wenn das Bodenrelief die meridionalen Strömungen behindert. Und in der Tat haben wir in dem weltumspannenden Gürtel der neuen Faltengebirge, die am Ende des Tertiärs fertig herausgehoben waren, ein sehr wirksames Hindernis für nord-südliche Bodenströmungen. Der Beginn einer Eiszeit wäre also durch ein Umkippen der meridionalen Großwetterlage in die zonale zu erklären, das durch das Strömungshindernis der Gebirge ausgelöst wurde.

Es ist jedoch mit dieser wie mit den meisten übrigen Eiszeittheorien: Sie leuchtet ein, erklärt aber etwas Wesentliches am Ablauf der Eiszeit nicht, in diesem Fall nicht den Wechsel von Eiszeiten und Zwischeneiszeiten. Bei der Eiszeit handelte es sich ja nicht um einen einmaligen weltweiten Temperatursturz, sondern das nördliche Inlandeis und die Alpengletscher drangen sechsmal vor und schmolzen sechsmal wieder bis etwa auf den heutigen Stand ab. Das Umkippen der Großwetterlage muß also noch durch andere Vorgänge überlagert sein, die innerhalb einer Vereisungsperiode zu warmen Zwischenzeiten führen. Der Wechsel von Vorstößen des Eises (Glazialen) und warmen Zwischenzeiten (Interglazialen) ist auch bei der permokarbonen und den früheren Vereisungen zu beobachten. Wir müssen ihn als ein für Eiszeiten typisches Geschehen ansehen.

Welche Erklärungen dafür vorgeschlagen wurden, werden wir im Zusammenhang mit den Eiszeittheorien besprechen. Zunächst wollen wir uns mit den Auswirkungen der Eiszeit oder besser der Folge von Kalt- und Warmzeiten beschäftigen. Nach dieser Folge wird auch das geologische System Quartär gegliedert (siehe Tabelle).

Die großen Vorstöße des Eises lagen in der Günz-, Mindel-, Riß- und Würmeiszeit. Biber und Donau gelten als kleinere Auftakte zu dem späteren

Gliederung des Quartärs

System	Abteilungen	Stufen im Alpengebiet	Stufen in Norddeutschland	Zeitskala (Jahre vor heute)	Menschenfunde	Kulturstufen
	Holozän	Postglazial	Postglazial	10 000		Hochkulturen Neolithikum Mesolithikum
				15 000	Homo sapiens	Jungpaläolithikum Magdalénien Solutréen Aurignacien
				25 000		
		Würm-Eiszeit	Weichsel-Eiszeit	72 000		
	Jung- pleistozän	Riß-Würm- Zwischeneiszeit	Eem-Warmzeit	140 000	Homo präsapiens	Mittel- paläolithikum Moustérien
		Riß-Eiszeit	Saale-Eiszeit	230 000	Homo neandertalensis	Altpaläolithikum Levallois
		Mindel-Riß- Zwischeneiszeit	Holstein-Warmzeit			
				435 000	Homo steinheimensis	Acheuléen Clactonien
		Mindel-Eiszeit	Elster-Eiszeit		Homo heidelbergensis	
	Mittel- pleistozän	Günz-Mindel- Zwischeneiszeit	Cromer-Warmzeit	480 000	Homo pekinensis	Abbevillien
		Günz-Eiszeit	Menap-Eiszeit	600 000	Homo erectus	
		Günz-Donau- Zwischeneiszeit	Waal-Warmzeit			
		Donau-Eiszeit	Eburon-Eiszeit			
		Biber-Donau- Zwischeneiszeit	Tegelen-Warmzeit		Australopithecus	Geröllkulturen Villafranca- Zeit
Quartär	Alt- pleistozän	Biber-Eiszeit	Brüggen-Eiszeit	2 Mio.		

Klimageschehen. Sie sind auch nicht überall nachzuweisen. (Die Namen wurden übrigens nach Flüssen gewählt, in deren Bereich die Ablagerungen der betreffenden Eiszeit gut erhalten sind; aber auch die alphabetische Reihenfolge spielte eine Rolle. Bei der Wahl der Namen für die nordeuropäischen Inlandvereisungen ist man ähnlich verfahren.)

Gletscher wie Inlandeis überarbeiten das Relief des Gebietes, in das sie sich ergießen. Ergießen ist hier das richtige Wort, denn Eis fließt durch sein eigenes Gewicht, und zwar um so rascher, je tiefer die betreffende Eisschicht im Gletscher liegt. Nur die Unter- und die Seitenzonen, ein Brei aus losgebrochenen Gesteinen, zermahlenem Schutt und Eis, fließen wieder langsamer; sie werden vom Untergrund und den Talwänden gebremst. Durch ihr Fließen hobeln Gletscher an den Seiten und im Untergrund Gestein weg und erzeugen ein steilwandiges U-Tal. Am vorderen Ende taut der Gletscher ab. Dadurch schüttet er mitgeschlepptes Geschiebe zu einer Endmoräne auf (Abb. 33 und 4).

Das Inlandeis (Abb. 35) war nicht ausschließlich liegengebliebener Schnee, sondern es bestand in seinen tieferen Zonen aus Gletschermassen, die von Skandinavien nach Süden geflossen waren. Auf sie lagerten sich dicke Schneeschichten ab, die verfirnten. Bei ihrer Fließbewegung haben Inlandeis und Gebirgsgletscher manchmal riesige Steinblöcke mitgeschleppt und in den Ebenen liegengelassen. An Hand solcher Blöcke wurde die Vereisung Nordeuropas um 1875 von schwedischen Geologen nachgewiesen.

Ein Gletscher (das gilt auch für Inlandeis) wird größer, wenn in seinem Nährgebiet über der Schneegrenze mehr Schnee liegenbleibt, als in dem Zehrgebiet unter der Schneegrenze abtaut. Schmilzt im Zehrgebiet mehr Schnee, als im Nährgebiet liegenbleibt, dann verkleinert sich der Gletscher. Ein Gletscher ergießt sich durch sein eigenes Gewicht talwärts. Wenn er wächst, können Zungen von beträchtlicher Größe entstehen. Hat der Gletscher eine negative Ernährungsbilanz, dann fließt er natürlich weiterhin talwärts, aber die Geschwindigkeit, mit der er im Zehrgebiet abtaut, überwiegt die Fließgeschwindigkeit. So entsteht der Eindruck, daß sich der Gletscher talaufwärts zurückzieht.

Die Bildung des Inlandeises, das im Pleistozän (griech. pleiston = am meisten; sinngemäß »Zeit der neuesten Säuger«) die nördlichen Teile Eurasiens bedeckte, wurde durch den Vorstoß riesiger Gletscherzungen aus den skandinavischen Gebirgen eingeleitet. Durch Schrammen, die das fließende Eis an Felsen hinterlassen hat, kann man heute die Fließrichtung feststellen. Die folgende Skizze zeigt die Grenzen der Vereisung in Europa, die Fließrichtung im Inlandeis sowie die Lebensgebiete zwischen den vereisten Zonen und an ihren Rändern.

Sobald auf dem Inlandeis eine zusammenhängende kalte Oberfläche entstanden war, eine Eiswüste, wie wir sie heute auf den Eiskappen der Arktis und Antarktis sehen können, wurde die gesamte Oberfläche zur Nährzone. Das Inlandeis bekam von da an seinen Nachschub nicht mehr ausschließ-

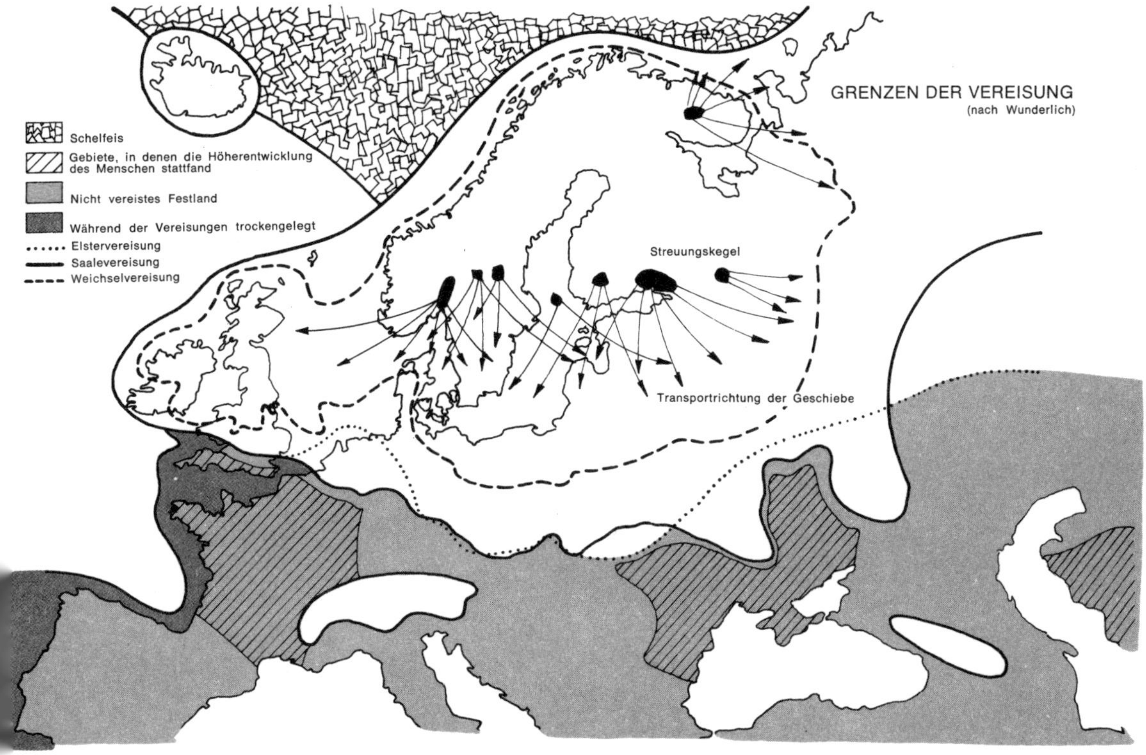

lich vom Fließen der Eismassen aus einer weit entfernt liegenden Nährzone. Es wuchs überall durch liegengebliebenen Schnee in die Höhe.

Aus den Fließbewegungen heutiger Gletscher läßt sich schätzen, wie rasch zu Beginn einer Kaltzeit die Gletscher vorrücken könnten. Heute sind die Gletscher an der Westküste Grönlands die schnellsten. Sie erreichen Geschwindigkeiten von zehn bis dreißig Metern pro Tag, während Alpengletscher, z. B. im Mer de Glace, nur mit Geschwindigkeiten zwischen 14 und 24 Zentimetern pro Tag fließen.

Nehmen wir an: Beim Beginn einer Eiszeit bleibt durch erhöhte Niederschläge und tiefere Temperaturen ein Vielfaches der heutigen Schneemengen in den Nährgebieten liegen. Dann erreichte die Fließgeschwindigkeit der Gletscher Beträge, die vielleicht doppelt so hoch wären wie die der schnellen Gletscher von heute. In diesem Fall würde es nur etwa 50 Jahre dauern, bis die skandinavischen Gletscher wieder bis zum Baltischen Schild und bis zum Breitengrad von Berlin vorgedrungen wären. Rechnen wir ferner, daß die Alpengletscher wegen ihrer kleineren Oberfläche beim Beginn einer Eiszeit nur ein Zehntel der Geschwindigkeit nördlicher Gletscher erreichen, dann stünden sie 45 Jahre nach dem Klimasturz vor München und Augsburg.

Eine Eiszeit kann also in unglaublich kurzer Zeit hereinbrechen. Ob es tatsächlich nur 50 Jahre sind, hängt aber von einem Faktor ab, den wir nicht

schätzen können: In den Vereisungsgebieten müßten entsprechende Mengen von Niederschlag fallen. Aber selbst wenn es nur halb soviel Niederschläge gäbe, wie sie für den raschen Vorstoß der Gletscher erforderlich wären, dann könnten die nördlichen und die südlichen Gletscher immerhin noch in nur 100 Jahren die Lage erreichen, die sie zur Zeit der größten Vereisung hatten.
Wir wissen nicht, ob alle sechs Kälteperioden der letzten Eiszeit in so unglaublich kurzer Zeit hereingebrochen sind. Die Vermutung, daß es sich um rasche und tiefgreifende Klimaumschwünge gehandelt hat, dürfte jedoch für die meisten zutreffen. Sie wird auch durch paläontologische Funde gestützt. Der englische Biologe Gordon Rattray Taylor berichtet in seinem Buch *Das Selbstmordprogramm:* »Als die letzte Eiszeit (gemeint ist die Würmeiszeit, D.) hereinbrach, am Ende des Pleistozäns, wurden zahllose Mammuts (Riesenelefanten, D.) in ganz Europa einschließlich Englands und Rußlands tiefgefroren. Viele hatten noch wohlerhaltene Haare und Haut, manche standen noch auf ihren vier Beinen. Einige hatten noch unverdautes Gras in ihrem Magen und Grasreste zwischen den Zähnen. Als man einen solchen Mammut in gefrorenem Boden Anfang dieses Jahrhunderts auffand, war das Fett noch gelb und das Fleisch in einem solch tadellosen Zustand, daß einige unerschrockene Naturforscher sich ein Mammutsteak zubereiteten. Man hat daher den Eindruck, als ob diese Tiere ›schockgefroren‹ wurden. Die einzige Erklärung ist wohl die, daß ein heftiger Schneesturm sie damals völlig begraben hat und daß darauf kein Sommer folgte, in dem der Schnee wegschmolz. Dies legt nahe, daß hier ein fast unvorstellbar abrupter Klimaumschwung stattfand.«
Die letzte Eiszeit gliedert sich in sechs Kälteperioden, in denen es dreißig- bis hunderttausend Jahre lang sehr kalt war. Sie wurden durchbrochen von weniger kalten Zeiten. Am Ende dieser Interglaziale oder Warmzeiten schlug das Klima wieder um, und eine neue Vereisungsperiode begann. In manchen Zwischeneiszeiten war es wärmer als heute. Die Gletscher schmolzen ab. Wie rasch das geschah, wissen wir nicht, aber wir können schätzen, daß der Rückzug der Gletscher und des Inlandeises in der Regel länger dauerte als ihr Vorstoß. Eis braucht zum Schmelzen erhebliche Wärmemengen. Selbst wenn wir für die Zeit nach dem Klimaumschwung subtropische Temperaturen voraussetzten, hätten wir mit tausend und mehr Jahren zu rechnen. Vielleicht waren es jedesmal Zeiträume zwischen vier und acht Jahrtausenden, bis sich am Anfang einer Zwischeneiszeit die Gletscher auf ihren heutigen Umfang zurückgebildet hatten.
Dabei entstanden am Rande des Inlandeises breite Rinnen, in denen das Schmelzwasser nach Westen ablief, die Urstromtäler. Die Alpengletscher gaben ihr Schmelzwasser über Flüsse nach Norden und nach Süden ab. In den Kaltzeiten war in den vereisten Gebieten kein Leben möglich. Zwischen dem nördlichen Inlandeis und den ins Vorland vorgestoßenen Alpengletschern breitete sich eine Zone von dauergefrorenem Boden aus,

in deren Mitte während des Sommers ein Streifen auftaute, ähnlich der sibirischen Tundra heute.
Die Pflanzen- und Tierwelt zog sich — soweit sie nicht an harte Klimaverhältnisse angepaßt war — nach Südfrankreich, Nordspanien, zum Balkan und ins südliche Rußland zurück. Dort dürfte damals ein kühles, niederschlagsreiches Klima geherrscht haben, wie heute im Norden Europas. In jeder Zwischeneiszeit besiedelten Pflanzen und Tiere die Alpentäler und die Gebiete, die unter dem Inlandeis zum Vorschein kamen, von neuem, und in jeder Eiszeit wurde das Leben wieder aus den Alpentälern und aus den Nordgebieten vertrieben.
Im Miozän hatten die Urprimaten, Vorfahren der heutigen Halbaffen und Affen, mehrere Entwicklungsschübe erlebt, die u. a. zu einer Aufspaltung der Affen in Baum- und Steppenbewohner führte. Von den Baumbewohnern der damaligen Zeit stammen die heutigen Menschenaffen ab. Sie haben immer die tropischen Zonen bewohnt und seit dem Pliozän, also seit mehr als zehn Millionen Jahren, ihre Lebensgewohnheiten nicht mehr wesentlich geändert, d. h., sie sind in ihrer Entwicklung stehengeblieben, weil sich ihre Umwelt kaum gewandelt hat. In den Tropen bedeutet eine Abkühlung um drei bis vier Grad im Jahresmittel nicht viel — mehr war es in der Eiszeit nicht.
Anders verlief das Schicksal der Primaten, die sich im Miozän an das Leben in den Steppen angepaßt hatten. Während der Eiszeit waren die polaren und die tropischen Zonen breiter, die subtropischen und die gemäßigten Zonen schmaler als heute. Die Lebensbereiche der Steppentiere lagen in den subtropischen und in den gemäßigten Zonen, also in Zonen, die von den Klimaänderungen, dem Wechsel zwischen Kalt- und Warmzeiten, am meisten betroffen waren. Man nimmt an, daß schon im Pliozän bei den in der Steppe lebenden Primaten im sogenannten Tier-Mensch-Übergangsfeld schrittweise die Entwicklung vom Tier zum Menschen eingeleitet wurde. Als erstes bildete sich der aufrechte Gang heraus. Sich aufrichten gewährte in der Steppe den Vorteil des größeren Blickfeldes. Dabei wurde die hintere Greifhand dieser Primaten zum Fuß umgewandelt. Die vorderen Gliedmaßen verloren ihre Fortbewegungsfunktion und entwickelten sich zu universellen Werkzeugen. Das Gehirn der vormenschlichen Ahnen war auf dieser Stufe schon etwa doppelt so groß wie das der im Wald gebliebenen Vettern. Insgesamt dürfte die Entwicklung von dem Zeitpunkt, als sich die Primaten in Baum- und Steppenbewohner spalteten, bis zu den Vormenschen, die schon unbearbeitete Steine als Werkzeuge oder Waffen benutzten, etwa 15 Millionen Jahre gedauert haben.
Auf dieser Entwicklungsstufe der Geröllkulturen wurden Vormenschen im westlichen und östlichen Südeuropa durch den sechsmaligen Wechsel von Eiszeiten und Warmzeiten einem biologischen Ausleseprozeß ohnegleichen unterworfen. Wir wissen nicht, ob sie dort blieben, weil sie das Schlechterwerden des Klimas erst wahrnehmen konnten, als es schon zu

spät war, oder ob sie schon in gewisser Weise seßhaft waren (Jagd von festen Stützpunkten in wechselnden Revieren) und ihre Wohngebiete nicht verlassen wollten. Jedenfalls wurden sie eingeschlossen in den eisfreien Gebieten Spaniens, Südfrankreichs, Mitteldeutschlands, des Balkans und Südrußlands. Es ging für sie um Leben und Tod. Nur die Gesündesten, Tüchtigsten und Trickreichsten konnten überleben.

Wahrscheinlich haben schon die Australopithecinen zur Zeit der ersten beiden Vereisungsperioden (Biber und Donau) eine Sprache entwickelt, die über Verständigungssysteme hinausging, wie sie bei höheren Tieren vorkommen. Man muß das aus der Tatsache schließen, daß die Australopithecinen die Steine nicht mehr benutzten, wie sie waren, sondern sie bearbeiteten. Werkzeugherstellung und Werkzeuggebrauch sind ohne eine Verständigung darüber, wozu das Werkzeug dienen soll, schlecht vorzustellen. Deshalb gelten die Australopithecinen als Frühmenschen. Sie hatten Sprache, stellten Werkzeuge her, kannten aber noch kein Feuer.

Einige Tierarten hatten im Pleistozän Riesenformen entwickelt. Wisent, Ur, Edelhirsch und Mammut waren beliebte Jagdbeuten der Eiszeitmenschen. Daneben aber auch gefährliche Raubtiere, wie Höhlenbär, Höhlenlöwe und Höhlenhyäne. Die Menschen, die ja von Natur aus nicht über Angriffswaffen verfügen, konnten solche Tiere nur erlegen, wenn sie in Gruppen jagten und Wurf- und Schlagwaffen benutzten. Die Überlebensprämie stand dabei auf das bessere Verständigungssystem bei der Gruppenjagd, d. h. auf die Entwicklung der Sprache, und auf die zweckmäßige Zurichtung der Steine.

Zu Beginn der Mindel-Eiszeit vor etwa 450 000 Jahren taten die damaligen aufrechtgehenden Primaten den nächsten Entwicklungsschritt: Sie lernten den Gebrauch des Feuers, um sich daran zu wärmen und gefrorene Nahrung genießbar zu machen. Mit der Zähmung des Feuers war die Menschwerdung endgültig vollzogen. Deshalb bezeichnet man in der Abstammungslehre die aufrechtgehenden Primaten von diesem Entwicklungsstand an als Homo, Mensch.

Es gibt kein Tier, das das Feuer nicht fürchtet. Auch der Mensch mußte seine Furcht vor dem Feuer überwinden. Das war sicher erst möglich, als Sprache und religiöse Vorstellungen einen Stand erreicht hatten, der das Bannen von Naturmächten durch Beschwörungen erlaubte. Tatsächlich wissen wir aus alten Schriften und durch die Beobachtung von heute lebenden primitiven Völkern, daß Entfachen, Bewahren und Gebrauch des Feuers auf früheren Kulturstufen an Riten und Zeremonien gebunden war.

Die Eiszeiten schufen also natürliche Reservate, in denen sich Menschen unter harten Auslesebedingungen biologisch und kulturell höher entwickelten. Dort entstand in jeder Eiszeit eine neue, verbesserte Menschenart. In der darauf folgenden Warmzeit breitete sie sich über alle bewohnbaren Gebiete aus und verdrängte frühere primitivere Menschenarten, die sich in den wärmeren Zonen nicht weiterentwickelt hatten. Die Verhaltensweise, Primitive und schlecht Bewaffnete zu verdrängen, ist dem Menschen also durch seinen Entwicklungsprozeß einprogrammiert. Und wir dürfen uns nicht wundern, wenn noch in der Neuzeit die besser bewaffneten Weißen weniger gut bewaffnete Völker wie die Indianer, die Ureinwohner Australiens oder andere Naturvölker fast ausrotteten. Zu Beginn der Antike haben die in den Mittelmeerraum einwandernden Griechen und Latiner auch nicht anders gehandelt.

Wunderlich prägte für den sechsmaligen Ausleseprozeß durch die Aufeinanderfolge von Eiszeiten und Warmzeiten den Begriff »genetische Pumpe«. Er schreibt in *Die Eiszeit ist noch nicht zu Ende:* »Es ist fast, als habe ein vernunftbegabter Viehzüchter sechsmal hintereinander nach ein und demselben Ausleseprinzip aus einer größeren Population seine züchterische Wahl getroffen, die restliche Herde abgestoßen, um aus der kleinen, aber erlesenen Schar von Zuchttieren einen umfangreichen neuen Bestand aufzubauen ... Fragen wie Widerstandsfähigkeit, Schnelligkeit, Körperkräfte, allgemeine Kondition haben zwar durchaus eine Rolle gespielt. Die eigentliche Auslese des Eiszeitmenschen erfolgte aber nach anderen Prinzipien — und zwar nach der Fähigkeit, im Kampf gegen Feinde und Beutetiere in der Gruppe zusammenzuarbeiten, nach der Befähigung zu sozialem Verhalten. Die eiszeitliche Auslese ist also ein Sozialisierungsprozeß, der aus voreiszeitlichen, überwiegend animalischen Rudeln von Frühmenschen aus dem Bereich des Tier-Mensch-Übergangsfeldes, die sich auf die bei Tieren übliche Art untereinander verständigten und eine gewisse Hierarchie von Alpha-, Beta- oder Gamma-Tieren erkennen lassen, Menschengruppen mit sozialer Ordnung, mit differenzierter Sprache und Befähigung zu abstraktem Denken entstehen ließ. Ohne die harte Auslese der sechs pleistozänen Kaltzeiten wäre dieser Züchtungsfortschritt kaum möglich gewesen. In einer kleinen Studie zum Thema ›Mensch und Erde — Gefahr und Chance der Evolution‹ (Osnabrück 1972) habe ich diesen sechsfachen Vorgang der abwechselnden Einengung und Ausdehnung des Lebensraumes als ›genetische Pumpe‹ bezeichnet: Wie sich der Kolben im Zylinder hin und her bewegt, den Raum im Pumpenkopf teils ausweitend, teils zusammenpressend, so weitet und verengt sich abwechselnd der Lebensraum der eiszeitlichen Lebewesen unter dem Einfluß der Klimaschwankungen.«

Wunderlich erklärt hier zwar den Mechanismus der Menschwerdung. Die Sache konnte aber nur in dieser Weise funktionieren, wenn wir annehmen, daß es von Anfang an eine Säugerlinie gegeben hat, die auf Herausforderungen durch die Umwelt nicht mit Spezialisierung und Anpassung an biologische Nischen antwortete, sondern mit einer Verbesserung der Hirntätigkeit. Andere Säuger waren schließlich demselben Ausleseprozeß durch die Eiszeiten unterworfen wie die aufrechtgehenden Primaten. Aus ihnen hat die genetische Pumpe keine Menschen gemacht, sondern besonders gut an die eiszeitlichen Klimaverhältnisse angepaßte Tiere, wie etwa das Wollnashorn oder das Ren, die sich während der Warmzeiten in die Polarregionen zurückziehen mußten oder ausstarben, falls sie keinen ausreichenden »eiszeitlichen« Lebensraum mehr fanden. (Daß wir heute nicht mehr sicher feststellen können, wieweit der Mensch als Jäger beim Aussterben der Tiere nachgeholfen hat, wurde schon gesagt.)

Auch die Landschaften in den von der Vereisung betroffenen Gebieten bekamen durch die Folge von Eiszeiten und Warmzeiten ihr heutiges Aussehen. Die Täler der skandinavischen Gebirge und der jungen Faltengebirge wurden von Gletschern ausgehobelt. In jeder Warmzeit arbeiteten Verwitterung und Erosion die Konturen der Berge und die Gestalt der Täler nach. In jeder Eiszeit schliffen die Gletscher alle Verwitterungs- und Erosionsformen wieder fort, und in jeder weiteren Warmzeit entstanden ein neues Relief der Berge und eine neue Feinstruktur der Täler. Für das heutige Aussehen der Gebirge wurde also die Grundstruktur beim sechsmaligen Ausfräsen durch die Gletscher erzeugt. Die Feinstruktur ist ein Ergebnis der Arbeit von Verwitterung und Erosion seit dem Ende der letzten Eiszeit, d. h. seit etwa 12 000 Jahren (Abb. 7—11).

Während der Eiszeiten luden die Gletscher und das Inlandeis im Vorland der Berge und in den nördlichen Ebenen ihren Schutt als gewaltige Grund- und Endmoränen ab. In jeder Zwischeneiszeit floß das Schmelzwasser des Inlandeises durch parallel zum Eisrand verlaufende Urstromtäler in den Atlantik, hob sich der Meeresspiegel um hundert Meter, suchten sich die aus den Bergen kommenden Flüsse neue Wege durch das Vorland.

Wenn das Eis vorrückte, ließ die Menge der Niederschläge um so mehr nach, je mehr Wasser in den Eismassen gebunden und dem Kreislauf entzogen war. Die Flüsse führten weniger Wasser und schotterten auf, d. h., sie füllten ihr Bett mit Geröll, das nicht mehr weiterverfrachtet werden konnte. In jeder Warmzeit nahmen die Niederschläge zu, je mehr das Eis abschmolz. Der Meeresspiegel stieg um 100 Meter. Die Flüsse, die reißender wurden, räumten ihr Bett wieder aus. Deshalb sehen wir heute an vielen Flußbetten mehrere Terrassen übereinander. Und wir können nicht mehr in jedem Fall unterscheiden, ob eine Flußterrasse niedriger gelegt wurde, weil das Land aufstieg oder weil der Fluß infolge stärkerer Niederschläge mehr Wasser führte. Zum Kapitel Altmühltal ist hier nachzutragen, daß dies auch für die in verschiedenen Höhen liegenden kesselförmigen Auswaschungen an den Felsen gilt. Während die Juraplatte noch gehoben wurde, haben die Flüsse infolge des Wechsels von Eiszeiten und Warmzeiten einmal weniger und dann wieder mehr Wasser geführt. Die Höhen, in der die einzelnen Auswaschungen liegen, waren durch die Hebung der Juraplatte und den jeweiligen Wasserstand bedingt.

Im Wechsel von Eiszeiten und Warmzeiten sind aber nicht nur das heutige Antlitz der Erde in den gemäßigten Zonen, der Bestand in diesen Zonen an

Pflanzen und Tieren sowie die biologische Art Homo sapiens (lat. = der weise Mensch; zoologische Bezeichnung für die jetzt lebende Menschenart) geformt worden. Auch die angeborenen Verhaltensweisen und Dispositionen des Menschen müssen wir, soweit sie nicht auf älteres Säugetiererbe zurückgehen, als Produkte der Eiszeiten ansehen. So sind die unerklärlichen Vorlieben für bestimmte Landschaftstypen wahrscheinlich mit dem sechsmaligen Verlust von Lebensräumen durch den Wechsel von Kaltzeiten und Warmzeiten in Zusammenhang zu bringen.
Der Innsbrucker Geophysiker Herfried Hoinkes hat aufgrund von Messungen heutiger Inlandeismassen im Rahmen des Internationalen Geophysikalischen Jahres errechnet, daß der Wasserspiegel der Weltmeere während der Vereisungen nicht, wie bisher angenommen, um 100 Meter, sondern um 160 Meter gesunken ist. Rund um die Kontinente wurden also alle heutigen Schelfgebiete bis zu dieser Tiefe Festland. Die Küstenzonen waren besonders in Spanien und Südfrankreich während der Kaltzeiten klimatisch begünstigt. Sie hatten mildes Seeklima mit weniger harten Wintern. In jeder Warmzeit verlor der Mensch dort seine Wohngebiete und mußte vor den Überflutungen weit ins Hinterland fliehen.
Andere bevorzugte Lebensräume des eiszeitlichen Menschen waren, wie wir aus zahlreichen Funden wissen, nicht vergletscherte Täler der Gebirge Südfrankreichs und Spaniens, wo er seine Jagdstützpunkte wahrscheinlich in der Nähe von natürlichen Höhlen hatte. Von der Günz- bis zur Riß-Eiszeit scheinen zumindest die Eingänge der Höhlen noch zum Wohngebiet gehört zu haben. Für die Würm-Eiszeit muß man annehmen, daß vor den Höhlen Hütten aus Holz und Fellen standen. Die Eingänge der Höhlen dienten als Abfallplatz, die hinteren Teile, in denen sich nur Eingeweihte zurechtfanden, waren heilige Stätten für den Jagdzauber. In jeder Warmzeit wurden die Höhlen durch die vermehrten Niederschläge feucht und unbenutzbar; das Sickerwasser bildete riesige Tropfsteine (Abb. 42—44). In manchen Höhlen sammelte sich das Wasser zu unterirdischen Strömen und Seen. Die heute noch erhaltenen Höhlenmalereien aus der Würm-Eiszeit sind sicher nur ein Bruchteil dessen, was einmal vorhanden war. Der größte Teil dürfte während der jetzigen Warmzeit durch Sickerwasser schon zerstört worden sein.
Während der Warmzeiten scheinen die »gebirgeliebenden« Menschen in die von den Gletschern freigegebenen Täler der Alpen und der anderen Hochgebirge gezogen zu sein. Jedenfalls hat man in der Schweiz in 2 400 Meter Höhe Höhlen gefunden, die während der Riß-Würm-Zwischeneiszeit Jagdstützpunkte von Menschen gewesen sind. Wir dürfen uns aber nicht wundern, daß noch keine weiteren Spuren vom Leben der Menschen in den Alpentälern während früherer Zwischeneiszeiten entdeckt worden sind. Die Gletscher jeder folgenden Eiszeit haben dort alle Spuren der vorigen Warmzeit beseitigt.
Weitere bevorzugte Gebiete der eiszeitlichen Menschen waren die Fluß-

täler der Mittelgebirge und der Hügellandschaften, während er die weiten Ebenen gemieden und offenbar nur zur Jagd aufgesucht hat; wahrscheinlich, weil während Kaltzeiten über den Ebenen, wie die Lößablagerungen zeigen, heftige Stürme tobten und in den Warmzeiten ausgedehnte Sümpfe und häufige Überschwemmungen sie wenig einladend machten.
Allerdings können wir nur vermuten, daß unsere unerklärlichen Vorlieben für bestimmte Landschaftstypen von dem wiederholten Verlust und der erneuten Eroberung der eiszeitlichen und der zwischeneiszeitlichen Lebensräume abzuleiten sind. Forschungen darüber gibt es noch nicht. Aber wenn wir gezwungen sind, im Menschen ein Kind der Eiszeiten zu sehen, dann hat er auch die Organisation seines Gehirns, seine Antriebe, Verhaltensweisen und Denkstrukturen während der Eiszeiten erworben.
Viele dieser Antriebe, Verhaltensweisen und Denkstrukturen können dem Menschen heute, da er nicht mehr unter eiszeitlichen, sondern unter selbst geschaffenen technischen Bedingungen lebt, zum Unheil gereichen, es sei denn, er lernt, sinnlos gewordene Verhaltensweisen zu erkennen und neue, zu seinen jetzigen Lebensbedingungen passende Verhaltensweisen zu entwickeln. Das ist wohl leichter gesagt als getan, aber offensichtlich nicht unmöglich. So haben Bemühungen, die explosionsartige Vermehrung des Menschen zu stoppen, immerhin bei den Industrievölkern schon Erfolg gezeigt. Völker, die erst in das Industriezeitalter hineinwachsen, leben die angeborene Maximierungstendenz noch aus.
Aber auch die Industrievölker sind keineswegs frei von steinzeitlichem Verhalten. Noch immer nehmen sie ihre Rohstoffe unbedacht, wie man ehedem die Umgebung des Stützpunktes ausbeutete, bis sie nichts mehr hergab. Nur kann man heute nicht weiterziehen. Denn anderswo sind schon andere, die dasselbe tun.
Erst seit wenigen Jahren scheint sich der Gedanke durchzusetzen, daß die Eingriffe des Menschen in die Lebensgemeinschaften der Biosphäre nicht beliebig sein können. Zwar ist es wenig sinnvoll, dem Menschen seine Entfaltung unter dem Vorwand zu verbieten, die Welt solle wie von gestern bleiben. Das wäre gegen das Lebensprinzip aller biologischen Arten, auch gegen das des Menschen. Jedes Lebewesen verändert seine Umwelt. Nur sollte der Mensch sich fragen, welche Veränderungen seinen Zwecken dienlich sind und welche nur aus Gleichgültigkeit gegen die natürlichen Lebensgemeinschaften oder aus Desinteresse an der Erde geschehen. Der Bestand seiner Art ist zu einem gewissen Grade davon abhängig, daß der Mensch dem geologischen Gebilde Erde und der Biosphäre ihre Funktionsfähigkeit beläßt. Insofern kann es in seinem Interesse liegen, bestimmte Dinge nicht zu verändern, zumindest nicht, solange er die Folgen der Veränderung nicht durchschaut.
Zu den Dingen, die er vielleicht besser nicht oder nur möglichst wenig verändern sollte, gehört alles, was mit dem Klima zu tun hat. Denn wir wissen bis heute nicht, warum Eiszeiten entstehen. Wahrscheinlich gibt es

über kein Problem der Geologie mehr Theorien als darüber, aber keine vermag das Phänomen befriedigend zu erklären.
Bei den Eiszeiten handelte es sich um weltweite Klimaverschlechterungen. Die Jahresdurchschnittstemperatur der Erde sank von etwa 24 Grad in der davorliegenden Wärmeperiode des Erdmittelalters und des Jungtertiärs auf etwa 11 Grad Celsius für die Höhepunkte der letzten Vereisungen. Deshalb fallen alle Theorien unter den Tisch, die nur von lokalen Ursachen (wie etwa von einer Umleitung des Golfstromes) ausgehen.
Es liegt nahe, an eine Verminderung der Sonnenstrahlung zu denken, die seit dem Präkambrium regelmäßig mit einer Periode von etwa 300 Millionen Jahren eingetreten wäre. Nur hat in den Komputermodellen, die von Astrophysikern und Atomphysikern für den Aufbau der Sonne und den Brennprozeß in ihrem Kern aufgestellt wurden, ein solcher Rhythmus keinen Platz. Allerdings sind diese Modelle nicht der Weisheit letzter Schluß. Sie vermögen z. B. den Rhythmus der Sonnenflecken noch nicht zu erklären. Der gewichtigste Einwand gegen diese Annahme ist jedoch folgender: Eine so starke Minderung der Sonnenstrahlung müßte die Tätigkeit der Pflanzen beeinflußt haben, und zwar auch außerhalb der Vereisungsgebiete. Der Pflanzenwuchs sollte dann weltweit zurückgegangen und der Sauerstoffgehalt der Atmosphäre gesunken sein. Dafür gibt es in den Fossilien aber keine Belege. Im Gegenteil zeigen radiometrische Untersuchungen von Kalkablagerungen aus den verschiedenen Erdzeitaltern eine außerordentliche Konstanz der Sonnenstrahlung an.
Das gleiche Argument wäre auch gegen eine andere astronomische Theorie vorzubringen, die den Rhythmus der Eiszeiten mit dem Umlauf der Sonne um das Zentrum der Milchstraße in Zusammenhang bringt. Bei den derzeitigen Bewegungsverhältnissen (von denen wir aber nicht wissen, ob sie immer so waren) sollte die Sonne das Milchstraßenzentrum in 275 Millionen Jahren umkreisen. Wenn sie an einer Stelle eine Wolke aus kosmischem Staub oder Gas zu durchqueren hätte, könnte ihre Strahlung auf dem Weg zur Erde gedämpft werden. Allerdings müßte diese Wolke schon sehr dicht sein, um den Effekt in der benötigten Größenordnung zu erzeugen. Wolken von einer solchen Dichte sind in der Milchstraße überaus selten. Mit dieser Theorie könnte man also nur eine einzige Eiszeit erklären. Eiszeiten haben aber seit dem Präkambrium alle 300 Millionen Jahre stattgefunden.
Von einigen Astronomen sind alle Bewegungen nachgerechnet worden, welche die Erde infolge der umlaufenden Schrägstellung (Präzession) der Erdachse, der Anziehungskräfte von Sonne, Mond und Planeten, der Neigung und der Ellipsenform der Erdbahn ausführt. Daraus ergeben sich Schwankungen der Sonneneinstrahlung mit kurzer und andere mit langer Periode. Der Astronom Milankovitch veröffentlichte 1941 als Ergebnis solcher Berechnungen eine Strahlungskurve, die etwa alle 250 Millionen Jahre ein Minimum zeigt. Ein wesentliches Argument dieser Theorie ist

die Tatsache, daß die Erde innerhalb von 26 000 Jahren einmal mehr die Nordhalbkugel und einmal mehr die Südhalbkugel der Sonne zuwendet. Sie würde die Eiszeiten demnach nur dann erklären, falls diese abwechselnd auf der Nord- und auf der Südhalbkugel aufträten. Das ist jedoch für die präkambrischen Vereisungen nicht nachzuweisen.

Am auffälligsten an den Eiszeiten ist die Tatsache, daß sie denselben Rhythmus haben wie die Gebirgsbildungen und, soweit man das in der Vergangenheit zurückverfolgen kann, stets im Anschluß an die Hebungsphase von Gebirgen auftraten. Wenn das Gebirge einen entsprechenden Strömungswiderstand erzeugt, könnte, und dies ist die wahrscheinlichste aller Theorien, die normalerweise meridionale Zirkulation der Luftströmungen für die erdgeschichtlich kurze Zeit einer Vereisungsperiode in eine zonale umkippen. Der Schönheitsfehler dieser Theorie besteht in folgendem: Das Gebirge bietet den Widerstand schon lange vor der Eiszeit, sobald es hoch genug gehoben ist, ebenso während der warmen Zwischeneiszeiten und auch noch längere Zeit nach dem Abklingen der letzten Phase einer Vereisung.

Wir hätten uns also nach Ursachen umzusehen, die zusätzlich für das Umkippen der Luftzirkulation verantwortlich sein könnten und zudem noch eine Erklärung für die Klimaschwankungen innerhalb der Eiszeiten ergäben.

Keinesfalls ist der starke Vulkanismus im Zusammenhang mit dem Herausheben eines Faltengebirges eine dieser Ursachen. Bei der Orogenese der Alpen lag sein Höhepunkt im Oligozän und im Miozän. Seitdem klang die Tätigkeit der Vulkane mehr und mehr ab. Der schwächere Vulkanismus am Ende des Pliozäns käme jedoch als Verstärkungsfaktor in Frage.

Auch die Verteilung der Niederschläge wäre zu berücksichtigen. In einem Gebirge fällt mehr Niederschlag als im Flachland. Davon kann man sich anhand jeder Klimakarte überzeugen. Wenn im Miozän und im Pliozän das Klima insgesamt kühler und trockener wurde, so gilt das vor allem für die Flachländer. Es gab verhältnismäßig trockene Winter und kühle, verregnete Sommer mit mehr Niederschlag in den Gebirgen und weniger Niederschlag in den Flachländern. Kühle, verregnete Sommer lassen die Schneemenge im Hochgebirge wachsen, weil es dort auch im Sommer schneit und in kühlen Sommern an der Schneegrenze weniger Winterschnee abtaut. Das gilt auch für die Polarzonen. In den kühlen Sommern des Miozäns hatten sich über den Polen Eiskappen gebildet. Nun konnte an den Polen und in den Gebirgen eine Rückkoppelung einsetzen, die ein rasches Wachsen der Schneefelder bewirkte. Je größer die Schneeflächen werden, desto mehr Sonnenlicht reflektieren sie und desto mehr kühlt sich die Luft über ihnen ab. Je kühler die Luft wird, desto mehr Schnee bleibt im Sommer vom letzten Winter übrig. Das kann wie beim Zinseszins zu einem exponentiellen Wachstum führen und somit binnen kurzem in eine Eiszeit.

Den Beginn einer Zwischeneiszeit hätten wir uns nach dieser Theorie der Selbstverstärkung von Klimafaktoren durch Rückkoppelung etwa so vorzustellen: Die riesigen Eiskappen der Pole und die Gletscher der Gebirge binden große Wassermengen. Je mehr sie wachsen, desto kleiner wird die Oberfläche der Ozeane, desto niedriger die Lufttemperatur, desto geringer die Verdunstung über den Meeren, und desto weniger Niederschlag fällt über dem Inlandeis und den Gletschern. In der Eiszeit herrscht ein Gleichgewicht zwischen Niederschlag und Abtauen der Eismassen. Fällt der Niederschlag unter eine bestimmte Marke, so taut trotz tiefer Temperaturen mehr Eis ab als durch Schneefall neu gebildet wird. Das Inlandeis und die Gletscher verkleinern sich durch Unterernährung. Ihre Oberflächen werden durch niederfallenden Staub (Löß!) immer schmutziger und reflektieren das Sonnenlicht immer schlechter. Dadurch erwärmt sich die Luftschicht über dem Eis. Das verstärkt das Abtauen. Inlandeis und Gletscher schmelzen immer rascher ab.
Zur Zeit wird von vielen Geologen diese Theorie, die das Entstehen einer Eiszeit statt auf eine einzige große Ursache auf das Zusammenwirken und die gegenseitige Rückkoppelung vieler kleiner Ursachen zurückführt, für die wahrscheinlichste gehalten. Freilich hat auch sie ihre Schönheitsfehler. Es bereitet Mühe, Aussagen über die Zeitpunkte zu machen, wann ein Zustand in den anderen umkippt. Denn je mehr Ursachen man berücksichtigt, desto häufiger drängt sich die Frage auf, ob nicht auch weitere noch an dem verwickelten Geschehen beteiligt sein könnten. Und ferner: es ist sehr schwierig, ein rechnerisches Modell vieler geringfügiger Ursachen aufzustellen, das einen raschen, weltweiten Temperatursturz von 14° C Jahresmittel plausibel machen könnte.
Vielleicht liegt es aber tatsächlich daran, daß noch nicht alle beteiligten Ursachen berücksichtigt sind. So hat Kohlendioxyd die Eigenschaft, kurzwelliges Licht durchzulassen und Wärmestrahlung zu absorbieren. Mit anderen Worten: Je höher der Gehalt der Atmosphäre an Kohlendioxyd ist, desto weniger Wärmestrahlung wird vom Erdboden durch die Atmosphäre ins Weltall abgegeben. Ein hoher Gehalt der Atmosphäre an Kohlendioxyd wirkt also wie ein Treibhausdach. Nun könnte der Kohlendioxydgehalt der Atmosphäre im Tertiär durch die nahezu restlose Besiedelung der Festländer mit bedecktsamigen Pflanzen so gesunken sein, daß sich der Treibhauseffekt verminderte und die Abkühlung, die sich daraus ergab, die Rückkoppelung über den anfangs noch kleinen Eisflächen der Polkappen und der Gletscher verstärkt hat. Vielleicht wurde zusätzlich die Luft durch die ausklingende Vulkantätigkeit verschmutzt, die damals noch lebhafter war als heute, so daß auch weniger Sonnenlicht auf den Erdboden gelangte. Staub in der Atmosphäre könnte zu Beginn einer Eiszeit die Abkühlung beschleunigen. Wenn es nach dem Höhepunkt einer Vereisung weniger Niederschlag gibt, müßte eine zusätzliche Verschmutzung der Eisflächen durch Vulkanstaub ihr Abtauen verstärken.

Das Fazit der Überlegungen, wie Eiszeiten vielleicht durch das Zusammenwirken vieler kleiner Ursachen beginnen: Es besteht jederzeit, wenn große Landmassen in die Nähe der Pole und in höhere Breiten gelangen, die Möglichkeit, daß sich die beteiligten Faktoren gegenseitig zum großen Klimasturz aufschaukeln, der binnen kurzem in eine Eiszeit führt. Vielleicht haben sich zufällig größere Landmassen immer nur nach Gebirgsbildungen in Polnähe befunden, und diese Bedingung war nicht mehr gegeben, sobald die Landmassen auseinanderbrachen. Dann begann die 300 Millionen Jahre lange große Warmzeit.
Die Menschheit wird mindestens noch während der nächsten dreißig bis fünfzig Millionen Jahre auf einer Erde im Stadium der Geokratie zu leben haben. Wir wissen auch nicht, ob das Eiszeitalter, dem wir unsere Existenz verdanken, demnächst zu Ende geht oder ob wir in einer Zwischeneiszeit leben und noch eine siebente Vereisungsperiode zu erwarten ist. Das augenblickliche Jahrestemperaturmittel der Erde liegt bei 15,5 Grad Celsius. d. h. nur viereinhalb Grad über dem Jahresmittel auf dem Höhepunkt der letzten Vereisung. Von den Temperaturverhältnissen einer Warmzeit mit einem Jahresmittel von 24 Grad sind wir weit entfernt.
Das Unbehagliche an der Sache ist, daß der Mensch mit seiner Technik in das Hebelwerk der Klimamaschine eingegriffen hat und seit der Mitte des 19. Jahrhunderts das größte geologische Experiment veranstaltet, das je stattgefunden hat. Er führt der Atmosphäre einen Teil des Kohlendioxyds wieder zu, das ihr im Laufe von 400 Millionen Jahren von Pflanzen entzogen und während der variskischen wie der alpidischen Gebirgsbildung in Kohle und Erdöl umgewandelt wurde. Die Befürchtung, die Atmosphäre bekäme damit wieder den Gehalt an Kohlendioxyd, den sie im Kambrium hatte, ist allerdings unbegründet. Der größte Teil des früheren Kohlendioxyds lagert im Kalk der Gebirge und in den anderen Landschaften, deren Untergrund Kalkformationen sind.
Der Kohlendioxydgehalt der Atmosphäre wird sich durch die Verbrennung der Kohle- und Erdölvorräte nur um Bruchteile eines Prozents erhöhen. Nach den Berechnungen ist der Effekt allerdings derzeit um fünfzig Prozent niedriger als erwartet. Die Begründung dafür ist einfach: Viele unserer Pflanzen leiden an Kohlendioxyd-Unterernährung und wachsen etwas rascher, wenn wir mehr Kohlendioxyd produzieren. Dafür geben sie etwas mehr Sauerstoff an die Atmosphäre ab und gleichen den Sauerstoffverbrauch durch Hausbrand, Autos und Fabriken wieder aus. Solange das geschieht, ändert sich nichts. Nur eine merkliche Erhöhung des Kohlendioxydgehaltes würde über den Treibhauseffekt bewirken, daß der Mensch mit seiner Technik die Weichen in Richtung der großen Warmzeit stellt und eine etwa noch ins Haus stehende siebente Eiszeitphase abwendet.
Der Effekt könnte allerdings durch andere Auswirkungen unserer Technik aufgehoben werden. Eine weltweite Verschmutzung der Luft würde das Sonnenlicht dämpfen, das auf die Erde gelangt (Abb. 39). Es müßte einer-

seits kühler werden und andrerseits mehr Niederschlag fallen. Denn die Staubpartikel wirken als Kondensationskerne für Regen und Schnee. Abkühlung plus vermehrter Niederschlag würde bedeuten: kühlere Sommer, in denen weniger Schnee im Gebirge und von den Polkappen abtaut, zusätzliches Wachsen der Gletscher und Eiskappen durch mehr Niederschlag, weitere Abkühlung infolge vermehrter Reflexion durch die größer werdenden Eis- und Schneeflächen, in der letzten Konsequenz eventuell Klimasturz um jene viereinhalb Grad Celsius, die uns von einer Eiszeit trennen.

Wir wissen aber nicht, ob uns eine sehr viel größere Produktion von Kohlendioxyd tatsächlich die Warmzeit, noch ob uns eine weltweite Verschmutzung der Luft tatsächlich die Eiszeit bescheren müßte. Wir kennen auch weder die Grenze, bis zu der die Pflanzen Kohlendioxyd absorbieren, noch die Belastbarkeit der Atmosphäre, aus der Niederschläge die Schmutzpartikel entfernen. Außerdem vermögen wir nicht zu schätzen, ob überhaupt Effekte in der vermuteten Größenordnung zu erwarten sind. Sie könnten durch andere Auswirkungen der Technik vermindert, verstärkt oder neutralisiert werden. Kurzum, über die weltweiten Zusammenhänge wissen wir so gut wie nichts.

Vielleicht ist das auch nicht so wichtig. Den Ausschlag, wie das geologische Experiment Technik das Klima der Erde beeinflußt, wird ein anderer Faktor geben. Der Münchner Physiker Klaus Gottstein schätzt, daß die Menschheit in den letzten hundert Jahren so viel Energie verbraucht hat wie in den 450 000 Jahren seit der Zähmung des Feuers und in den kommenden hundert Jahren etwa zehnmal so viel Energie verbrauchen wird wie in den vergangenen hundert Jahren. Energie erzeugen heißt letzten Endes: Wärme erzeugen; denn das Ende jeder Energienutzung ist, daß irgendwo Wärme entsteht, die sich nicht mehr nutzen läßt. Die Frage lautet also, ob wir etwa mit unserer Technik die Erde so aufheizen könnten, daß es nahezu gleichgültig ist, wie sich Luftverschmutzung oder Steigerung des Kohlendioxydgehalts oder andere Faktoren auswirken.

Die Erde erhält von der Sonne pro Quadratmeter ihres Querschnitts 1 393 Watt pro Minute zugestrahlt. Man schätzt, daß die Energieerzeugung durch technische Prozesse auf den Quadratmeter Erdquerschnitt umgerechnet heute etwa 0,56 Watt pro Minute beträgt, das sind 0,4 Promille der Sonnenenergie. Derzeit steigt die Energieerzeugung im Weltdurchschnitt um vier Prozent pro Jahr. Wenn man annimmt, daß sie konstant so weitersteigt, dann würde der Mensch mit seiner Technik in 100 Jahren etwas über 28 Watt in der Minute, d. h. zwei Prozent der Sonnenenergie pro Quadratmeter Erdquerschnitt erzeugen, in 150 Jahren aber schon 200 Watt in der Minute oder 14 Prozent. In 200 Jahren wären es dann 1 428 Watt in der Minute, also 2,5 Prozent mehr Energie, als die Erde von der Sonne zugestrahlt bekommt.

Wir sind hier bereits, ohne in geologischen Größenordnungen zu rechnen, zu einer unmöglichen Zahl gelangt. Sie bedeutet: Die Energieerzeugung darf in keinem Fall längere Zeit mit derselben Rate steigen wie heute. Dabei scheint – die Konstanz der Zunahme weiterhin unterstellt – die kritische Phase in 124 Jahren zu liegen. Dann würde die menschliche Energieerzeugung fünf Prozent der Energiemenge überschreiten, die wir von der Sonne bekommen. Aus Berechnungen, die im Zusammenhang mit Eiszeittheorien angestellt worden sind, scheint zu folgen, daß eine Steigerung der Sonneneinstrahlung um fünf Prozent ausreichen würde, um die Polkappen und Gletscher der Erde abzuschmelzen. Die gleiche Energiemenge vom Menschen erzeugt, hätte denselben Effekt. Was anschließend geschähe, wenn auch im eisfreien Zustand der Erde weiterhin ein Plus von fünf Prozent Energie gegenüber der durchschnittlichen Sonneneinstrahlung verbliebe, kann niemand recht sagen. Vielleicht wäre es dann nur stärker bewölkt als heute, und die erhöhte Reflexion der Wolkendecke würde den Wärmehaushalt der Erde in einem neuen Gleichgewicht halten.

Alles, was die fünf Prozent Energieerzeugung zusätzlich zur Sonneneinstrahlung überstiege, von der unmöglichen Zahl 100 Prozent gar nicht zu reden, wäre nach dem heutigen Stand unseres Wissens des Teufels. Mit einer höheren Energieerzeugung als fünf Prozent der Sonneneinstrahlung dürften wir die Erde nicht nur binnen Jahrzehnten in eine Warmzeit hineinmanövrieren, sondern sie schließlich zu Temperaturen aufheizen, die weit über denen liegen, welche sie in den Warmzeiten der letzten Jahrmilliarden ziemlich konstant eingehalten hat.

Wir wissen weder, was das für das Leben zu bedeuten hätte, noch ob wir damit nicht schon während geologisch kurzer Zeiträume von einigen Jahrtausenden bis einigen Jahrzehntausenden im Erdmantel, vielleicht eines Tages auch im Erdkern, Prozesse auslösen, von denen wir noch keine Vorstellung haben. Wir leben, wie wir gesehen haben, auf einem Planeten, der uns in dieser Hinsicht noch weitgehend unbekannt ist, und sollten solche Experimente unterlassen, bis jemand herausgefunden hat, was sich unter unseren Füßen befindet und was dort vorgeht.

Aber auch das bloße Umkippen des Klimas in die Temperaturverhältnisse der großen Warmzeit wäre sicher nicht das, was wir uns bei unserem derzeitigen geologischen Wissensstand wünschen sollten.

Wir müssen vermuten, daß das meridionale Strömungsmodell den stabilen und das zonale Modell den gestörten Zustand der Erdatmosphäre darstellt. (Heute haben wir im Sinne der Erdrotation stark verwirbelte zonale Strömungen; sie sind so vielfältig gestört, daß man bisher nicht einmal mit den leistungsfähigsten Komputern ein befriedigendes Wettermodell aufstellen konnte.) Wenn wir die Atmosphäre aufheizen, vergrößert sich zunächst das Temperaturgefälle zwischen Äquator und Polen. Irgendwann behindern die Gebirge Ausgleichsströmungen parallel zu den Längenkreisen nicht mehr genug, und die Strömungsverhältnisse kippen in den meridionalen Normalzustand zurück.

Das erste, was schon beim Umkippen zu erwarten wäre, dürften weltweite Katastrophen durch Wirbelstürme sein (Abb. 48 bis 50). Das nächste wäre ein unvorstellbares Ansteigen der Niederschlagsmengen in den mittleren und höheren Breiten. Mit anderen Worten: In den gemäßigten Zonen käme nach den Sturmkatastrophen der große Regen, in den Polarbreiten der große Schnee. Die Polkappen würden zunächst einmal erheblich an Dicke zunehmen.

Nun wird Eis flüssig, wenn es großem Druck ausgesetzt ist. Manche Geophysiker betrachten heute schon das Inlandeis der Antarktis mit Sorge und fürchten, daß es an den Stellen, wo es über 3 000 Meter hoch ist, bereits auf einem flüssigen Polster schwimmt und nur durch den Kontakt mit niedrigeren Eisblöcken festgehalten wird. Große Schneemengen, die in kurzer Zeit auf das Eis der Antarktis niedergingen (für die Arktis bestehen diese Probleme derzeit noch nicht), könnten bewirken, daß der größte Teil dieses mächtigen Eisblocks ins Rutschen kommt und mit einem Schlag ins Meer gleitet. Durch die Wasserverdrängung des abgerutschten antarktischen Inlandeises würde eine ungeheure Flutwelle gegen die Kontinente branden und an den Küsten Höhen von mehr als 200 Metern erreichen. Die Vorstellung, daß eine solche Flutwelle auf unsere Hafenstädte und Tiefländer zurast, ist schrecklicher als alles, was bislang für japanische und amerikanische Katastrophenfilme ersonnen wurde. Wenn die Flutwelle an den Mittelgebirgen ausläuft und aus Gebirgstälern, die dem Meer zugewandt sind, zurückstürzt, wird anschließend kaum noch etwas zu sehen sein von den Städten und Dörfern, die sie überspült hat.

Wahrscheinlich würden nicht eine, sondern mehrere Wellen rund um die Erde laufen, ehe sich die Ozeane langsam beruhigen. Der Spiegel der Weltmeere stünde danach 50 Meter höher als heute, und er würde nochmals um 10 Meter steigen, wenn das nördliche Polareis schmilzt. Man sollte sich einmal die 60-Meter-Höhenlinie auf unseren Landkarten anschauen. Sie zeigt den Verlauf der Küstenlinien in der Warmzeit. Alle heutigen Tiefebenen stünden unter Wasser. Alle Flüsse wären um 60 Meter aufgestaut und hätten ein entsprechend geringeres Gefälle. Die verheerenden Hochwasser am Ende der letzten wärmeren Periode zu Beginn der Kleinen Eiszeit im Jahr 1500 (Abb. 52), als die großen Flüsse Pegelschwankungen von mehr als zehn Metern hatten, wären Niedrigwasser gegenüber dem normalen Pegel der Flüsse in der niederschlagsreichen großen Warmzeit. Ein Drittel, vielleicht sogar die Hälfte der Menschheit würde die Unwetter- und Flutkatastrophen an ihrem Beginn nicht überleben.

Freilich würden diese Katastrophen weder das Ende der Menschheit noch das Ende des Lebens bedeuten. Für die Erde wären sie nur kleine Erschütterungen, wie es sie schon mehrfach am Ende einer Eiszeitperiode gegeben haben mag, wenn das Klima in den Normalzustand zurückkippte und die nächste 300 Millionen Jahre lange große Warmzeit begann.

3. DIE SACHE MIT DEN KATASTROPHEN

Wir sind bei unseren Versuchen, die geologische Größenordnung der Technik und ihren Einfluß auf das Klima zu schätzen, zu unmöglichen Zahlen gelangt. Unmögliche Zahlen weisen auf die Möglichkeit von Krisen hin, denn die Entwicklung kann solche Wege nicht einschlagen. Die Verhältnisse werden also in jedem Fall eine Änderung des menschlichen Verhaltens erzwingen.

Solange man dies nur vom Menschen her betrachtet, sieht es so aus, als bedürfte seine Art nicht ferner der Auslese durch Eiszeiten und andere äußere Umstände, um sich weiterzuentwickeln. Nachdem in der künstlichen Welt, die er sich geschaffen hat, der Druck natürlicher Auslesefaktoren weitgehend ausgeschaltet scheint, treten an ihre Stelle selbstgemachte Katastrophen. Auch diese Katastrophen, durch Verhaltensweisen, die der Mensch in der Schule der Eiszeiten erworben hat, gleichsam vorprogrammiert, wird (wie die einstigen Klimastürze) immer nur jener Teil der Menschheit überleben, der imstande ist, neue, angemessene Verhaltensweisen zu entwickeln. Auf dem Wege der Auslese durch selbstgemachte Krisen könnte in zehn- bis zwanzigtausend Jahren ein neues Menschengeschlecht entstehen, das mit uns ungefähr soviel zu tun hat wie wir mit dem Neandertaler.

Ich fürchte aber, dieses Bild vom künftigen Schicksal der Menschheit ist falsch. Weder sind die natürlichen Auslesefaktoren, die in der Erdgeschichte wirksam waren, ganz auszuschalten, noch lassen sich die Krisen der technisierten Welt zu erdumspannenden Katastrophen hochstilisieren. Auf viele natürliche Auslesefaktoren ist überhaupt kein Einfluß möglich, und von allen Einwirkungen des Menschen auf seinen Planeten könnte in absehbarer Zeit nur die Energieerzeugung eine planetare Gefahr heraufbeschwören. Aber auch dies war nur eine Rechnung mit mehreren Unbekannten. So ist nicht zu schätzen, ob die Menschheit überhaupt je so viel Energie benötigen wird, wie sich aus der derzeitigen Steigerungsrate ergibt. Zahlreiche technische Verfahren arbeiten noch mit einem schlechten Wirkungsgrad. Man wird schon aus Kostengründen höhere Wirkungsgrade anstreben und deshalb weniger Energie verbrauchen.

Wir sollten allen Versuchen, uns einzureden, wir zerstörten mit der Technik die Erde, durch den Hinweis auf die Größenordnung natürlicher Katastrophen begegnen. Dabei kann nicht wegdiskutiert werden, daß Technik tatsächlich immer wieder Schäden anrichtet. In der Regel will das aber niemand. Es handelt sich um Pannen, aus denen man lernt, wie sie sich vermeiden lassen. Alle Hochrechnungen örtlicher Fehlschläge zur Vernichtung des Lebens oder gar der Erde selbst lassen außer acht, daß man aus Schaden klug wird.

Wir wollen hier nicht über Luftverunreinigungen reden, die nur in Teilen pro Million Luftteilen gemessen werden, sondern fragen, welche Katastrophen dem Menschen und der Erde wirklich drohen. Wenn wir früher einmal ausgerechnet haben, das nächste Faltengebirge könnte zu einem Drittel aus Sedimenten bestehen, die durch technische Prozesse entstanden sind, dann wäre das keine Katastrophe. Der Mensch hat nur getan, was alle Lebewesen tun: die Umwelt verändern. Jeder Stoffwechsel ist schon eine Umweltveränderung. Es hat der Erde sicher nicht geschadet, daß die grünen Pflanzen das Kohlendioxyd der Atmosphäre verbraucht und durch Sauerstoff ersetzt haben. Die Erde ist auch an der Kalkablagerung nicht zugrunde gegangen, aus denen weite Teile der neuen Gebirge bestehen. Genausowenig dürften ihr die Sedimente der menschlichen Technik etwas ausmachen.

Alle Organismen vermehren sich, bis sie auf irgendeine Grenze stoßen. Den Pflanzen ist heute schon eine deutliche Schranke durch den geringen Kohlendioxydgehalt der Atmosphäre gesetzt. Solche Grenzen gibt es auch für technische Projekte. Im Unterschied zu den anderen Organismen kann der Mensch jedoch Grenzen erkennen und sich entsprechend verhalten.

Auf eine geophysikalische Grenze sind wir offenbar durch den Bau von immer größeren Stauseen gestoßen. Allem Anschein nach ist die Erdkruste an vielen Stellen weniger belastbar, als man bisher angenommen hatte. Fast in allen Teilen der Kontinente, vor allem in Nordamerika, Afrika und Asien ereigneten sich nach dem Bau von Stauseen Erdbeben. Ich will nur ein Beispiel zitieren.

1962 wurde im Westen Indiens der Koyna-Staudamm fertiggestellt, in einem Gebiet, wo man noch nie ein Erdbeben registriert hatte. Nachdem der Stausee gefüllt war, traten dort Erdbeben auf, bis zum Herbst 1967 insgesamt 66 schwächere Beben. Am 12. Dezember 1967 gab es dann ein Erdbeben, das 177 Tote und mehrere tausend Verletzte forderte. Sein Herd lag in 30 Kilometer Tiefe. Nun sollte man annehmen, der Druck, den das Wasser im Stausee auf die Erdschichten ausübt, könnte nur zu Verspannungen in der Oberen Kruste führen, d. h. höchstens bis zu einer Tiefe von 16 Kilometern. Aber welche Kenntnisse besitzen wir von dem Zustand der Unteren Kruste? Erdbebenwellen verraten uns etwas über die Dichte, Schwerkraftmessungen etwas über die Masse der Gesteine. Von ihrem Gefüge, ihrer wechselnden chemischen Zusammensetzung und den Spannungsverhältnissen haben wir keine Ahnung.

Denver, die Hauptstadt des US-Staates Colorado, wurde seit April 1963 nahezu täglich von schwachen Beben heimgesucht, während dort vorher 81 Jahre lang überhaupt keins aufgetreten war. Ein Erdstoß im August 1967 richtete größere Schäden an. Die Erdbebenforscher orteten als Herd einen Rüstungsbetrieb, der 15 Kilometer entfernt in den Rocky Mountains lag. An dieser Stelle pumpte man mit Nervengas verseuchtes Abwasser in einen drei Kilometer tiefen Schacht. Dadurch wurden alte Gesteinsschichten gleichsam geschmiert und gerieten in Bewegung. Die Schmierung war sehr nachhaltig. Das schwere Beben von 1967 ereignete sich noch, nach-

dem man bereits seit einem Jahr kein Wasser mehr in den Schacht gepumpt hatte. Daß man durch Wasser, das unter hohem Druck steht, künstliche Erdbeben auslösen kann, haben später (1970/71) systematische Versuche mit Ölbohrlöchern einwandfrei bewiesen.
Bekannt ist auch: Durch Ölförderung, Kohle- und Salzabbau werden ganze Landstriche gesenkt. Nur selten verlaufen solche Bewegungen so dramatisch wie Ende Juli 1975 in der Gegend von Hannover. Nach Wassereinbrüchen in die Schächte eines Kalibergwerkes wurden an einem Wochenende durch Bodensenkungen 72 Häuser teilweise schwer beschädigt. Erdspalten zertrennten Straßen und Versorgungsleitungen. Insgesamt traten Senkungen in einem Gebiet von 25 Quadratkilometern auf.
Die Poebene senkt sich jährlich um durchschnittlich 25 Zentimeter, weil der Boden über ausgebeuteten Erdgasfeldern nachgibt. Heute gleichen die Aufschüttungen des Po den Effekt in den meisten Jahren noch aus. Wenn es eine Reihe von regenarmen Jahren gibt, ist die Aufschüttung geringer als die Absenkung. Die Folge davon waren schon mehrfach große Überflutungen.
Künstlich ausgelöste Erdbeben, Senkungen von Land durch das Einstürzen von Bergwerksschächten oder als Begleiterscheinungen von Erdöl- und Erdgasförderung, verstärkte Tiefenerosion in begradigten Flüssen (Abb. 38), das Sinken des Grundwasserspiegels, weil zuviel Trinkwasser entnommen oder Flußwasser in tiefer liegende Kanäle abgeleitet wird, sind von der Größenordnung her nur lokale Ereignisse. Ihre Folgen bleiben auf ein Gebiet beschränkt, das im Verhältnis zur Erdoberfläche klein ist. Diese Feststellung trifft auch dann zu, wenn die örtlichen Wirkungen drastisch ausfallen, wie etwa beim Kaspischen Meer, dem größten See der Erde. Dort hat sich seit der Mitte unseres Jahrhunderts der Wasserspiegel um zwei Meter gesenkt, weil man der Wolga große Wassermengen für Industriezwecke entnimmt. 1957 gab es im Iran und 1966 in der Türkei starke Erdbeben, die von manchen Geologen auf die Druckentlastung der Erdschichten unter dem Kaspischen Meer zurückgeführt werden.
Zweifellos könnte der Mensch, wenn er wollte, wesentlich mehr anrichten. Ein Krieg mit Atom- und Wasserstoffbomben würde sicher große Gebiete der Erdkruste in totes Land verwandeln und für einige Jahre oder sogar Jahrzehnte das Klima ändern. Nur glaube ich nicht, daß es diesen Krieg geben wird. Zu viele Leute wissen inzwischen, welche Folgen der Einsatz von Atomwaffen hätte. Deshalb dürfte der Atomkrieg keine reale Gefahr mehr sein. Alle anderen Schäden, die der Mensch anrichten kann, sind um viele Größenordnungen kleiner.
Die großen Katastrophen der Vergangenheit wurden bisher sämtlich durch natürliche Ursachen hervorgerufen. Sie werden sich auch wieder und wieder ereignen, ohne daß der Mensch etwas dazutut oder die Möglichkeit hat, sie abzuwenden.
Am tiefsten in die Erinnerung der Menschheit hat sich die Sintflut einge-

graben. Noch vor kurzer Zeit vermochten wir nur aus der weltweiten Verbreitung von Sintflutsagen zu schließen, daß es sich dabei nicht um zufällig ähnlich lautende Erinnerungen an verschiedene lokale Flutereignisse handelt. Inzwischen haben Bohrungen des amerikanischen Forschungsschiffes Glomar Challenger den Beweis erbracht: Weltweit, vor allem aber im Mittelmeer und im Atlantik wurde um 9500 v. Chr. eine Schlammschicht abgelagert. Damals müssen das nördliche Inlandeis und die Gletscher plötzlich sehr stark abgeschmolzen sein. Vielleicht ist auch, wie wir das für die Zukunft des Südpolareises vermutet haben, ein großer Block ins Meer gerutscht, so daß alle Flachländer überschwemmt wurden. Jedenfalls können wir auf Grund dieser Forschungsergebnisse die Sintflut mit dem Ende der letzten Eiszeit in Zusammenhang bringen und sie auf das Jahr 9500 v. Chr. datieren.

Interessant ist, daß Platon, der als einzige antike Quelle in seinen Dialogen *Timaios* und *Kritias* über den Untergang der Insel Atlantis berichtet, dabei die Angabe macht, sie sei nach ägyptischen Quellen 9 000 Jahre vor der Zeit des griechischen Gesetzgebers Solon (um 638–559 v. Chr.), »indem nur ein schlimmer Tag und eine schlimme Nacht hereinbrach«, im Meer versunken, wobei es gewaltige Erdbeben und Überschwemmungen gegeben habe. Jeder mag von der Atlantiserzählung halten, was er will, die Datierung (um 9500 v. Chr.) zu einer Zeit weltweiter Schlammablagerungen sollte zu denken geben.

Die meisten Sintflutsagen versichern übereinstimmend, die neue Menschheit stamme von denen ab, die in Archen überlebt haben, und die Archen seien auf Bergen abgesetzt worden (bei den Griechen auf dem Parnaß oberhalb des Heiligtums von Delphi). Das deckt sich gut mit unserer Vorstellung von einer großen Flutwelle nach dem Absturz von Inlandeis ins Meer.

Es gibt also Überlieferungen vom Ende der Eiszeit. Dagegen findet sich keine einzige Überlieferung, die von der Eiszeit selbst berichtet. Die Eiszeit existiert entweder nicht im Gedächtnis der Menschheit, oder die Erinnerung an sie verbirgt sich, wie Herbert Kühn, der Erforscher der Höhlenmalereien, vermutet, hinter dem Bild vom verlorenen Paradies, wo der Mensch weder Sünde kannte noch Arbeit, die man (auf dem Felde) im Schweiße seines Angesichts verrichtet. Wunderlich nimmt am Ende der Eiszeit große Hungersnöte an, die ausbrachen, nachdem das eiszeitliche Großwild vom Menschen mit Lanze, Pfeil und Bogen ausgerottet worden war. Der akute Wildmangel hätte das Züchten von Haustieren und die Erfindung des Ackerbaues erzwungen. Eine vorgeschichtliche Ernährungskrise also.

Im *Timaios* legt Platon dem ägyptischen Priester, der seinem Besucher Solon die Geschichte vom Untergang der Insel Atlantis erzählt, auch folgende Worte in den Mund: »Viele und mannigfache Vernichtungen der Menschen haben stattgefunden und werden stattfinden, die bedeutendsten

durch Feuer und Wasser, andere, geringere, durch tausend andere Zufälle. Das wenigstens, was auch bei euch erzählt wird: einst habe Phaeton, der Sohn des Helios, seines Vaters Wagen bestiegen und es wurde, weil er die Bahn des Vaters nicht einzuhalten vermochte, die Oberfläche der Erde durch Feuer zerstört, während Phaeton, vom Blitz getroffen, den Tod fand — das wird wie ein Märchen berichtet. Das Wahre daran beruht aber auf dem Abweichen der Sterne, die am Himmel um die Erde kreisen, und auf der Vernichtung, die nach langen Zeiträumen stattfindet, der Vernichtung des auf der Erde Befindlichen durch mächtiges Feuer. Dann pflegen diejenigen, welche Berge und hoch und trocken gelegene Gegenden bewohnen, eher als die unterzugehen, die an Flüssen und dem Meere wohnen. Uns aber rettet aus solcher Not der Nil, der auch sonst Heil für uns bringt, dadurch, daß er über seine Ufer tritt. Wenn dagegen die Götter die Erde, um sie zu läutern, mit Wasser überschwemmen, dann kommen die Rinder- und Schafhirten auf den Bergen davon, die bei euch in den Städten Wohnenden dagegen werden von den Strömen ins Meer fortgerissen.« Der Ägypter fügte bei Platon noch hinzu, sein Land bleibe von derartigen Überflutungen verschont, weil es dort nicht regnet.
Auch im Dialog *Politikos* spricht Platon, ohne sich hier auf ägyptische Quellen zu beziehen, über das Abweichen der Gestirne: »daß sie nämlich, von wo sie jetzt aufgehen, dorthin damals untergingen und aufgingen auf der entgegengesetzten Seite.« Und etwas später erklärt er: »Unter den Tieren entstehen alsdann notwendigerweise die größten Vernichtungen; aber auch von dem menschlichen Geschlecht bleibt nur wenig übrig.«
Noch bestimmter hat sich zu diesem Thema ein Jahrhundert früher Herodot geäußert. In seinen *Historien* (II, 142) sagt ein ägyptischer Priester, man hätte bei ihnen seit 11 340 Jahren schriftliche Aufzeichnungen. (Wir wissen nur von 3 000 Jahren schriftlicher Überlieferung bei den Ägyptern vor Platon. Herodot war ein zu ehrlicher Schriftsteller, um mit großen Zahlen aufzutrumpfen. Man hat es ihm so erzählt, und Herodot versichert, die Ägypter hätten ihm auch die Dokumente dafür gezeigt. Wer ist also im Recht: die alten Ägypter, die sagen, sie hätten 11 340 Jahre schriftliche Überlieferungen, oder die heutigen Ägyptologen?) Weiter heißt es wörtlich bei Herodot: »Innerhalb dieser Zeit nun, erzählten sie, sei die Sonne viermal nicht an der gewohnten Stelle aufgegangen; wo sie jetzt untergehe, von da sei sie zweimal aufgegangen, und von wo sie jetzt aufgehe, da sei sie zweimal untergegangen. Nichts von den Vorgängen in Ägypten habe währenddessen eine Änderung erfahren, weder das, was aus dem Boden oder aus dem Fluß kommt, noch was Krankheiten oder Todesarten betraf.«
Jeder gebildete Grieche kannte Herodot, und Platon, der nach unseren Verhältnissen ein Adeliger und von Beruf Universitätspräsident war, hätte es sich kaum leisten können, den berühmten Schriftsteller ohne Anführungszeichen zu zitieren. Es dürfte sich also um eine in Griechenland weithin bekannte ägyptische Überlieferung gehandelt haben. Aber was

bedeutet sie? Nach unserem astronomischen Verständnis müßte die Erdachse um 180 Grad gekippt worden sein, so daß sie mit dem Nordpol dorthin gezeigt hätte, wo zuvor der Südpol war. Und dies mehrfach! Sind das nur Märchen?
Auffällig ist, daß im Zusammenhang mit der Phaeton-Sage, die die Ägypter Solon gegenüber einen in märchenhafte Form gekleideten Bericht über einen tatsächlichen Vorfall nennen, nicht von einer Ost-West-Vertauschung (was Nord-Süd-Vertauschung zu bedeuten hätte) sprechen, sondern nur von einem Abweichen der Sterne von ihren gewohnten Bahnen am Himmel; nach unserem Verständnis also von einem Neigen der Erdachse um einen nicht allzu großen Winkel. Dabei seien weite Teile der Erdoberfläche durch Feuer zerstört worden. Über die Deutung dieser Stelle herrscht in der Literatur seltene Einmütigkeit: Hier wird der Absturz eines Meteoriten beschrieben.
Was bereits ein kleiner Meteorit anrichten kann, wissen wir aus Untersuchungen über das »Ereignis« in Zentralsibirien vom 30. Juni 1908, knapp 500 Kilometer entfernt von der kleinen Stadt Kansk. Dort war in der Nähe des Flusses Podkamennaya Tunguska ein »Objekt« niedergestürzt. Zunächst wurde nur bekannt, meteorologische Stationen auf der ganzen Welt hätten an diesem Tage eine unerklärliche Luftdruckwelle aufgezeichnet. Erdbebenwarten in Deutschland und Rußland registrierten ein leichtes Beben, dessen Zentrum irgendwo in der weiteren Umgebung von Kansk lag. Der Ort war sehr abgelegen, die russische Oktoberrevolution kam dazwischen, und so dauerte es fast 20 Jahre, bis Wissenschaftler herausfanden, was damals passiert war.
Ein Augenzeuge, der das »Ereignis« aus etwa 65 Kilometern Entfernung beobachtet hatte, berichtete dem russischen Wissenschaftler Leonid Kulik: »Plötzlich loderte im Nordwesten eine riesige Feuerflamme auf, die eine solche Hitze ausstrahlte, daß mein Hemd beinahe Feuer fing. Ich hatte das Gefühl, als wäre ich von Flammen umgeben. Ich hatte den Eindruck, daß sich diese Erscheinung über ungefähr eine Meile erstreckte. Ich hatte gerade Zeit, das Ausmaß zu erfassen, als das Flammenmeer wieder verschwand. Wenige Sekunden später gab es eine Explosion, die mich einige Meter durch die Luft schleuderte. Das Glas und das Gebälk meines Hauses brachen entzwei, und auf dem Platz vor meiner Hütte wurden Erdklumpen hochgeschleudert.« Andere Augenzeugen hatten einen riesigen Feuerball, heller als die Sonne, über den Himmel fliegen sehen. Kulik stellte fest, daß im Umkreis von etwa 40 Kilometern alle Bäume entwurzelt und stark verkohlt waren. Sie lagen sämtlich vom Zentrum des Geschehnisses weggerichtet. Man soll damals auch Tausende von verkohlten Rentieren gefunden haben. Von dem »Objekt« selbst wurde nie ein Stück entdeckt.
Über diesen Vorfall ist viel spekuliert worden. Manche Wissenschaftler glaubten an den Zusammenstoß mit einem Kometen, andere meinten, ein Stück Antimaterie sei niedergegangen und habe die Explosion ver-

ursacht. Sogar von einem zerschellten außerplanetarischen Raumschiff war die Rede. Die wahrscheinlichste Annahme, die u. a. von dem Astronomen Otto Struve und dem Chemiker und Nobelpreisträger Harold C. Urey vertreten wird, ist, daß ein Meteorit auf die Erde gestürzt ist. Nach Struve dürfte seine Masse mehr als eine Million Tonnen betragen haben, d. h., er hatte einen Durchmesser zwischen 75 und 100 Metern. Seine Geschwindigkeit wird auf 60 km/s geschätzt. Durch die Energie, die beim Aufprall frei wurde (sie entsprach der Energie von neuen Wasserstoffbomben), verdampften nicht nur der Meteorit, sondern auch eine Menge Erdreich.

Der Schaden, den ein Meteorit anrichtet, ist von seiner Masse und von seiner Geschwindigkeit abhängig. Der Tunguska-Meteorit hatte infolge seiner hohen Geschwindigkeit wahrscheinlich mit dem Erdboden selbst keinen Kontakt, sondern ist explodiert, als die hochkomprimierte und überhitzte Luftsäule, die er vor sich herschob, die Erde erreichte. Die Luft wirkte wie ein fester Körper. Der Meteorit verdampfte auf ihr und das Erdreich unter ihr. Dadurch entstanden ein kleiner flacher Krater und das 200 Quadratkilometer große Feld mit radial geknickten Bäumen.

Mit geringerer Geschwindigkeit dürfte vor etwa 40 000 Jahren ein Meteorit aufgeschlagen sein, der den Arizona-Krater (Abb. 51) ausgehoben hat. Man findet dort im weiten Umkreis Bruchstücke des Meteoriten verstreut und schätzt deshalb, daß er mit einer Geschwindigkeit von etwa 20 km/s angeflogen kam. Dabei verdampfte die Hauptmasse des Meteoriten und etwa 300 Millionen Tonnen Gestein. Der Krater, der durch den Aufprall in den Felsboden gebohrt wurde, ist 1,2 Kilometer breit, von einem 39 bis 48 Meter hohen Wall umgeben und von der Wallhöhe gemessen etwa 165 Meter tief. Der Meteorit hatte vermutlich eine Masse von 10 Millionen Tonnen und einen Durchmesser von 320 bis 400 Metern. Aller Wahrscheinlichkeit nach wurde bei seinem Aufprall in einem Umkreis von 150 Kilometern alles Leben durch Hitze und Druckwellen ausgelöscht.

Der größte, bisher sicher identifizierte Meteoritenkrater auf der Erde ist das Nördlinger Ries (Abb. 53), ein nahezu kreisförmiges Becken von knapp 25 Kilometern Durchmesser. Früher glaubte man, es sei durch einen einmaligen Vulkanausbruch entstanden, also ein großes Maar. Im Nördlinger Ries gibt es aber keine Ergußsteine und Tuffe. 1966 fanden amerikanische Geologen im Suevit, einem Trümmergestein aus dem Ries, Mineralien, die nur unter so extrem hohem Druck entstehen können, wie man ihn für den Aufschlag eines Meteoriten errechnet. (An Hand ähnlicher Mineralien unterscheidet man heute auch auf dem Mond Vulkankrater von Meteoritenkratern.)

Aus Befunden im Gelände läßt sich rekonstruieren, was vor 15 Millionen Jahren in der Gegend des heutigen Nördlingen geschah. Ein Meteorit stürzte aus Westnordwest mit einem Einfallswinkel von etwa 30 Grad herab. Die kosmische Bombe hatte einen Durchmesser von etwa einem Kilometer, eine Masse von 1,5 bis 3 Milliarden Tonnen und eine Geschwindigkeit von rund 15 km/s. Bei ihrem Aufprall hob sie einen Krater von mehr als 1 300 Metern Tiefe aus und schleuderte ungefähr 17 Kubikkilometer Felsgestein in die Luft. Der Meteorit und große Mengen des hochgeschleuderten Gesteins verdampften so blitzartig, daß in einem Umkreis von mehr als 400 Kilometern ein Vakuum entstand.

Ein Teil des hochgeschleuderten Materials wurde geschmolzen und flog durch das Vakuum als glutflüssige Tropfen bis in die Gegend des heutigen Brünn. Dort fielen die Gesteinstropfen noch zähflüssig nieder und erstarrten zu Glas. Diese Glastropfen, die man Tektite nennt, finden sich um Brünn in so großen Mengen, daß man sie früher in der Glasindustrie massenhaft zu Schmucksteinen verarbeitet hat.

Gesteine aus geologischen Schichten, die sonst bei Nördlingen mehr als 1 200 Meter tief liegen, wurden zum Kraterwall hochgedrückt. In den Krater fiel ein Teil des hochgeschleuderten Materials zurück: große und kleine Brocken, verflüssigte Gesteine und Staub aus verdampftem und wieder erkaltetem Gestein. Andere Trümmer flogen in die nahe und weitere Umgebung. Auf Gesteine aus dem Ries stößt man bis in die Nähe von Augsburg. Vermutlich wurde damals in einem Umkreis von 800 Kilometern alles Leben vernichtet. Später füllte sich der Krater mit Wasser. Es entstand ein See, der im Miozän langsam verlandete.

Durch die Druckwellen ist rund um das Ries das Gefüge der Gesteine erschüttert. Jurakalke, die man dort in den Steinbrüchen abbaut, müssen nicht maschinell zertrümmert werden. Sie zerfallen schon beim Lossprengen in kleine Stücke. Am Kraterrand kann man fertig zerkleinerten Straßenschotter abbauen. Es gibt auch aus dem Untergrund hochgeschleuderte Granitfelsen, die so mürbe sind, daß sie sich mit der bloßen Hand zerdrücken lassen. Wahrscheinlich brach vor dem Aufprall ein Stück des Nördlinger-Ries-Meteoriten ab und ging etwa 30 Kilometer westlich nieder. So entstand das gleichaltrige Steinheimer Becken mit einem Durchmesser von drei Kilometern.

Der größte Einschlagskrater eines kosmischen Körpers, den man bisher sicher identifiziert hat, ist das Mare Imbrium auf dem Mond. Schon vor längerer Zeit hatte Urey die Theorie vertreten, die Mondkrater seien durch den Aufschlag kleiner und mittlerer Meteoriten, die glatten Mare (Meere) hingegen durch den Aufschlag großer Meteoriten oder Asteroiden (kleiner Planeten) entstanden. Aber erst die Untersuchung der Gesteine, die beim Raumfahrtunternehmen Apollo 12 im Jahre 1969 aus dem Mare Imbrium auf die Erde gebracht wurden, lieferte den Beweis: Dieses Mondmeer war ursprünglich ein Krater von 100 Kilometern Tiefe, der vor 3,8 Milliarden Jahren durch den Einschlag eines Asteroiden von etwa 200 Kilometern Durchmesser ausgehoben wurde. Der Krater füllte sich mit Magma, das langsam erstarrte. In die glatte Fläche dieses steinernen Mondmeeres schlugen später kleinere Körper ein.

Möglicherweise sind auch die riesigen Deckenergüsse aus dem Präkambrium Überreste von Lavaseen, die in irdische Meteoritenkrater geflossen waren. Wir können das aber heute nicht mehr feststellen. Denn alle Strukturen, die das Ereignis beweisen würden, sind auf der Erde längst abgetragen. Wenn jedoch der Mond wie der Merkur und auch der Mars eine Vielzahl von Einschlagskratern bis zum Umfang des Mare Imbrium und größer zeigen, muß man mit kosmischen Zusammenstößen in ähnlichem Umfang auch für die Erdvergangenheit rechnen.

Heute fallen täglich etwa sechs Tonnen Meteorite mit einem Gewicht von jeweils mehreren Kilogramm und dazu rund 10 000 Tonnen kosmischer Staub auf die Erde. Zwischen Erde und Mars gibt es den Gürtel der Asteroiden, kantige Trümmer jeder Größe bis zum Durchmesser von ca. 800 Kilometern. Sie sind Überreste eines zerstörten Planeten. Die Bahnen dieser Kleinplaneten werden stark von den anderen Planeten, insbesondere von Jupiter, Mars und Erde gestört. Manche Asteroiden nähern sich heute der Erde bis auf wenige hunderttausend Kilometer. Niemand kann jedoch sagen, wie oft in der Vergangenheit solche Himmelskörper auf die Erde gestürzt sind und wie oft das noch in der Zukunft geschehen wird.

Der Tunguska-Meteorit hatte einen Durchmesser von vielleicht 85 Metern und eine Geschwindigkeit von 60 km/s. Bei seinem Aufprall wurden ca. 80 Millionen Bäume umgeknickt und verbrannt sowie einige tausend Rentiere verkohlt. Der Arizona-Meteorit mit einem Durchmesser von knapp 400 Metern und einer Geschwindigkeit von 30 km/s löschte im Umkreis von 150 Kilometern alles Leben aus. Beim Einschlag des Nördlinger-Ries-Meteoriten – ein Kilometer Durchmesser, 15 km/s – hatte die Todeszone einen Radius von 800 Kilometern. Wie groß wäre sie, wenn wie im Mare Imbrium ein Kleinplanet von 200 oder mehr Kilometern Durchmesser auf die Erde träfe?

Die Auswirkungen, die der Aufschlag eines so großen Körpers hätte, sind überhaupt nicht vorstellbar. Und doch muß das im Präkambrium einige Male geschehen sein. Urey hat berechnet, welche Energie frei würde, wenn ein großer Meteorit oder ein Komet von »nur« 7,5 bis 10 Kilometern Durchmesser und einer Billion (10^{12}) Tonnen Masse bei einer Geschwindigkeit von 45 km/s mit der Erde zusammenstieße. Resultat: Diese Energie wäre ausreichend, um die gesamte Erdatmosphäre zweimal ins Weltall zu verdampfen. Sicher würde aber nur ein Teil der Atmosphäre so erhitzt, daß er in den Weltraum entweicht. Für die übrige Aufschlagenergie gäbe es eine Menge von »Betätigungsmöglichkeiten«. Falls der Meteorit ins Meer fällt, würde sie eine Flutwelle von mehreren hundert Metern bis zu einem Kilometer Höhe über die Kontinente jagen. Falls der Meteorit einen Kontinent trifft, könnte sie einen Krater von etwa 100 Kilometern Durchmesser und drei bis vier Kilometern Tiefe ausheben, einige Milliarden Tonnen Gestein aus dem Krater verdampfen oder verflüssigen. Der Rest reichte noch aus, um das Oberflächenwasser sämtlicher Ozeane um zwei bis drei Grad zu erwärmen, Hunderte von Erdbeben auszulösen und die Stellung der Erdachse zu verändern, von kleineren Nebenwirkungen wie Flutkatastrophen, Wirbelstürmen und sintflutartigen Regengüssen nicht erst zu reden.

Wenn von einem Meteoriten mit einem Kilometer Durchmesser im Umkreis von 800 Kilometern alles Leben ausgelöscht wird, ist bereits die Frage berechtigt, ob es sich noch um ein lokales Ereignis handelt. Die verheerenden Auswirkungen hören ja am Ende dieser 800 Kilometer nicht plötzlich auf. Einschläge eines großen Meteoriten wie der von Urey berechnete Aufprall eines Objekts von zehn Kilometern Durchmesser wären in jedem Fall weltweite Katastrophen. Den Zusammenstoß der Erde mit einem Kleinplaneten von der Mare-Imbrium-Größenordnung könnten sicher keine höheren Lebensformen überstehen.

Aus der Tatsache, daß es in der Erdgeschichte eine schubweise, aber anscheinend ununterbrochene Höherentwicklung des Lebens gegeben hat, müssen wir schließen: Eine solche Katastrophe hat sich zumindest nicht mehr ereignet, seit Lebewesen das Land besiedeln, d. h. seit etwa 400 Millionen Jahren. Für das Präkambrium jedoch sind Katastrophen dieser Art höchst wahrscheinlich.

Im Erdaltertum, im Erdmittelalter und in der Erdneuzeit könnten Einschläge von Körpern zwischen einem und zehn Kilometern Durchmesser Katastrophen ausgelöst haben, bei denen sich die Umrisse der Länder und die Höhe der Ozeane plötzlich verändert haben, das Leben aber nur zum Teil ausgelöscht wurde. Danach hätten sich dann in den frei gewordenen Lebensräumen neue Formen entwickelt. Auch die Stellung der Erdachse – und damit die klimatischen Verhältnisse – dürften beeinflußt worden sein. Schon bei schweren Erdbeben sind Taumelbewegungen der Erdachse zu beobachten.

Wurden demnach die einzelnen geologischen Zeitabschnitte durch kosmische Katastrophen beendet, oder waren die Katastrophen doch nur seltene Ereignisse, und der Wandel von einem Abschnitt der Erdgeschichte zum nächsten mit seinen veränderten Klimaverhältnissen, seiner veränderten Flora und Fauna und den neuen Leitfossilien erfolgte ganz allmählich? Das ist eine Frage, mit der man einen Geologen in Verlegenheit bringen kann. Aus den Gesteinen ist nicht abzulesen, ob der Einschnitt plötzlich oder das Ergebnis einer langsamen Entwicklung war. Die kleinste Zeiteinheit, die sich durch geologische Untersuchungen erfassen läßt, beträgt eine Million Jahre. Das ist vergleichsweise die Zeit, die seit den ersten Frühmenschen, den Australopithecinen, bis zu uns vergangen ist.

Urey hat das Alter von Tektiten mit der geologischen Zeitskala verglichen. Tektite entstehen durch den Aufprall von Meteoriten. Die folgende Tabelle zeigt: Im Tertiär ist eine Parallelität von Meteoriteneinschlägen und den Übergängen zwischen einzelnen Stufen nicht von der Hand zu weisen. Insgesamt dürften heute auf der Erde noch etwa 100 Meteoritenkrater vor-

Tektiten-Felder und geologische Stufen

Tektiten-Felder	Alter (in Mill. Jahren)	Stufen	Beginn vor (in Mill. Jahren)
Australien,	0,7 bis	Günz-Eiszeit	0,6
Elfenbeinküste	1,2	Pleistozän	2 ± 0,5
		Pliozän	11 ± 1,5
Brünn	14,7		
Libysches Glas	25	Miozän	26 ± 2
USA (Süden)	36	Oligozän	35 ± 2,5
		Eozän	53 ± 3

handen sein. Viele sind aber so abgetragen, daß man ihre Herkunft nur vermutet. Meteoritenkrater aus dem Erdmittelalter und dem Erdaltertum aufzufinden ist so gut wie unmöglich. In 100 Millionen Jahren dürfte auch die Struktur des Nördlinger Ries nicht mehr zu erkennen sein.

Damit stellt sich die Frage, ob wir Ereignisse wie das Sauriersterben, das ja nicht die Saurier allein betroffen hat, richtig erklären, wenn wir nur irdische Gründe dafür in Betracht ziehen. An der Wende zwischen Erdmittelalter und Erdneuzeit änderte sich nicht nur plötzlich die Pflanzen- und Tierwelt der Landmassen, auch in den Meeren starben zur selben Zeit viele Tiere aus. »Plötzlich« kann in diesem Zusammenhang heißen auf einen Schlag. Aber auch: innerhalb von ein, vielleicht sogar zwei Millionen Jahren. Wir können, wie gesagt, in diesem zeitlichen Abstand keine kürzeren Zeitabschnitte unterscheiden. Vor dem Einschnitt waren die Saurier, die Belemniten, die Ammoniten und viele andere noch in voller Blüte, danach gab es sie nicht mehr. Möglicherweise haben sich mehr weltweite Katastrophen in der Erdgeschichte ereignet, als wir auszumachen vermögen.

Es ist denkbar, daß es zwei Arten von Einschnitten in der Erdgeschichte gibt. Die einen waren das Ergebnis von Entwicklungen in der Pflanzen- und Tierwelt. Wenn dabei Organismen mit einer verbesserten Überlebenstechnik entstanden, wurden die Bedingungen der Biosphäre und damit der Erdoberfläche langsam und dennoch nachhaltig verändert. Die anderen waren kosmische oder geologische Katastrophen. Bei ihnen wurden schlagartig alte Lebensräume zerstört. Bisher unterdrückte Lebensformen konnten die frei gewordenen Lebensräume einer veränderten Welt erobern.

Um noch einmal auf die unmittelbaren Folgen kosmischer Katastrophen zurückzukommen. Es dürfte richtig sein, daß Hitze und Druckwellen, außer in der Todeszone, vor allem in höher gelegenen Ländern und im Gebirge zu spüren sind – wie der Ägypter in Platons Schrift dies Solon auseinandersetzt. Ebenso richtig ist sicher auch, daß bei Flutwellen, die durch Meteoritenfälle oder durch das Abrutschen großer Inlandeismassen in den Ozean hervorgerufen werden, hauptsächlich Rinder- und Schafhirten in Gebirgstälern davonkommen. Wahrscheinlich wird auch die Erdachse schon beim Aufprall eines Meteoriten von einem Kilometer Durchmesser aus ihrer Lage gebracht, und »die Sterne umkreisen die Erde nicht mehr auf denselben Bahnen wie früher«. Nach einem Zusammenstoß von der Größenordnung wie im Mare Imbrium könnte die Sonne tatsächlich aufgehen, wo sie bisher untergegangen ist.

Aber wieso findet man derart zutreffende Schilderungen in alten Berichten? Die Vorgänge, von denen da die Rede ist, müssen sich doch, von den weltweiten Überflutungen zu Beginn der Zwischeneiszeiten abgesehen, lange vor der Existenz des Menschen abgespielt haben oder wenigstens in so früher Zeit (Arizona-Krater), daß eine Überlieferung ausgeschlossen scheint. Entweder haben sich, seit es eine mündliche Überlieferung gibt, mehr weltweite Katastrophen ereignet, als wir heute ahnen (und dann müßten wir doch die Spuren entdecken), oder wir hätten ein weiteres Mal anzunehmen, das genetische Gedächtnis habe bis aus ältester Säugerzeit Bilder überliefert, wo die Sonne zu stehen hat, welche Katastrophen sich ereignen und wo man überlebt. Als unsere Überlieferungen in Sprache gefaßt wurden, fanden auch diese Bilder ihren Niederschlag. Noch heute können Kinder in einem bestimmten Alter (und gelegentlich auch Erwachsene) nicht unterscheiden, was sie wirklich erlebt, was sie geträumt haben und was sie sich vorstellen. Ähnlich unscharf dürften die Grenzen zwischen einprogrammierten Bildern, persönlich Erlebtem und Hörensagen bei den frühen Überlieferungen gewesen sein.

Aber was machen wir mit einer so präzisen Angabe wie: zweimal in 11 340 Jahren? Darauf gibt es bislang keine Antwort. Es sei denn, man vermutet, daß zu diesen Zeiten die Ringform des Golfs von Mexiko und die Doppelacht des Karibischen Meeres durch Einschläge großer Meteoriten (Durchmesser ca. fünf Kilometer) entstanden sind.

Gefahr droht jedoch keineswegs nur aus dem Weltall. Wir glauben trotz Hunderttausender von Erdbebenopfern und Opfern von Vulkanausbrüchen nur zu bereitwillig, wir lebten auf einer friedlichen Erde. Aber das ist das trügerische Gefühl der gerade nicht Betroffenen.

Den Vesuv hatte man in der Antike für einen erloschenen Vulkan gehalten. Nach Jahrhunderten der Ruhe brach er im Jahre 79 n. Chr. plötzlich wieder aus. Dabei wurde seine Caldera nahezu vollständig weggesprengt. Schlamm und Asche begruben mehrere Städte und Ortschaften. In Pompei blieben zahlreiche Einwohner in den Häusern, obwohl sich das Unheil vorher durch Erdbeben angekündigt hatte. Als die Katastrophe hereinbrach, konnten viele nicht mehr rechtzeitig fliehen. Manche warfen sich auf den Boden und versuchten, ihr Gesicht mit den Armen zu schützen. In dieser Stellung wurden sie von heißer Asche verschüttet. Später ergossen sich Wolkenbrüche über das Land. Das Wasser verfestigte die Asche zu Tuff. Darin blieben die Hohlformen der Gestorbenen erhalten. Als Pompei ausgegraben wurde, hat man sie mit Gips ausgegossen. Die Ausgußplastiken, die im Museum von Pompei ausgestellt sind, führen uns das schreckliche Geschehen vor Augen, als hätte es sich gestern ereignet.

1883 brach nach einer Ruhepause von 200 Jahren zwischen Sumatra und Java der Vulkan auf der kleinen Insel Krakatau aus. Nach einigen Eruptionen, die von vorbeifahrenden Schiffen beobachtet wurden und bei denen die Bevölkerung einer 20 Kilometer entfernten Insel umkam, explodierte am 27. August gegen 10 Uhr der Vulkan so heftig, daß sich eine 30 Meter hohe Flutwelle über Java und Sumatra ergoß. Zwei Drittel des Vulkankegels und der Insel Krakatau wurden in die Luft gesprengt. Eine 20 Meter hohe Flutwelle lief mit einer Geschwindigkeit von 700 Kilometern in der Stunde um die ganze Welt. Unter den Fluten, mit denen sie die Küste der Sundastraße überspülte, kamen 36 500 Menschen ums Leben. Etwa 28 Kubikkilometer Asche blies der Krakatau bis zu 80 Kilometer hoch. Ein Teil davon umkreiste die Erde drei Jahre lang.

Man schätzt, daß bei dem Ausbruch des Krakatau eine Energie vergleichbar mit fünf Wasserstoffbomben frei wurde. Eine 4 200 Wasserstoffbomben entsprechende Energie soll frei geworden sein, als 1815 auf Sumbava (Kleine Sundainseln) der Vulkan Tambora ausbrach und 100 Kubikkilometer vulkanische Massen in die Luft schleuderte. Ein Ausbruch des Vulkans Stromboli (Abb. 55) steht zu solchen Ereignissen in einem Verhältnis wie etwa die Flamme eines Zündholzes zu einem Waldbrand. Der größte Vulkanausbruch in historischer Zeit mit vielleicht fünfhundertmal soviel Energie wie beim Tambora war der Ausbruch des Santorin um 1500 v. Chr. Seine Explosion, deren Überrest die heutige Insel Thera in der Ägäis ist, war so heftig, daß sie das ganze östliche Mittelmeer verwüstete. Wahrscheinlich sind damals mehrere hunderttausend Menschen umgekommen. Flutwellen überspülten Inseln und Festländer. Der Himmel blieb tagelang von dichten Staubwolken verfinstert (in der Bibel ist das als »ägyptische Finsternis« beschrieben). Die kretisch-mykenische Kultur wurde ausgelöscht. Erst 700 Jahre später blühte auf dem griechischen Festland eine neue Kultur auf.

Wer weiß, ob morgen nicht der Ätna in die Luft fliegt? Oder der Fudschijama? Oder einer der vielen anderen Vulkane rund um den Pazifik?

Dennoch muß man Katastrophen wie die des Santorin, dessen Explosion eine ganze Kultur vernichtete, noch als lokale Ereignisse einstufen. Es sind aber auch weltweite Vulkankatastrophen möglich.

Heute entfernen sich Amerika und Afrika/Europa voneinander mit etwa einem Zentimeter pro Jahr. Aber wissen wir, wie schnell sich der Atlantik am Ende der Kreidezeit auftat? Die Drift könnte damals ein Vielfaches der heutigen betragen haben. In diesem Fall wäre der ganze Mittelatlantische Rücken von den nördlichen bis zu den südlichen Polarbreiten als riesige Spalte aufgerissen, aus der heißes Magma austrat – nicht unter Wasser, sondern noch auf dem Festland des auseinanderbrechenden Superkontinents Pangaea.

Heute kennen wir auf unseren Festländern zwei Gebilde, die sich in einem ähnlichen Stadium befinden wie der Mittelatlantische Rücken während der Oberen Kreide: den Oberrheingraben (Abb. 15) und den Ostafrikanischen Graben. Der Oberrheingraben begann vor etwa 50 Millionen Jahren in mehreren Etappen (zwischen denen Jahrmillionen der Ruhe lagen) treppenförmig einzubrechen. Die Form des Treppeneinbruchs ist leicht zu erkennen. Man findet an den Hängen des Grabens Reste der Juradecke, die früher über dem Schwarzwald und den Vogesen gelegen hat; so am Schönberg bei Freiburg in der Nähe des Gipfels Braunjura (Rogenstein) und auf halber Höhe Schwarzjura (Lias ε). An Treppen, die heute unten im Rheintal liegen, stößt man auf tiefer abgesunkene Teile, z. B. auf Rogenstein an einem Hügel, bei der Autobahnausfahrt Bad Krozingen. Der Isteiner Klotzen (Abb. 12) ist das Relikt einer noch tiefer eingebrochenen Treppe aus Weißjura.
Während die Mitte des Grabens einbrach, wurden die Ränder, der Schwarzwald und die Vogesen, gehoben. Vom höchsten Punkt des Grabenrandes, dem Feldberg im Schwarzwald (1 493 m), bis zur eigentlichen Grabensohle tief unter der Rheinebene, sind es 4 000 Meter. Hier war im Tertiär schon einmal ein Meeresarm. In dieser Zeit wurde der Graben mit Sedimenten aufgefüllt. Darauf kamen Molasse von den aufsteigenden Alpen und darüber Eiszeitschutt. Heute sinkt der Graben einen Millimeter pro Jahr ein. Schwarzwald und Vogesen entfernen sich voneinander mit einer Geschwindigkeit von drei Millimetern pro Jahr. Man nimmt an, daß die Drift in früheren Zeiten stärker war, dann mehrmals für Millionen Jahre zum Stillstand kam und in unserer Zeit wieder aktiviert wird. Zwischen 1800 und 1970 hat es in Südwestdeutschland 34 Erdbeben mit erheblichen Schäden gegeben. Die meisten wurden durch Bewegungen im Rheingraben verursacht. Sinnigerweise wird dort ein Atomkraftwerk nach dem anderen gebaut.
Vor 20 Millionen Jahren, während einer Periode, in der die Drift rascher war, ist mitten im Oberrheingraben ein Vulkan von mehr als 3 000 Metern Höhe entstanden, der Kaiserstuhl (Abb. 16 und 17). Heute ragt nur noch sein oberster Teil aus dem Schutt und Löß heraus.
Wir leben keineswegs auf einer Erde, die zur Ruhe kommt just in dem Augenblick, da es den Menschen gibt. Die geologischen Veränderungen gehen weiter.
Wer sagt uns, daß sich die Drift, die Schwarzwald und Vogesen auseinandertreibt (und die Drift im Ostafrikanischen Graben, der inzwischen aktiver ist als der Rheingraben, so daß dort mehrere Vulkane tätig sind), nicht eines Tages wieder beschleunigt? Das Grabensystem, von dem der Oberrheingraben nur ein Teil ist, reicht von Oslo über das Rhein- und das Rhônetal bis ins Mittelmeer. Wenn die Kontinente, die im Tertiär bei der Heraushebung der Alpen zusammengefügt wurden, wieder — wie einst Pangaea — auseinanderbrechen, dann wird das zunächst hier und im Ostafrikanischen Graben geschehen. Falls im Südosten ein Teil der Afrikanischen Platte und bei uns West- und Mitteleuropa zu driften beginnen, mit

Geschwindigkeiten von mehreren Zentimetern im Jahr, dann reißen die Gräben zu Spalten auf, in die heißes Magma aufsteigt. Die Beschleunigung der Drift könnte ungeheure Katastrophen mit Erdbeben auslösen, die bei uns von Oslo bis Marseille zahlreiche Städte in Trümmer legten. Immerhin ist unter dem Oberrheingraben und unter dem Ostafrikanischen Graben, wo sich die Ozeane der Zukunft öffnen, die Erdwärme derzeit höher als anderswo.

Es wäre möglich, daß die Wende vom Erdmittelalter zur Erdneuzeit nicht von einem großen Meteoriten verursacht wurde, sondern durch das Aufreißen des Mittelatlantischen Grabens in einer weltweiten Katastrophe. Dasselbe könnte jederzeit im Oberrheingraben und im Ostafrikanischen Graben geschehen. Morgen oder in 20 Millionen Jahren.

Aber das ist nicht alles. Wir haben keine Ahnung, welche Katastrophen sich im Erdmantel abspielen können. Daß sich etwas Derartiges in historischer Zeit nicht ereignet hat und wir deshalb nicht einmal raten können, womit dabei zu rechnen wäre, besagt ja nicht, es gäbe keine katastrophalen Entwicklungen im Inneren eines Weltkörpers wie der Erde. Schließlich hat uns noch niemand die Frage beantwortet, warum vor irgendeiner Zeit zwischen Erde und Mars ein Planet zerstört wurde. Das kann durch den Zusammenstoß mit einem Weltkörper von 1 000 und mehr Kilometern Durchmesser geschehen sein. Aber wissen wir, was passiert, wenn sich im Erdmantel die Zahl der Konvektionsströmungen ändert? Es kann ja keine Zwischenzustände geben, denn halbe oder viertel Strömungen sind nicht denkbar. Ein Zustand muß in den nächsten umkippen. Aus der Tatsache, daß dies bei der Erde schon fünfeinhalb Milliarden Jahre lang gutgegangen ist, darf man keineswegs schließen, sie könnte durch eine Katastrophe im Erdmantel nicht zerstört werden.

Es entzieht sich auch vorerst noch unserer Kenntnis, ob im Erdkern instabile Zustände möglich sind, wenn er wächst oder schrumpft. Zumindest für den flüssigen äußeren Kern ist das wahrscheinlich, falls es zutrifft, daß der Erdmagnetismus dort durch Konvektionsströmungen erzeugt wird. Das erdmagnetische Feld bricht in unregelmäßigen Abständen von einigen Jahrzigtausenden bis einigen Jahrhunderttausenden für einen Zeitraum von etwa 500 Jahren zusammen und baut sich dann mit umgekehrter Polausrichtung wieder auf. In den vergangenen vier Millionen Jahren ist das neunmal geschehen, zuletzt vor 700 000 Jahren, 100 000 Jahre vor der Günz-Eiszeit. Wenn das Umpolen des Magnetfeldes von Veränderungen im Äußeren Kern verursacht wird, könnten sie durchaus einmal katastrophale Auswirkungen auf den Mantel und die Kruste haben.

Das Magnetfeld schützt die Erde vor der Korpuskularstrahlung der Sonne. Diese Strahlung besteht aus Wasserstoff- und Heliumkernen, die von der Sonne mit großer Geschwindigkeit fortgeschleudert werden, sowie aus Elektronen. Wenn man irdische Organismen solchen Strahlen aussetzt, beschädigen »Treffer« die Erbsubstanz. Man müßte mit einer Häufung von Krebs

und von Mutationen (Erbsprüngen) rechnen. Die meisten Mutationen haben ungünstige oder tödliche Veränderungen des biologischen Bauplans zur Folge. Nur die wenigsten verbessern ihn.
Manche Wissenschaftler erklären den Wechsel der Fauna und Flora in den geologischen Zeitabschnitten durch das Zusammenbrechen des erdmagnetischen Feldes. Während der 500 Jahre, in denen es kein Magnetfeld gibt, sollen Krebs und Mutationen ein Ausmaß annehmen, daß viele Pflanzen- und Tierarten aussterben und sich aus den wenigen Mutanten, deren Bauplan zufällig verbessert wurde, neue Arten entwickeln.
Gegen diese Theorie scheint zu sprechen: Es gibt zahlreiche Arten, insbesondere von primitiven Organismen, die seit Hunderten von Jahrmillionen oder seit mehr als einer Jahrmilliarde nicht ausgestorben sind. Bei genauerem Hinsehen handelt es sich aber gerade um diejenigen, denen die Korpuskularstrahlung am wenigsten ausmacht. Das nächste Minimum des Magnetfeldes wird für das Jahr 3991 erwartet. Falls es danach noch Wissenschaftler geben sollte, werden sie vielleicht aus aktuellen Befunden schließen können, ob Zusammenhänge zwischen den Phasen der Geschichte des Lebens und dem Umpolen des Magnetfeldes bestanden haben.
Wenn sich der Mensch mit seiner Technik in die geologischen Prozesse einfügen soll, und das müßte er versuchen, sofern er nicht nur einige Jahrhunderte, sondern einige Jahrmillionen oder mehr überleben will, dann wäre es nötig, die Erde genauer zu erforschen, als das heute geschieht. Ihre Überwachung mit Satelliten (Abb. 40) ist ein Fortschritt, den uns die Raumfahrt beschert hat. Satelliten-Bilder zeigen Meeresverschmutzungen, lassen gesunden und kranken Pflanzenwuchs erkennen und erleichtern die Suche nach Rohstoffen. Man arbeitet daran, Wirbelstürme rechtzeitig auszumachen und zu »entschärfen«.
Es deutet sich aber noch keine Möglichkeit an, Erdbeben und Vulkanausbrüche vorauszusagen. In der Vergangenheit sind solchen Ereignissen oft genug ganze Städte und Hunderttausende von Menschen zum Opfer gefallen. Bei den derzeitigen technischen Möglichkeiten wären durchaus schon Gegenmaßnahmen denkbar. Aber in welcher Weise soll man hier Technik einsetzen? Um das herauszufinden, müßten die Wissenschaftler in größerem Stil als heute die Erforschung der Unteren Erdkruste und des Erdmantels betreiben. Man verhält sich der Erde gegenüber vorerst noch wie ein Arzt, der seinen Patienten durchleuchtet und abklopft, über die Befunde aber nur spekulieren kann, weil er keine Praktika über Anatomie besucht hat. In der Medizin würde das für unsinnig gelten. In der Geologie sagt man lakonisch, der Erdmantel sei unerreichbar, vom Erdkern ganz zu schweigen.
Noch vor etlichen Jahren wurden auch der Mond und die Planeten für unerreichbar gehalten. Nur Utopisten »träumten« von Reisen dorthin. Inzwischen waren Menschen auf dem Mond, und Sonden erforschen die Planeten.

Viele halten das Geld, das die Raumfahrt gekostet hat und weiterhin kostet, für eine sinnlose Ausgabe und sagen, man könnte es nötiger auf der Erde brauchen. Vielleicht haben sie nicht ganz unrecht. Ein »Apollo-Programm« für die Erforschung des Erdmantels und des Erdkerns, und wir wüßten endlich, was dort unten ist und was dort vorgeht.

LITERATURVERZEICHNIS

Aristoteles: Meteorologie; deutsch von Paul Gohlke. Paderborn 1955

Bakker, Robert T.: Dinosaur Renaissance. In: Scientific American 4/1975

Becker, Friedrich: Geschichte der Astronomie. Bonn 1946

Beiser, Arthur: Die Erde. Reinbek 1974

Beurlen, Karl: Geologie. Stuttgart 1975

Boschke, F. L.: Das Unerforschte. Düsseldorf/Wien 1975

Brinkmann, Günter: Geographische Streifzüge durch Deutschland. Reinbek 1973

Brinkmann, Günter / Boye, Rüdiger: Geographische Streifzüge durch Deutschland, Band II. Reinbek 1970

Brinkmann, Günter / Gebhart, Fritz / Trettner, Kurt: Geographische Streifzüge durch Skandinavien. Reinbek 1971

von Bülow, Knud / Richter, Hans / Hohl, Rudolf / Meinhold, Rudolf u. a.: Die Entwicklungsgeschichte der Erde. Hanau 1971

Cailleux, André: Der unbekannte Planet. Frankfurt a. M. 1972

Calder, Nigel: Erde, ruheloser Planet. Reinbek 1974

Cohen, Daniel: Weltuntergang? Bergisch Gladbach 1974

Elsässer, Hans: Sind interstellare Moleküle kosmische Lebenskeime? In: Bild der Wissenschaft 7/1973

Fester, Richard: Protokolle der Steinzeit. München / Berlin 1974

Fraser, Ronald: Die Erde. Frankfurt a. M. 1969

Gamow, George: Erde, unser Planet. München 1969

Georgi, Klaus-Henning: Kreislauf der Gesteine. Reinbek 1972

Haber, Hans: Unser blauer Planet. Stuttgart 1965

Harms, Heinrich: Erdkunde. 21. Auflage, München 1973

Heisenberg, Werner: Das Naturbild der heutigen Physik. In: Die Künste im Technischen Zeitalter. München 1966

Herm, Dietrich: Datenflut aus weißem Gestein. In: Bild der Wissenschaft 6/1975

Herodot: Historien; deutsch von Eberhard Richtsteig. Augsburg 1961

Heuseler, Holger: Die geologische Zeitbombe tickt wieder. In: Bild der Wissenschaft 12/1974
Forschen im ewigen Eis. In: Bild der Wissenschaft 4/1975

Hölder, Helmut: Geologie und Paläontologie. Freiburg / München 1960

Kaplan, Reinhard W.: Der Ursprung des Lebens. Stuttgart 1972

Koenig, Martin Adolf: Vulkane und Erdbeben. München 1970

Krafft, Fritz /Meyer-Abich, Adolf: Große Naturwissenschaftler. Frankfurt a. M. / Hamburg 1970

Kühn, Herbert: Erwachen u. Aufstieg der Menschheit. Frankfurt a. M. 1966
von Laue, Max: Geschichte der Physik. Bonn 1946
Mavor, James W. jr.: Reise nach Atlantis. München 1974
McKenzie, Dan P.: Plattentektonik und Meeresbodenausbreitung. In: Forschung 74. Frankfurt a. M. 1973
Meadows, Dennis: Die Grenzen des Wachstums. Reinbek 1973
Menke, Burchard: Wann begann die Eiszeit? In: Umschau in Wissenschaft und Technik 7/1972
Munk, Anders: Biologie des menschlichen Verhaltens. Stuttgart 1972
Neef, Ernst: Das Gesicht der Erde. Zürich / Frankfurt a. M. 1974
Platon: Werke; deutsch von Friedrich Schleiermacher u. Hieronymus Müller. Leck / Schleswig 1969
Querner, Hans / Hölder, Helmut / Egelhaaf, Albrecht / Jacobs, Jürgen / Heberer, Gerhard: Vom Ursprung der Arten. Reinbek 1973
von Regel, Constantin: Die Klimaveränderung der Gegenwart. Bern 1957
Reimer, Hans: Müllplanet Erde. Hamburg 1971
Rid, Heinrich: Bekanntschaft mit der Landschaft. Reinbek 1972
Schumann, Walter: Knaurs Buch der Erde. München 1974
Schwarzbach, Martin: Berühmte Stätten geologischer Forschung. Stuttgart 1970
Sieghardt, August / Malter, Wilhelm: Altmühltal-Führer. Nürnberg 1971
Steinert, Harald: Afar: Fundgrube für Geoforscher. In: Bild der Wissenschaft 9/1974
Störig, Hans Joachim: Kleine Weltgeschichte der Wissenschaft. Stuttgart 1954
Struve, Otto: Astronomie. Berlin 1967
Taylor, Gordon Rattray: Das Selbstmordprogramm. Frankfurt a. M. 1971
Udinstev, G. B.: Mittelozeanische Rücken und die globale Tektonik der Erde. In: Forschung 71. Frankfurt a. M. 1970
Walden, Paul: Geschichte der Chemie. Bonn 1947
Walter, Heinrich: Vegetationszonen und Klima. Stuttgart 1970
Wunderlich, Hans Georg: Das neue Bild der Erde. Hamburg 1975
Die Steinzeit ist noch nicht zu Ende. Hamburg 1974
Zimmermann, Walter: Geschichte der Pflanzen. Stuttgart 1969

STICHWORTVERZEICHNIS

INHALTSVERZEICHNIS